精通 Vue.js

Web前端开发技术详解

微课视频版

孙卫琴 杜聚宾 ◎ 编著

清华大学出版社
北京

内 容 简 介

本书循序渐进地介绍了 Vue 框架的用法，主要内容包括前后端分离的基本原理、MVVM 设计模式、Vue 的基本用法、内置指令、自定义指令、计算属性和数据监听、绑定表单、绑定 CSS 样式、CSS 过渡和动画、Vue 组件的开发、Vue CLI 脚手架工具、路由管理器、组合 API、Axios 和状态管理等。

本书内容通俗易懂，案例丰富，理论和实践紧密结合。本书的范例采用 Vue 3，最后一章提供了一个整合前端与后端的综合案例，帮助读者迅速掌握开发实用 Web 应用的技巧。

本书适合所有前端 Web 开发人员阅读，无论是初学者还是已经有开发经验的从业人员，都能从本书中受益。另外，本书也适合作为相关培训机构的教材。

本书封面贴有清华大学出版社防伪标签，无标签者不得销售。
版权所有，侵权必究。举报: 010-62782989, beiqinquan@tup.tsinghua.edu.cn。

图书在版编目(CIP)数据

精通 Vue.js: Web 前端开发技术详解: 微课视频版/孙卫琴，杜聚宾编著. —北京: 清华大学出版社，2022.4
（清华科技大讲堂）
ISBN 978-7-302-60290-3

Ⅰ. ①精… Ⅱ. ①孙… ②杜… Ⅲ. ①网页制作工具-程序设计 Ⅳ. ①TP392.092.2

中国版本图书馆 CIP 数据核字(2022)第 039133 号

责任编辑:	闫红梅　安　妮
封面设计:	刘　键
责任校对:	胡伟民
责任印制:	刘海龙

出版发行: 清华大学出版社
网　　址: http://www.tup.com.cn, http://www.wqbook.com
地　　址: 北京清华大学学研大厦 A 座　　邮　编: 100084
社 总 机: 010-83470000　　邮　购: 010-62786544
投稿与读者服务: 010-62776969, c-service@tup.tsinghua.edu.cn
质量反馈: 010-62772015, zhiliang@tup.tsinghua.edu.cn
课件下载: http://www.tup.com.cn, 010-83470236

印 装 者: 小森印刷霸州有限公司
经　　销: 全国新华书店
开　　本: 185mm×260mm　　印　张: 29.75　　字　数: 746 千字
版　　次: 2022 年 5 月第 1 版　　印　次: 2022 年 5 月第 1 次印刷
印　　数: 1~2000
定　　价: 119.00 元

产品编号: 093122-01

推 荐 序

在这个科技引领世界潮流的时代，软件技术也在日新月异地迭代。程序员为了跟上软件技术发展的脚步，需要不断学习充电。优秀的书籍和视频课程可以让学习过程事半功倍。

在软件开发领域，大多数程序员都看过孙卫琴老师的书，讲解清晰严谨，层层剖析复杂的技术架构，并结合典型的实例。只要读者静下心来好好品读，就能深入软件开发的殿堂，领悟其中的核心思想，掌握开发实际应用的种种技能。

杜聚宾老师是 Java 培训界的"教父级"大师，十多年从事大型软件项目的开发经验为教学奠定了技术背景，深入浅出、注重实战的授课风格赢得了广大学员的青睐。如今，杜老师在动力节点担任教学总监，不仅管理整个教师团队的建设，还深耕在教学一线，他的线下、线上课程为数百万学员开启了软件开发的大门，帮助他们掌握软件开发的技能，顺利在这个行业找到心仪的工作。

在如今的前后端分离的软件架构中，Vue.js 框架脱颖而出，使前端开发如虎添翼，显著提高了开发效率。为了帮助广大程序员高效地掌握 Vue 最新版本的用法，孙老师和杜老师强强联手，创作了这本介绍 Vue 的技术宝典。孙老师擅长把一个复杂的框架，犹如庖丁解牛般剖析得淋漓尽致，而杜老师擅长把技术运用到真实的软件开发实际场景中。本书巧妙地融合了两位老师的创作才华，帮助读者顺利了解 Vue 框架的脉络结构，而且能学以致用，把 Vue 框架运用到实际的软件开发项目中。

王　勇

动力节点 CEO

2022 年 4 月

前言

在过去的十多年中，笔者一直在关注、追随和研究 Web 开发的技术发展趋势。随着 Web 技术的普及，网站的规模越来越大，一些超大型网站（如淘宝和京东等）的日均客户访问量超过了千万，这对网站的并发性能和运行性能提出了新的挑战。

为了减轻后台服务器的运行负荷，前后端分离的软件架构成为 Web 开发的潮流。Vue.js 就是一款针对前端 Web 开发的优秀的框架。

本书介绍用 Vue 框架开发前端 Web 项目的各种技术，包括前后端分离的基本原理、MVVM 设计模式、Vue 的基本用法、内置指令、自定义指令、计算属性和数据监听、绑定表单、绑定 CSS 样式、CSS 过渡和动画、Vue 组件的开发、Vue CLI 脚手架工具、路由管理器、组合 API、Axios 和状态管理等。

本书的范例采用 Vue 3。Vue 的版本在不断更新，为了帮助读者顺利跟上技术发展的脚步，本书在写作过程中，既详细阐述用 Vue 开发前端 Web 的各种技术细节，又深入讲解 Vue 本身的运作原理，让读者能从高屋建瓴的角度审视前端 Web 开发需要解决的问题，以及各种解决方案的优劣和演进过程。

前端与后端各有分工，前端负责向用户展示数据，与用户交互，并且直接进行一些简单的数据处理操作。

它能够包揽越来越多的展示数据以及处理数据的任务，离不开优秀的前端框架的支持。例如，Vue 框架为前端 Web 项目提供了以下 6 种技术支持。

（1）保证数据的更新与数据的展示同步。
（2）即使不请求访问后端服务器，也能直接在前端完成各个页面之间的跳转。
（3）允许异步刷新页面的局部内容。
（4）整合第三方提供的各种前端插件，丰富和完善前端展示数据和处理数据的功能。
（5）允许前端与后端交换 JSON 格式的数据。
（6）允许开发人员分别独立开发前端与后端项目。

本书不仅介绍 Vue 的各种用法，还带领读者领悟 Vue 在前端开发中提供上述技术支持的原理。如果日后要学习其他前端开发框架，或者学习 Vue 的新版本的用法，也会驾轻就熟。

本书每一章都提供具体的范例程序，所有的范例程序都由笔者亲自设计和编写。最后一章提供一个完整的购物网站的实用范例，前端采用 Vue 框架，后端采用 Spring 框架。无论是前端开发人员还是后端开发人员，都能从这个案例中了解前后端分离的 Web 应用的整体架构，以及前端与后端通信的细节和整合步骤。本书配套源代码请扫描目录上方二维码获取。本书配套视频请先扫描封底刮刮卡中的二维码，再扫描书中对应位置的二维码观看。

这本书是否适合您

这本书适合所有前端开发人员。无论是初学者还是已经有开发经验的从业人员，都能从本书中受益。如果是后端开发人员，也可以拓展知识面，了解前端与后端的通信过程，这有助于在开发后端代码时，为前端提供更友好的服务接口。

Vue框架建立在JavaScript脚本语言的基础上，如果已经熟悉JavaScript语言，会比较容易上手。如果不熟悉JavaScript语言，也不会有很大的障碍，因为本书在展示源代码时，对涉及的部分JavaScript知识做了专门的解释。

致谢

在本书的编写过程中得到了Vue框架开发组织在技术上的大力支持。此外，清华大学出版社的编辑老师为本书做了精雕细琢的润色，进一步提升了书的品质，在此表示衷心的感谢！尽管尽了最大努力，但本书难免会有不妥之处，欢迎各界专家和读者朋友批评指正。

2022年3月

源代码

第1章 Vue 简介 ……………………………………………………………………… 1

1.1 MVVM 设计模式 ……………………………………………………………… 3
1.2 Vue 框架的特点 ……………………………………………………………… 4
1.3 第一个 Vue 范例 ……………………………………………………………… 4
1.3.1 把模型数据绑定到视图 …………………………………………………… 7
1.3.2 把视图上的输入数据与模型绑定 ………………………………………… 8
1.3.3 改变模型数据对视图的影响 ……………………………………………… 9
1.4 Vue 组件的选项 ……………………………………………………………… 9
1.4.1 data 选项 ………………………………………………………………… 10
1.4.2 template 选项 …………………………………………………………… 11
1.4.3 methods 选项 …………………………………………………………… 12
1.5 Vue 组件实例的生命周期 …………………………………………………… 13
1.6 Vue 编译模板和渲染 DOM 的基本原理 …………………………………… 17
1.6.1 编译模板 ………………………………………………………………… 18
1.6.2 渲染 DOM ……………………………………………………………… 18
1.7 异步渲染 DOM ……………………………………………………………… 19
1.8 防抖动函数 debounce( ) …………………………………………………… 20
1.9 Vue 的开发和调试工具 ……………………………………………………… 23
1.9.1 NPM ……………………………………………………………………… 23
1.9.2 vue-devtools 调试工具 …………………………………………………… 24
1.10 小结 …………………………………………………………………………… 25
1.11 思考题 ………………………………………………………………………… 26

第2章 Vue 指令 …………………………………………………………………… 28

2.1 内置 Vue 指令 ………………………………………………………………… 28
2.1.1 v-bind 指令 ……………………………………………………………… 28
2.1.2 v-model 指令 …………………………………………………………… 30
2.1.3 v-show 指令 ……………………………………………………………… 32
2.1.4 v-if/v-else-if/v-else 指令 ………………………………………………… 33
2.1.5 v-for 指令 ………………………………………………………………… 36

2.1.6 v-on 指令 ·················· 38
2.1.7 v-on 指令的事件修饰符 ·················· 41
2.1.8 v-text 指令 ·················· 44
2.1.9 v-html 指令 ·················· 45
2.1.10 v-pre 指令 ·················· 46
2.1.11 v-once 指令 ·················· 46
2.1.12 v-cloak 指令 ·················· 47
2.2 自定义 Vue 指令 ·················· 48
2.2.1 注册自定义指令 ·················· 48
2.2.2 自定义指令的钩子函数 ·················· 49
2.2.3 自定义指令的动态参数和动态值 ·················· 52
2.2.4 把对象字面量赋值给自定义指令 ·················· 53
2.2.5 钩子函数简写 ·················· 54
2.2.6 自定义指令范例：v-img 指令 ·················· 54
2.2.7 自定义指令范例：v-drag 指令 ·················· 56
2.2.8 自定义指令范例：v-clickoutside 指令 ·················· 58
2.3 小结 ·················· 61
2.4 思考题 ·················· 61

第 3 章 计算属性和数据监听 ·················· 64

3.1 计算属性 ·················· 64
3.1.1 读写计算属性 ·················· 65
3.1.2 比较计算属性和方法 ·················· 67
3.1.3 用计算属性过滤数组 ·················· 69
3.1.4 计算属性实用范例：实现购物车 ·················· 70
3.2 数据监听 ·················· 73
3.2.1 用 Web Worker 执行数据监听中的异步操作 ·················· 75
3.2.2 在 watch 选项中调用方法 ·················· 78
3.2.3 比较同步操作和异步操作 ·················· 79
3.2.4 深度监听 ·················· 80
3.2.5 立即监听 ·················· 80
3.2.6 比较计算属性和数据监听 watch 选项 ·················· 81
3.3 Vue 的响应式系统的基本原理 ·················· 82
3.4 小结 ·················· 85
3.5 思考题 ·················· 85

第 4 章 绑定表单 ·················· 88

4.1 绑定文本域 ·················· 88
4.2 绑定单选按钮 ·················· 89

4.3 绑定复选框 ··············· 91
4.4 下拉列表 ··············· 93
4.5 把对象与表单绑定 ··············· 95
4.6 小结 ··············· 97
4.7 思考题 ··············· 98

第 5 章 绑定 CSS 样式 ··············· 100

5.1 绑定 class 属性 ··············· 100
    5.1.1 绑定对象类型的变量 ··············· 103
    5.1.2 绑定计算属性 ··············· 103
    5.1.3 绑定数组 ··············· 104
    5.1.4 为 Vue 组件绑定 CSS 样式 ··············· 105
5.2 绑定 style 属性 ··············· 106
    5.2.1 绑定对象类型的变量 ··············· 107
    5.2.2 绑定数组 ··············· 108
    5.2.3 与浏览器兼容 ··············· 108
5.3 范例：变换表格奇偶行的样式 ··············· 110
5.4 小结 ··············· 112
5.5 思考题 ··············· 112

第 6 章 CSS 过渡和动画 ··············· 115

6.1 CSS 过渡 ··············· 116
    6.1.1 为<transition>组件设定名字 ··············· 119
    6.1.2 为<transition>组件显式指定过渡样式类型 ··············· 120
    6.1.3 使用钩子函数和 Velocity 函数库 ··············· 121
    6.1.4 设置初始过渡效果 ··············· 124
    6.1.5 切换过渡的 DOM 元素 ··············· 125
    6.1.6 过渡模式 ··············· 127
    6.1.7 切换过渡的组件 ··············· 129
6.2 CSS 动画 ··············· 130
    6.2.1 使用第三方的 CSS 动画样式类型库 ··············· 133
    6.2.2 使用钩子函数和 Velocity 函数库 ··············· 133
6.3 过渡组合组件<transition-group> ··············· 135
6.4 动态控制过渡和动画 ··············· 138
6.5 小结 ··············· 141
6.6 思考题 ··············· 142

第 7 章 Vue 组件开发基础 ··············· 144

7.1 注册全局组件和局部组件 ··············· 144

7.1.1	注册全局组件	145
7.1.2	注册局部组件	146
7.2	组件的命名规则	148
7.3	向组件传递属性	150
7.3.1	传递动态值	151
7.3.2	对象类型的属性	152
7.3.3	数组类型的属性	152
7.3.4	绑定静态数据	153
7.3.5	传递对象	155
7.3.6	属性的不可改变性	156
7.3.7	单向数据流	158
7.3.8	属性验证	160
7.4	non-prop 属性	163
7.4.1	单节点模板中根节点对 non-prop 属性的继承	164
7.4.2	在单节点模板中禁止 non-prop 属性的继承	165
7.4.3	多节点模板中节点与 non-prop 属性的绑定	166
7.5	组件树	166
7.6	监听子组件的事件	169
7.6.1	验证事件	171
7.6.2	通过 v-model 指令绑定属性	172
7.6.3	通过 v-model 指令绑定多个属性	174
7.6.4	v-model 指令的自定义修饰符	175
7.6.5	处理子组件中 DOM 元素的原生事件	177
7.7	综合范例：自定义组件\<combobox\>	179
7.8	小结	180
7.9	思考题	181

第8章 Vue 组件开发高级技术 183

8.1	插槽\<slot\>	183
8.1.1	\<slot\>组件的渲染作用域	185
8.1.2	\<slot\>组件的默认内容	185
8.1.3	为\<slot\>组件命名	186
8.1.4	\<slot\>组件的动态名字	188
8.1.5	\<slot\>组件的自定义属性	189
8.2	动态组件\<component\>	191
8.3	异步组件	193
8.3.1	异步组件的选项	195
8.3.2	局部异步组件	196
8.4	组件的生命周期	197

8.5 组件的混入块 199
　　8.5.1 合并规则 199
　　8.5.2 全局混入块 202
　　8.5.3 自定义合并策略 203
　　8.5.4 使用混入块的注意事项 204
8.6 组件之间的互相访问 204
　　8.6.1 访问根组件 204
　　8.6.2 访问父组件 206
　　8.6.3 访问子组件 206
　　8.6.4 依赖注入 208
8.7 组件的递归 211
8.8 定义组件模板的其他方式 212
8.9 <teleport>组件与 DOM 元素的通信 213
　　8.9.1 在<teleport>组件中包裹子组件 214
　　8.9.2 多个<teleport>组件与同一个 DOM 元素通信 215
8.10 小结 216
8.11 思考题 216

第 9 章　render( )函数和虚拟 DOM 219

9.1 render( )函数 219
9.2 真实 DOM 222
9.3 虚拟 DOM 222
9.4 h( )函数的用法 223
　　9.4.1 虚拟 DOM 中虚拟节点的唯一性 224
　　9.4.2 h( )函数的完整范例 225
　　9.4.3 创建组件的虚拟节点 227
9.5 用 render( )函数实现模板的一些功能 229
　　9.5.1 实现 v-if 和 v-for 指令的流程控制功能 229
　　9.5.2 实现 v-model 指令的数据绑定功能 229
　　9.5.3 实现 v-on 指令的监听事件功能 231
　　9.5.4 实现事件修饰符和按键修饰符的功能 231
　　9.5.5 实现插槽功能 233
　　9.5.6 生成动态组件的节点 236
　　9.5.7 自定义指令 238
9.6 在 render( )函数中使用 JSX 语法 238
9.7 综合范例：博客帖子列表 240
9.8 小结 242
9.9 思考题 242

第10章 Vue CLI 脚手架工具 ... 245

- 10.1 Vue CLI 简介以及安装 ... 245
- 10.2 创建 Vue 项目 ... 246
  - 10.2.1 vue create 命令的用法 ... 246
  - 10.2.2 删除预配置 ... 250
  - 10.2.3 vue ui 命令的用法 ... 250
- 10.3 Vue 项目的结构 ... 251
  - 10.3.1 单文件组件 ... 251
  - 10.3.2 程序入口 main.js 文件 ... 253
  - 10.3.3 项目的 index.html 文件和 SPA 单页应用 ... 253
  - 10.3.4 运行项目 ... 254
- 10.4 安装和配置 Visual Studio Code ... 255
  - 10.4.1 安装 Vetur 和 ESLint 插件 ... 256
  - 10.4.2 在 VSCode 中打开 helloworld 项目 ... 256
  - 10.4.3 在 VSCode 中运行 helloworld 项目 ... 257
- 10.5 创建单文件组件<Hello> ... 257
  - 10.5.1 创建 Hello.vue 文件 ... 257
  - 10.5.2 修改 App.vue 文件 ... 258
  - 10.5.3 运行修改后的 helloworld 项目 ... 258
- 10.6 创建正式产品 ... 259
- 10.7 在 Tomcat 中发布正式产品 ... 260
  - 10.7.1 安装 Tomcat ... 260
  - 10.7.2 把 helloworld 正式产品发布到 Tomcat 中 ... 261
- 10.8 小结 ... 261
- 10.9 思考题 ... 261

第11章 Vue Router 路由管理器 ... 263

- 11.1 简单的路由管理 ... 264
- 11.2 路由管理器的基本用法 ... 266
- 11.3 在 Vue 项目中使用路由管理器 ... 268
  - 11.3.1 创建 Home.vue 和 About.vue 组件文件 ... 268
  - 11.3.2 在组件中加入图片 ... 269
  - 11.3.3 在 index.js 中创建路由管理器实例 ... 269
  - 11.3.4 在 main.js 中使用路由管理器 ... 270
  - 11.3.5 在 App.vue 中加入<router-link>组件和<router-view>组件 ... 271
  - 11.3.6 运行 helloworld 项目 ... 271
- 11.4 路由模式 ... 271
- 11.5 动态链接 ... 273

11.5.1　链接中包含路径参数 ……………………………………………… 273
　　　11.5.2　链接中包含查询参数 ……………………………………………… 275
　　　11.5.3　链接与通配符匹配 ………………………………………………… 276
　11.6　嵌套的路由 ……………………………………………………………………… 278
　　　11.6.1　创建 Items 父组件的文件 Items.vue …………………………… 278
　　　11.6.2　创建 Item 子组件的文件 Item.vue ……………………………… 280
　　　11.6.3　在 index.js 中设置父组件和子组件的路由 ……………………… 282
　　　11.6.4　在根组件的模板中加入 Items 父组件的导航链接 ……………… 282
　11.7　命名路由 ………………………………………………………………………… 283
　　　11.7.1　重定向 ……………………………………………………………… 284
　　　11.7.2　使用别名 …………………………………………………………… 285
　11.8　命名视图 ………………………………………………………………………… 285
　11.9　向路由的组件传递属性 ………………………………………………………… 288
　　　11.9.1　向命名视图的组件传递属性 ……………………………………… 289
　　　11.9.2　通过函数传递属性 ………………………………………………… 289
　11.10　编程式导航 …………………………………………………………………… 290
　11.11　导航守卫函数 ………………………………………………………………… 293
　　　11.11.1　全局导航守卫函数 ………………………………………………… 296
　　　11.11.2　验证用户是否登录 ………………………………………………… 297
　　　11.11.3　设置受保护资源 …………………………………………………… 300
　　　11.11.4　在单页面应用中设置目标路由的页面标题 …………………… 301
　　　11.11.5　特定路由的导航守卫函数 ………………………………………… 302
　　　11.11.6　组件内的导航守卫函数 …………………………………………… 302
　11.12　数据抓取 ……………………………………………………………………… 304
　　　11.12.1　导航后抓取 ………………………………………………………… 304
　　　11.12.2　导航前抓取 ………………………………………………………… 306
　11.13　设置页面的滚动行为 ………………………………………………………… 308
　　　11.13.1　scrollBehavior() 函数的返回值 ………………………………… 308
　　　11.13.2　延迟滚动 …………………………………………………………… 309
　11.14　延迟加载路由 ………………………………………………………………… 309
　　　11.14.1　把多个组件打包到同一个文件中 ………………………………… 311
　　　11.14.2　在路由的组件中嵌套异步组件 …………………………………… 311
　11.15　动态路由 ……………………………………………………………………… 312
　11.16　小结 …………………………………………………………………………… 314
　11.17　思考题 ………………………………………………………………………… 315

第12章　组合 API ……………………………………………………………………… 317

　12.1　setup() 函数的用法 …………………………………………………………… 317
　　　12.1.1　props 参数 ………………………………………………………… 322

12.1.2	context 参数	322
12.1.3	ref( ) 函数	323
12.1.4	reactive( ) 函数	324
12.1.5	toRefs( ) 函数	324
12.1.6	readonly( ) 函数	325
12.1.7	定义计算属性	326
12.1.8	注册组件的生命周期钩子函数	326
12.1.9	通过 watch( ) 函数监听数据	328
12.1.10	通过 watchEffect( ) 函数监听数据	329
12.1.11	获取模板中 DOM 元素的引用	330
12.1.12	依赖注入（provide/inject）	331
12.2	分割 setup( ) 函数	333
12.2.1	把 setup( ) 函数分割到多个函数中	333
12.2.2	把 setup( ) 函数分割到多个文件中	336
12.3	小结	337
12.4	思考题	337

第 13 章 通过 Axios 访问服务器 340

13.1	Axios 的基本用法	340
13.1.1	同域访问和跨域访问	341
13.1.2	获取响应结果	343
13.1.3	处理错误	344
13.2	在 Vue 项目中使用 Axios	345
13.2.1	异步请求	345
13.2.2	POST 请求方式	348
13.2.3	对象和查询字符串的转换	350
13.2.4	下载图片	351
13.2.5	上传文件	353
13.2.6	设置反向代理服务器	354
13.3	Axios API 的用法	355
13.4	请求配置	356
13.4.1	创建 axios 实例	360
13.4.2	设定默认的请求配置	360
13.4.3	请求配置的优先顺序	361
13.4.4	取消请求的令牌	361
13.5	并发请求	364
13.6	请求拦截器和响应拦截器	364
13.7	前端与后端的会话	367
13.7.1	通过 Cookie 跟踪会话	368

13.7.2　通过 token 令牌跟踪会话 ……… 369
13.8　前端与后端代码的整合 ……… 373
13.9　小结 ……… 374
13.10　思考题 ……… 374

第 14 章　通过 Vuex 进行状态管理 ……… 377

14.1　Vuex 的基本工作原理 ……… 377
14.2　Vuex 的基本用法 ……… 379
14.3　在 Vue 项目中使用 Vuex ……… 380
　　14.3.1　strict 严格模式 ……… 382
　　14.3.2　通过计算属性访问状态 ……… 383
　　14.3.3　状态映射函数：mapState( ) ……… 383
　　14.3.4　更新荷载 ……… 385
　　14.3.5　更新映射函数：mapMutations( ) ……… 386
　　14.3.6　把更新函数的名字设为常量 ……… 388
　　14.3.7　更新函数只能包含同步操作 ……… 389
14.4　仓库的 getters 选项 ……… 390
　　14.4.1　getters 映射函数：mapGetters( ) ……… 391
　　14.4.2　为 getters 选项的属性设置参数 ……… 392
14.5　仓库的 actions 选项 ……… 392
　　14.5.1　传入更新荷载 ……… 394
　　14.5.2　动作映射函数：mapActions( ) ……… 395
14.6　异步动作 ……… 396
　　14.6.1　异步动作范例 ……… 397
　　14.6.2　使用 async/await 的范例 ……… 399
14.7　表单处理 ……… 401
　　14.7.1　在处理 input 事件的方法中提交更新函数 ……… 402
　　14.7.2　可读写的计算属性 ……… 403
14.8　仓库的模块化 ……… 403
　　14.8.1　模块的局部状态 ……… 405
　　14.8.2　访问根状态 ……… 406
　　14.8.3　命名空间 ……… 407
14.9　通过 Composition API 访问仓库 ……… 414
14.10　状态的持久化 ……… 414
14.11　小结 ……… 415
14.12　思考题 ……… 416

第 15 章　创建综合购物网站应用 ……… 419

15.1　前端组件的结构 ……… 419

15.2 前端开发技巧 ·· 422
　　15.2.1 状态管理 ·· 422
　　15.2.2 状态同步 ·· 425
　　15.2.3 运用 Composition API 提高代码可重用性 ······················· 427
　　15.2.4 在组件中显示图片 ··· 428
　　15.2.5 路由管理 ·· 428
　　15.2.6 每个组件的页面标题 ··· 430
　　15.2.7 用户登录流程 ·· 431
　　15.2.8 受保护的资源 ·· 432
　　15.2.9 异步处理 Axios 的请求 ·· 433
　　15.2.10 单独运行前端项目 ··· 435
15.3 后端架构 ··· 436
　　15.3.1 实现业务数据 ·· 437
　　15.3.2 实现业务逻辑服务层 ··· 441
　　15.3.3 实现 DAO 层 ·· 444
　　15.3.4 实现控制器层 ·· 445
　　15.3.5 前端与后端的数据交换 ·· 448
15.4 发布和运行 netstore 应用 ··· 452
　　15.4.1 安装 SAMPLEDB 数据库 ·· 452
　　15.4.2 发布后端 netstore 项目 ·· 452
　　15.4.3 调试和运行前端 netstore 项目 ·· 453
　　15.4.4 创建并发布前端项目的正式产品 ··································· 453
　　15.4.5 运行 netstore 应用 ··· 454
15.5 小结 ··· 457

附录 A 思考题答案 ··· 458

第1章

Vue 简 介

视频讲解

在传统的 Web 应用中,当 Web 服务器与浏览器进行通信时,绝大部分任务都是在服务器完成。Web 服务器(确切地说,是运行在 Web 服务器上的 Web 应用程序)主要负责完成以下 3 个任务。

(1) 处理业务逻辑。

(2) 把业务数据保存到数据库。

(3) 从数据库中检索出相应的业务数据,动态生成用于展示业务数据的 HTML 文档,把它们发送到浏览器。

浏览器主要负责完成以下 3 个任务。

(1) 解析服务器发送过来的 HTML 文档,生成 DOM(Document Object Model,文档对象模型)。DOM 是按照面向对象的语义为 HTML 文档建立的树状结构的模型,HTML 文档中的每个标记对应 DOM 树中的一个节点(也称为元素)。

(2) 在浏览器的用户界面展示 HTML 文档。

(3) 与用户进行简单的交互,如对用户发出的提交表单和选择超级链接等请求做出响应。

图 1-1 展示了 Web 服务器与浏览器在传统的 Web 应用中各自的分工。

图 1-1 在传统的 Web 应用中,Web 服务器和浏览器的分工

从图1-1可以看出，Web应用的大部分任务都是在服务器端完成，浏览器主要负责向用户展示包含业务数据的HTML文档。

提示：本章会有"前端""浏览器"或"客户端"的说法，它们的实际含义相同。"后端"与"服务器"的实际含义相同。

当Web应用的访问量增大，服务器的运算负荷也随之增加。设想一个购物网站要为数百万在线用户同时提供订购商品的服务，这需要服务器具备超大规模的硬件资源以及拥有高运算性能的软件。

为了减轻服务器的运行负荷，在Web应用开发领域，前后端分离的架构应运而生。它的基本设计理念是把一部分由服务器完成的任务交给浏览器完成。在传统的Web应用中，业务数据在服务器就已经动态填充到HTML文档中，服务器会把包含业务数据的HTML文档发送到浏览器。而在前后端分离的架构中，服务器会在不同的时机分别发送HTML文档和业务数据，浏览器完成把业务数据填充到HTML文档中的任务。

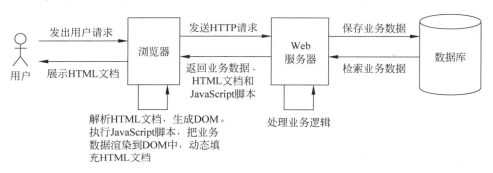

图1-2　前后端分离的Web架构

如图1-2所示，在前后端分离的架构中，后端(Web服务器)负责完成以下4个任务。
（1）处理业务逻辑。
（2）把业务数据保存到数据库。
（3）从数据库中检索出相应的业务数据，把它们发送到浏览器。
（4）只需要把少量的HTML文档、JavaScript脚本以及CSS文件等发送到浏览器。

前端(浏览器)负责完成以下4个任务。
（1）解析HTML文档，生成DOM。
（2）执行JavaScript脚本，把业务数据渲染到DOM中，动态填充HTML文档。
（3）向用户展示HTML文档。
（4）增强与用户的交互功能，快速地对用户的操作做出响应，并对业务数据进行简单的预处理，如对用户输入的表单数据进行力所能及的验证等。

提示：本书把用户在HTML文档的<input>输入框等DOM元素中输入的数据称作表单数据。第4章会详细介绍Vue框架如何绑定各种类型的表单数据。

在前后端分离的架构中，有一种比较流行的应用，为SPA(Single Page Application，单页面应用)。整个Web应用只有一个HTML文档。用户首次访问该应用时，Web服务器把HTML文档以及JavaScript脚本等发送到浏览器。用户再次访问该应用时，Web服务器仅发送相应的业务数据，由浏览器执行JavaScript脚本，把业务数据渲染到DOM中，动态填充

HTML 文档。

提示：在 SPA 中，一个 HTML 文档怎么生成各种各样的用户界面呢？这里的 HTML 文档实际上仅是一个提供了网页基本布局的模板，模板中的 DOM 元素以及需要显示的业务数据都可以由 JavaScript 脚本进行动态更新。

在 SPA 中，动态生成包含业务数据的网页的任务由浏览器的 JavaScript 脚本完成，从而大大减少了服务器的运算任务和服务器与浏览器之间的数据传输量，服务器不需要重复地向浏览器发送一些 HTML 文档和业务数据。

浏览器既要负责与用户交互，又要负责与 Web 服务器交互，为了使 Web 应用的前端能及时地对用户的请求做出响应，运行在浏览器的 JavaScript 脚本的功能不断增强，出现了一些可以简化前端开发，并且具有高效的响应效率的前端框架。Vue.js 框架（后文简称为 Vue 框架或者 Vue）就是基于 JavaScript 的优秀的前端框架。

本章首先介绍 MVVM 设计模式，接着介绍借鉴这种设计模式的 Vue 框架的特点，随后通过具体的范例介绍 Vue 框架的基本用法。1.5~1.7 节介绍 Vue 框架的运行原理，对于初学者来说，这部分内容阅读起来会有些费力，不妨等阅读了本书的后续内容，再来理解这部分内容。

1.1 MVVM 设计模式

Web 应用以网页的形式展示业务数据。业务数据称作模型（Model），展示业务数据的网页是视图（View）。视图是向用户展示模型的界面。此外，视图还负责与用户交互，接收用户的输入数据。

MVVM（Model-View-ViewModel，模型-视图-视图模型）设计模式能够建立视图和模型的双向绑定：

（1）视图中数据的变化会及时反映到模型中。

（2）模型中数据的变化会及时反映到视图中。

如图 1-3 所示，MVVM 设计模式包含三个模块：模型、视图和视图模型。视图模型是实现视图和模型的双向绑定的桥梁。当用户向视图输入数据，视图模型会及时把输入的数据绑定到模型中。当模型中的数据发生变化，视图模型也会及时地把最新的模型数据展示到视图中。

图 1-3 MVVM 设计模式

MVVM 设计模式实现了前端响应式编程。前端响应式编程指视图和模型会对彼此的数据变化及时做出响应。1.3.2 节和 1.3.3 节会通过具体的范例直观地演示前端响应式编程的运行效果。

1.2 Vue 框架的特点

Vue 框架由原 Google 员工尤雨溪创建，如今得到了广泛的运用。它借鉴了 MVVM 设计模式的思想。如图 1-4 所示，Vue 框架包含以下 3 个模块。

（1）视图：指 HTML 文档以及相应的 DOM。Vue 框架把模型中的数据渲染到 DOM 中，实际上就是把数据填充到 HTML 文档中。

（2）视图模型：指 Vue 组件。它是对视图和模型进行双向绑定的桥梁。

（3）模型：指业务数据。在实际应用中，业务数据来自用户输入的表单数据，或者来自服务器的数据库。在本书的许多范例中，为了简化代码，会直接在 JavaScript 脚本中提供现成的业务数据。

图 1-4　Vue 框架的 MVVM 设计模式

Vue 框架具有以下 6 个特点。

（1）轻量级的框架。Vue 能够自动追踪组件的模型变量和计算属性，支持模型和视图的双向数据绑定以及可组合的组件系统，具有简单、灵活的 API，使前端开发人员容易理解框架的工作流程，能够快速上手。

（2）双向数据绑定。采用简洁的语法将模型中的数据渲染到 DOM 中，并且能把用户输入的表单数据及时绑定到模型中。

（3）丰富的指令。Vue 提供了丰富的内置指令。这些指令能够灵活地控制 DOM 元素的输出行为以及对 DOM 事件的处理行为。

（4）组件化。组件（Component）是 Vue 的核心技术。组件可以扩展 DOM 元素的功能，封装可重用的代码。

（5）客户端路由。Vue-Router 是为 Vue 量身定做的路由管理器插件，它与 Vue 完美集成，用于构建 SPA。SPA 是基于路由和组件的，路由能够建立组件和访问路径的映射，便于组件之间的导航，而传统的 Web 应用是通过超级链接实现页面的跳转。

（6）状态管理。状态管理指依据状态的变化驱动视图的重新渲染。用户对视图进行操作产生动作（Action）使状态发生变化，而状态的变化会导致视图的重新渲染。

关于 Vue 的特点，本节只是做一个概要的介绍，后面章节还会详细介绍 Vue 的各种技术，帮助读者深入理解 Vue 的特点。

1.3 第一个 Vue 范例

为了使用 Vue 框架，首先要到 Vue 官网 https://vuejs.org 下载 Vue 类库文件，它包含两个版本：开发版本和生产版本。开发版本包含了完整的警告信息和调试信息，适用于前端

应用软件的开发阶段,下载地址为:

```
https://vuejs.org/js/vue.js
```

Vue 框架的生产版本删除了警告信息,并进行了代码压缩,文件较小,适用于前端应用软件的正式发布阶段,下载地址为:

```
https://vuejs.org/js/vue.min.js
```

上述下载地址仅提供了 Vue 当前稳定版本的类库文件。此外,从 CDN(Content Delivery Network,内容分发网络)网站 www.staticfile.org 上也可以下载各种版本的 Vue 类库文件,参见图 1-5。

图 1-5 从 CDN 网站下载 Vue 类库文件

在图 1-5 的网页上选择 Vue 3.0.5,就会显示该版本的所有类库文件的下载网址。本书范例使用 Vue 3 的 vue.global.js 文件,并且在范例中,把它改名为 vue.js。

例程 1-1 引入了 vue.js 类库文件,并且定义了 MVVM 设计模式中的视图、视图模型以及模型。

例程 1-1　hello.html

```html
<html>
  <head>
    <meta charset="UTF-8">
    <title>Vue 范例</title>
    <script src="vue.js"></script>
  </head>

  <body>
    <div id="app">
      <p>{{ message }}</p>   <!-- View -->
    </div>

    <script>
      const app=Vue.createApp({
```

```
        data() {
          return {
            message:'一起学习Vue开发！'          //模型数据
          }
        }
      })

      //视图模型
      const vm=app.mount('#app')
    </script>

  </body>
</html>
```

在hello.html中,视图是以下HTML文档:

```
<p>{{ message }}</p>
```

该HTML文档包含了Vue框架的特殊语法如插值表达式{{message}}。这种HTML文档需要经过Vue框架的编译和渲染,才能得到真实的DOM。

在hello.html的JavaScript脚本中,先通过Vue.createApp()函数创建了一个Vue应用实例,如:

```
const app=Vue.createApp({
  data() {
    return {
      message:'一起学习Vue开发！'          //模型数据
    }
  }
})
```

在应用实例中,可以为根组件定义一些选项。以上Vue应用实例为根组件设定了一个data选项,它用于指定模型数据。在本范例中,模型数据为message变量。

以上代码也可以改写为:

```
const RootComponent={
  data() {
    return {
      message:'一起学习Vue开发！'          //模型数据
    }
  }
}
const app=Vue.createApp(RootComponent)
```

接下来,hello.html的JavaScript脚本通过Vue应用实例的mount()方法创建了一个Vue的根组件实例,代码如下:

```
//ViewModel
const vm=app.mount('#app')
```

以上根组件实例作为 MVVM 设计模式中的视图模型，用于连接视图和模型。app.mount('#app')方法会把根组件实例挂载到 DOM 中 id 为 app 的<div>元素，代码如下：

```
<!--根组件实例所挂载的 DOM 元素 -->
<div id="app">…</div>
```

1.4.2 节还会进一步介绍挂载的作用。由于根组件实例会自动拥有在 Vue 应用实例中定义的 data 选项，本书出于叙述的方便，会把在 Vue 应用实例中定义的 data 选项直接看作是根组件的选项。

1.3.1 把模型数据绑定到视图

在例程 1-1 中，<div id="app">元素中的{{message}}是插值表达式，采用了 Mustache 语法（采用双大括号标记）。Vue 框架会把根组件的 data 选项设定的模型数据与{{message}}绑定。在本范例中，实际上是把模型中的 message 变量与 DOM 中的{{message}}绑定。

通过浏览器访问 hello.html，会得到图 1-6 所示的网页。

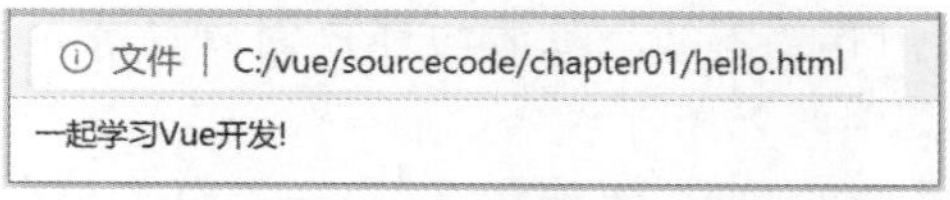

> ① 文件 | C:/vue/sourcecode/chapter01/hello.html
> 一起学习Vue开发！

图 1-6 hello.html 的网页

以下代码能把模型中的 index 变量和 name 变量绑定到视图中更为复杂的插值表达式。

```
<div id="app">
  <p>{{ index+1 }}</p>
  <p>{{ index==0 ?'a' : 'b' }}</p>
  <p>{{ name.split('').join('-') }}</p>
</div>

<script>
  const vm=Vue.createApp({
    data() {
      return {
        index: 0, name: 'Vue'          //模型数据
      }
    }
  }).mount('#app')
</script>
```

以上{{ index+1 }}、{{ index==0 ? 'a' : 'b' }}和{{ name.split('').join('-') }}

都是插值表达式,它们的取值分别为 0、a 和 V-u-e。

1.3.2　把视图上的输入数据与模型绑定

当用户在网页的 HTML 表单中输入数据,Vue 框架会监听到最新的输入数据,把当前输入数据绑定到模型中。例程 1-2 演示了把表单输入数据与模型绑定的方法。

例程 1-2　input.html

```
<div id="app">
  <input type="text" v-model="message"/>
  <p>Your input is : {{ message }}</p>
</div>

<script>
  const vm=Vue.createApp({
    data() {
      return {
        message: 'Hello'
      }
    }
  }).mount('#app')
</script>
```

提示:为了节省篇幅,例程 1-2 以及后面的部分例程仅展示范例的主要源代码。在本书配套源代码包中提供了范例的完整源代码。

在 input.html 中,根组件的 data 选项包含了一个模型变量 message,它的初始值为 Hello。在 input.html 的视图中,用<input>元素定义了一个输入框,它通过 Vue 框架的 v-model 指令把输入框与模型中的 message 变量绑定,如:

```
<input type="text" v-model="message" />
```

图 1-7 展示了 input.html 中的双向数据绑定。Vue 框架把视图的<input>输入框与模型的 message 变量双向绑定,并且把模型的 message 变量绑定到视图的{{message}}插值表达式。

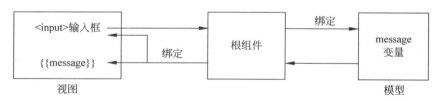

图 1-7　input.html 中模型数据和视图的双向绑定

通过浏览器访问 input.html,Vue 框架会先用模型的 message 变量渲染文本输入框,因此文本输入框的初始值为 Hello。当用户在 input.html 网页的文本输入框输入字符串 Hello Vue,Vue 框架监听到最新输入的字符串,会把输入的字符串绑定到模型的 message 变量,再把 message 变量绑定到视图的{{message}}插值表达式。最终用户与网页的交互体验是在文本输入框中输入的字符串会立刻回显到网页上,参见图 1-8。

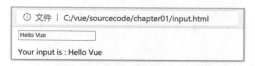

图 1-8　input.html 的网页

1.3.3　改变模型数据对视图的影响

Vue 框架支持前端响应式编程,使视图以及模型会对彼此的数据变化及时做出响应。从 1.3.2 节可以看出,用户在视图的表单中输入的数据会及时反映到模型中。那么,如果改变模型的数据,是否会立刻反映到视图中呢?答案是肯定的。

在 1.3.2 节中,用户在输入框输入新的字符串,导致模型中的 message 变量更新,视图中的{{message}}也同步更新,这就证明模型中数据的更新也会立刻反映到视图中。

下面再通过 Chrome 浏览器的开发者工具演示视图对模型数据更新所做出的响应,步骤如下。

(1) 先通过 Chrome 浏览器访问 input.html,参见图 1-8。

(2) 选择 Chrome 浏览器的"自定义及控制 Google Chrome"→"更多工具"→"开发者工具"→Console 选项,在控制台输入 vm.message = 'Welcome',该语句用来修改模型的 message 变量,参见图 1-9。

图 1-9　修改模型的 message 变量

(3) 观察 Chrome 浏览器展示的 input.html 页面,会发现页面中{{message}}插值表达式以及文本输入框的取值都变成了 Welcome。由此可见,修改 message 模型变量时,Vue 框架会立即对视图中与 message 变量绑定的{{message}}插值表达式以及文本输入框做出相应的更新。

1.4　Vue 组件的选项

Vue 组件通过一系列的选项建立模型和视图的桥梁,主要包括:
(1) data 选项:设定模型数据。
(2) template 选项:指定组件的模板。
(3) methods 选项:定义组件的方法。

(4) computed 选项：定义计算属性，参见 3.1 节。

(5) watch 选项：监听特定的变量，参见 3.2 节。

1.4.1　data 选项

data 选项可以包含各种类型的模型数据，例如：

```
const vm=Vue.createApp({
  data() {
    return{
      index:0,                              //数字类型
      isMarried:true ,                      //布尔类型
      message: 'Hello',                     //字符串类型
      scores: [99,81,56,78,100],            //数组类型
      student: {name:'Tom',age:17},         //对象类型
      students:[                            //元素为对象的数组类型
        {name:'Tom',age:17},
        {name:'Mike',age:15},
        {name:'Mary',age:18},
        {name:'Jack',age:16}
      ]
    }
  }
}).mount('#app')
```

以上根组件的 data 选项包含了各种类型的模型数据：数字类型、布尔类型、字符串类型、数组类型和对象类型。对于对象类型的 student 变量，在视图中可以通过{{student.name}}访问 student 对象的 name 属性。对于数组类型，2.1.5 节会介绍如何通过 v-for 指令遍历数组并且把数组中的数据绑定到视图中。

在以下代码中，vm 变量引用根组件实例，vm.$data.count 以及 vm.count 都会访问同一个 count 变量。

```
const app = Vue.createApp({
  data() {
    return { count: 4 }
  }
})

const vm = app.mount('#app')      //vm 引用根组件实例
console.log(vm.$data.count)       // => 4
console.log(vm.count)             // => 4
```

提示：对于 Vue 组件自身的选项，在引用它时以"$"开头，例如 vm.$data 中的"$"符号表明 data 选项是 Vue 组件固有的选项。

1.4.2 template 选项

每个组件都有模板。模板实际上是指组件的 HTML 界面。把组件挂载到 DOM 中的特定元素,实际上是指在网页的特定位置插入组件的界面。例如在例程 1-3 中,根组件会挂载到<div id="app">元素中,该元素也称作根组件在整个文档的 DOM 中的挂载点。<div id="app">元素中的内容就是根组件的默认模板。组件的 template 选项能够取代组件的默认模板。template1.html 中的根组件就设置了 template 选项。

例程 1-3　template1.html

```
<div id="app">                                          //挂载点
  <p>{{ message }},Tom</p>                              //默认的根组件模板
</div>

<script>
  const app=Vue.createApp({
    template : '<div>{{message}},Mike</div>',           //取代默认的根组件模板
    data() {
      return {message:'Hello'}
    }
  })
  const vm=app.mount('#app')
  console.log(vm.$el);
</script>
```

根组件的 template 选项为"<div>{{message}},Mike</div>",它会取代<div id="app">元素中的默认模板。它设定的模板经过编译和渲染后,得到真实的 DOM 为"<div>Hello,Mike</div>"。通过浏览器访问 template1.html,会看到网页上显示"Hello,Mike"。图 1-10 显示了根组件挂载到<div id="app">元素的过程。

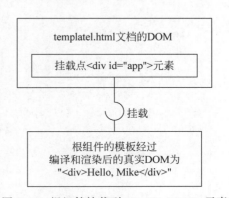

图 1-10　根组件挂载到<div id="app">元素

从图 1-10 可以看出,组件的 DOM 挂载到整个文档的 DOM 中,组件的界面会成为整个网页的局部内容。当组件的 DOM 被重新渲染,就会导致网页的局部内容被更新。

组件有一个 el 选项,表示组件的模板经过编译和渲染后的 DOM 内容。vm.$el 表示根组件的 el 选项。在浏览器的控制台输入 vm.$el,会看到 vm.$el 的取值为"<div>Hello,Mike</div>",参见图 1-11。

提示: 本书提到的"浏览器的控制台",均指浏览器的开发者工具中的 Console 控制台。

如果把 template1.html 中的 template 选项注释掉,如:

图 1-11　template1.html 的 vm.$el 的取值

```
// template : '<div>{{message}},Mike</div>',
```

再通过浏览器访问 template1.html，会看到控制台显示 vm.$el 的值为"<p>Hello,Tom</p>"，它是在<div id="app">元素中设置的默认模板经过编译和渲染后的 DOM 内容。

例程 1-4 显示的网页与 template1.html 相同。在 template2.html 中，根组件的 template 选项的内容是在<script id="tp1" type="text/x-template">中定义的。在实际应用中，如果 template 选项的内容冗长，就可以采用这种方式提高代码的可读性。

例程 1-4　template2.html

```
<div id="app">
  <p>{{ message }},Tom</p>
</div>

<script id="tp1" type="text/x-template">
  <div>{{message}},Mike</div>
</script>

<script>
  const app=Vue.createApp({
    template : '#tp1',
    data() {
      return {message:'Hello'}
    }
  })
  const vm=app.mount('#app');
  console.log(vm.$el);          //打印<div>Hello,Mike</div>
</script>
```

1.4.3　methods 选项

methods 选项用来定义方法。在例程 1-5 中，根组件的 methods 选项包含 increase( )方法和 output( )方法。

例程 1-5　method.html

```
<div id="app">
  <button v-on:click="increase">{{count}}</button>
  {{ output() }}
```

```
</div>
<script>
  const app=Vue.createApp({
    data() {
      return{count:1}
    },
    methods: {
      increase: function(){
         this.count++              //this 关键字引用当前的组件实例
      },
      output: function(){
         return this.count*100
      }
    }
  })
  const vm=app.mount('#app')
</script>
```

在 method.html 中，<button>元素的 v-on 指令用来监听 click 事件，对该事件的处理操作是调用 increase( )方法。{{output( )}}插值表达式会显示 output( )方法的返回值。

通过浏览器访问 method.html，当用户在网页上单击数字按钮，就会触发 click 事件，Vue 框架会调用 increase( )方法，使 count 变量的取值递增 1。count 变量发生变化后，网页上的 {{count}} 的取值和 {{output( )}} 的取值会同步更新，参见图 1-12。

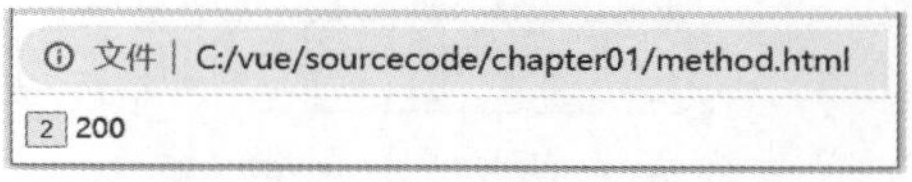

> 文件 | C:/vue/sourcecode/chapter01/method.html
> 2 200

图 1-12　method.html 的网页

method.html 中的 increase( )方法也可以简写为：

```
increase(){
  this.count++
}
```

提示：Vue 的 methods 选项中的方法实际上也属于函数，可以通过 this 关键字引用当前的组件实例。本书为了叙述的统一，把 methods 选项中的函数称作方法，其余均称作函数。

1.5　Vue 组件实例的生命周期

在 Vue 组件实例的生命周期中，会经历初始化、模板编译、挂载 DOM、渲染-更新-渲染以及卸载等阶段。卸载是挂载的反向操作，即解除挂载。在 Vue 组件实例的生命周期的特定时机，Vue 框架会调用相应的钩子函数完成特定的操作。

本节会概要介绍 Vue 组件实例的生命周期的流程，后面章节还会陆续介绍生命周期中所执行的各种操作的具体用途。图 1-13 展示了 Vue 组件实例的生命周期。

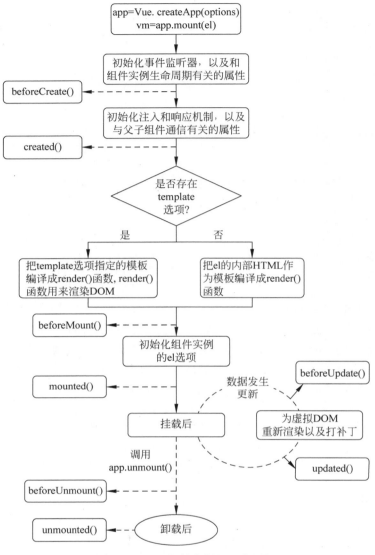

图 1-13　Vue 组件实例的生命周期

从图 1-13 可以看出，Vue 框架会执行各种操作，并且在特定的时机自动调用以下 8 个钩子函数。

（1）beforeCreate()：Vue 组件实例创建之前调用。此时 Vue 组件实例的 el 选项和 data 选项未初始化。

（2）created()：Vue 组件实例创建完成之后调用。此时 Vue 组件实例已完成一些配置，包括数据监听（data watch）、data 选项的初始化以及 watch/event 事件回调。el 选项还没有被初始化，挂载还没有开始。在这个钩子函数中，可以访问 data 选项中的模型数据。

（3）beforeMount()：挂载之前调用。此时完成了模板编译，相关的 render() 函数首次被调用。

（4）mounted()：挂载完成后调用。此时模板中的内容已经渲染到 DOM 中。Vue 组件实例的 el 选项被初始化。

（5）beforeUpdate()：vm.$data 模型数据更新之后，DOM 重新渲染和打补丁之前调用。如果在这个钩子函数中进一步更改 vm.$data，不会触发附加的重新渲染过程。

（6）updated()：DOM 重新渲染和打补丁之后调用。由于在调用该钩子函数时，DOM 已经更新，因此可以在该函数中执行依赖 DOM 的操作，但是应该避免修改 vm.$data，因为这可能会导致对 DOM 的重新渲染，因而陷入无限循环。

（7）beforeUnmount()：Vue 组件实例卸载之前调用。

（8）unmounted()：Vue 组件实例卸载之后调用。此时 Vue 组件实例不再和特定的 DOM 元素挂载。

例程 1-6 用来测试各个钩子函数的调用时机。

例程 1-6　lifecycle.html

```
<div>
  <h1>本行内容与根组件无关</h1>
</div>

<div id="app">
  <p>{{ message }}</p>
</div>

<script>
  const app = Vue.createApp({
    data() {
      return{ message : 'Hello' }
    },
    template:`<h1>{{message +' from template.'}}</h1> `,
    beforeCreate() {
      console.log('beforeCreate 创建前状态====》');
      console.log('%c%s', 'color:red' , 'el : ' + this.$el);
      console.log('%c%s', 'color:red','data : ' + this.$data);
      console.log('%c%s', 'color:red','message: ' + this.message)
    },
    created() {
      console.log('created 创建完毕状态====》');
      console.log.('%c%s', 'color:red','el : ' + this.$el);
      console.log('%c%s', 'color:red','data : ' + this.$data);
      console.log('%c%s', 'color:red','message: ' + this.message);
    },
    beforeMount() {
      console.log('beforeMount 挂载前状态====》');
      console.log('%c%s', 'color:red','el : ' + (this.$el));
      console.log(this.$el);
      console.log('%c%s', 'color:red','data : ' + this.$data);
      console.log('%c%s', 'color:red','message: ' + this.message);
    },
    mounted() {
      console.log('mounted 挂载结束状态====》');
```

```
            console.log('%c%s', 'color:red','el : ' + this.$el);
            console.log(this.$el);
            console.log('%c%s', 'color:red','data : ' + this.$data);
            console.log('%c%s', 'color:red','message: ' + this.message);
        },
        beforeUpdate() {
            console.log('beforeUpdate 更新前状态====》');
            console.log('%c%s', 'color:red','el : ' + this.$el);
            console.log(this.$el);
            console.log('%c%s', 'color:red','data : ' + this.$data);
            console.log('%c%s', 'color:red','message: ' + this.message);
            alert('beforeUpdate');
        },
        updated() {
            console.log('updated 更新完成状态====》');
            console.log('%c%s', 'color:red','el : ' + this.$el);
            console.log(this.$el);
            console.log('%c%s', 'color:red','data : ' + this.$data);
            console.log('%c%s', 'color:red','message: ' + this.message);
        },
        beforeUnmount() {
            console.log('beforeUnmount 卸载前状态====》');
            console.log('%c%s', 'color:red','el : ' + this.$el);
            console.log(this.$el);
            console.log('%c%s', 'color:red','data : ' + this.$data);
            console.log('%c%s', 'color:red','message: ' + this.message);
        },
        unmounted() {
            console.log('unmounted 卸载完成状态====》');
            console.log('%c%s', 'color:red','el : ' + this.$el);
            console.log(this.$el);
            console.log('%c%s', 'color:red','data : ' + this.$data);
            console.log('%c%s', 'color:red','message: ' + this.message)
        }
    })
    const vm=app.mount('#app')
</script>
```

通过 Chrome 浏览器访问 lifecycle.html，会看到图 1-14 所示的网页。

图 1-14　lifecycle.html 的网页

接着，观察浏览器控制台的日志信息，会看到图 1-15 所示的日志。

从图 1-15 可以看出，Vue 框架在调用 beforeCreate() 函数时，el 选项为 null，message 变

量未定义；调用 created( ) 函数时，data 选项以及 message 变量已经初始化，而 el 选项仍然为 null；调用 beforeMount( ) 函数时，el 选项仍然为 null；调用 mounted( ) 函数时，el 选项为 template 选项渲染后的 DOM 内容。

接下来，按照如下步骤演示其他钩子函数的特性。

（1）在 Chrome 浏览器的控制台中，输入语句"vm.message = 'Hi'"，更新 message 变量，会看到如图 1-16 所示的输出日志。

图 1-15　lifecycle.html 输出的日志　　图 1-16　修改 message 变量后的输出日志

message 变量更新后，Vue 框架会先后调用 beforeUpdate( ) 函数和 updated( ) 函数，el 选项为重新渲染后的 DOM 内容。

（2）在 Chrome 浏览器的控制台中，输入语句 app.unmount( )，卸载根组件实例，会得到图 1-17 所示的输出日志。

从图 1-17 可以看出，卸载根组件实例时，Vue 框架会依次调用 beforeUnmount( ) 函数和 unmounted( ) 函数。根组件实例卸载后，就不再与 <div id="app"> 元素挂载，在浏览器上会看到如图 1-18 所示的网页。

图 1-17　卸载 Vue 组件实例的输出日志

图 1-18　根组件实例卸载后 lifecycle.html 的网页

1.6　Vue 编译模板和渲染 DOM 的基本原理

Vue 组件的模板包含 Vue 指令和插值表达式等，这些内容无法被浏览器解析，需要依靠

Vue 框架进行编译和渲染,生成浏览器可以理解的 DOM。

1.6.1 编译模板

编译模板主要包含以下 3 个步骤。
(1) 把模板解析成抽象语法树(Abstract Syntax Tree,AST)。
(2) 优化 AST,标记 AST 中的静态节点。遍历 AST,给所有静态节点做一个标记,优化 AST 的目的是提高渲染 DOM 的性能。当节点更新,需要重新渲染 DOM 时,有静态标记的节点不需要重新渲染,从而提高渲染 DOM 的性能。
(3) 根据 AST 生成渲染函数 render()。

如图 1-19 所示,编译模板的结果是生成渲染函数 render()。

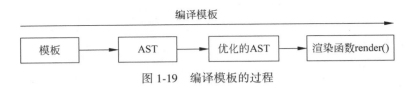

图 1-19 编译模板的过程

1.6.2 渲染 DOM

渲染 DOM 包含以下两个步骤。
(1) 执行 render() 渲染函数得到虚拟 DOM。虚拟 DOM 中的节点称为 VNode(虚拟节点)。VNode 和真实 DOM 中的节点对应。VNode 中包含如何生成真实 DOM 的节点的信息。
(2) 执行 patch() 打补丁函数,依据虚拟 DOM 生成真实的 DOM。

如图 1-20 所示,渲染 DOM 的结果是得到真实的 DOM。

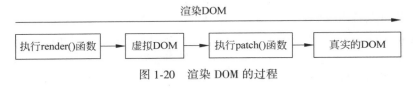

图 1-20 渲染 DOM 的过程

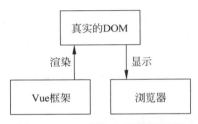

图 1-21 Vue 框架与浏览器共享真实的 DOM

虚拟 DOM 的作用是提高渲染 DOM 的性能。当需要重新渲染 DOM 时,patch() 打补丁函数会比较原先的虚拟 DOM 和现在的虚拟 DOM,找出其中的变化,计算出最少量的需要更新的节点,避免每次都更新真实 DOM 中的所有节点,从而提高渲染的性能。

真实的 DOM 是浏览器与 Vue 框架都能理解的 HTML 文档的对象模型。如图 1-21 所示,Vue 框架把渲染后的真实 DOM 交给浏览器,浏览器在网页上显示它。

1.7 异步渲染 DOM

Vue 框架采用异步方式渲染 DOM。下面通过例程 1-7 讲解异步渲染 DOM 的过程。

例程 1-7 async.html

```
<div id="app">
  <div ref="msgDiv">{{num}}</div>
  <button @click="changeNum">change num </button>
  <p>result: {{ result }}</p>
</div>

<script>
  const vm=Vue.createApp({
    data() {
      return { num: '10' ,result: '10' }
    },
    methods: {
      changeNum() {
        this.num++
        /* result 变量的取值是 DOM 中 ref 属性
           为 msgDiv 的<div>元素的内容,即{{num}} */
        this.result = this.$refs.msgDiv.innerHTML
      }
    }
  }).mount('#app')
</script>
```

通过浏览器访问 async.html,单击网页上的 change num 按钮会触发 click 事件,Vue 框架响应 click 事件的步骤如下。

（1）Vue 框架调用 changeNum() 方法。该方法首先执行 this.num++ 语句修改 num 变量。Vue 框架监听到 num 变量发生变化,就会向当前 click 事件的异步循环队列中加入 num 变量的 render-watcher,render-watcher 是负责渲染 DOM 的数据监听器,3.3 节会对 render-watcher 做进一步介绍。

（2）Vue 框架执行以下语句修改 result 变量:

```
this.result = this.$refs.msgDiv.innerHTML
```

this.$refs.msgDiv.innerHTML 指 ref 属性为 msgDiv 的 DOM 元素的内容,实际上是<div>元素中的{{num}}的取值。当 Vue 框架执行这行语句时,DOM 还没有被重新渲染。因此,尽管 this.num 变量已经变成 11,但是 DOM 中{{num}}的值还是 10,因此 result 变量的值还是 10。

（3）在响应本次 click 事件的过程中,只要有变量发生更新,Vue 框架就会把这些变量的 render-watcher 加入到 click 事件的循环队列中。如果多个 render-watcher 监听同一个变量的更新,会被视为重复的 render-watcher,只会被加入一次。

（4）等到本次 click 事件的循环队列不再有 render-watcher 加入，Vue 框架会依据循环队列中的 render-watcher 重新渲染 DOM，然后清空循环队列，这个时间点称为 tick 时间点。这时候{{num}}的值被渲染为 11。

如图 1-22 所示，如果在 async.html 的网页上不断单击 change num 按钮，result 变量的值始终是上一次{{num}}表达式的值。

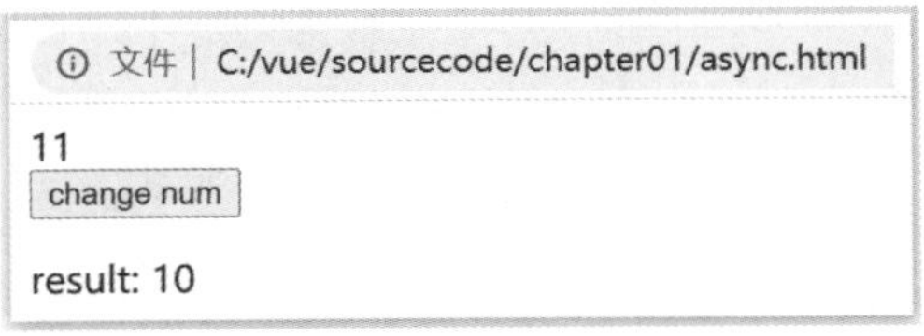

图 1-22　async.html 的网页

由此可见，如果在 JavaScript 脚本中直接访问 DOM 元素的内容，有可能会导致数据的不一致，因此 Vue 框架不推荐在 JavaScript 脚本中直接访问 DOM 元素。假如在某些场合一定要这么做，为了保证数据的一致性，可以通过 nextTick( ) 函数注册一个回调函数。

下面对 changeNum( ) 方法做如下修改：

```
changeNum() {
  this.num++

  this.$nextTick (() => {
    this.result = this.$refs.msgDiv.innerHTML
  })
}
```

以上代码向 nextTick( ) 函数注册的回调函数为：

```
() => {
        this.result = this.$refs.msgDiv.innerHTML
    }
```

这个回调函数的调用时机为 Vue 框架完成了 DOM 渲染，DOM 中的{{num}}已经是最新的 num 变量的值。这时候执行回调函数会保证 result 变量和 num 变量的取值保持一致。

1.8　防抖动函数 debounce( )

当用户单击网页上的按钮，就会触发 click 事件。在例程 1-8 中，用户每次单击网页上的 echo 按钮，就会调用 echo( ) 方法。

例程 1-8　echo.html

```
<div id="app">
  <input type="text" v-model="message" />
  <p><button v-on:click="echo">echo </button></p>
```

```
    <p>{{ result }}</p>
</div>

<script>
  const vm=Vue.createApp({
    data() {
      return {
        message:'hello',result:'echo:hello'
      }
    },

    methods:{
     echo(){                            // click 事件的处理方法
       console.log('call me')           //向控制台输出日志
       return this.result='echo:'+this.message
     }
    }
  }).mount('#app')
</script>
```

如图 1-23 所示，如果在 echo.html 网页上连续单击 echo 按钮 10 次，从浏览器的控制台的输出日志可以看出，echo() 方法被调用 10 次。

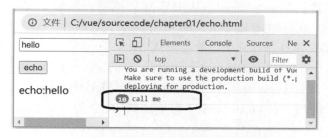

图 1-23　echo() 方法被重复调用

当 message 变量没有改变时，重复调用 echo() 方法不仅毫无意义，而且还会增加浏览器的运行负荷。

为了避免重复处理 click 事件，可以利用 lodash 类库的 debounce() 函数进行防抖动处理。debounce() 函数允许事先设定一个时间范围，如 500ms。对于在 500ms 内重复触发的 click 事件，debounce() 函数只会对最后一次事件做出具体的事件处理。

下面的代码对 echo.html 做了改写，引入了 lodash 类库中的 debounce() 函数。

```
<div id="app">
   <input type="text" v-model="message" />
   <p><button v-on:click="echo">echo </button></p>
   <p>{{ result }}</p>
</div>

<!-- 引入 lodash 类库 -->
```

```
<script src="https://unpkg.com/lodash@4.17.20/lodash.min.js">
</script>

<script>
  const vm=Vue.createApp({
    ......
    methods:{
      echo: _.debounce(
        function(){            //具体处理click事件的目标函数
          console.log('call me')
          this.result='echo:'+this.message
        },500)                 //对500ms内的重复click事件,只处理最后一次事件
    }
  }).mount('#app')
</script>
```

debounce(function(){},time)函数有两个参数,第一个参数指定具体处理click事件的目标函数,第二个参数time指定判断重复click事件的时间范围,以ms为单位。对于以上代码,假定在500ms内触发了10次click事件,对于每次的click事件,Vue框架都会调用debounce()函数,但是debounce()函数只会在最后一次click事件发生时调用具体处理click事件的目标函数。

再次通过浏览器访问echo.html。从浏览器的控制台的输出日志可以看出,如果在echo.html网页上,在500ms内连续单击echo按钮多次,只有最后一次单击按钮时,debounce()函数中具体处理click事件的目标函数才会被调用。

例程1-9定义了一个名为greet-button的组件,它的greet()方法用来处理由Greet按钮触发的click事件。在greet-button组件的created()钩子函数中,用debounce()函数对greet()方法进行了防抖动处理。在unmounted()钩子函数中,会关闭debounce()函数使用的定时器。

例程1-9　greet.html

```
<div id="app">
  <greet-button></greet-button>
</div>

<script>
  const app=Vue.createApp({})

  app.component('greet-button', {      //创建名为greet-button的组件
    created() {
      // 调用debounce()函数,对greet()方法进行防抖动处理
      this.debouncedClick = _.debounce(this.greet, 500)
    },

    unmounted() {
      //卸载组件时,关闭防抖动的定时器
```

```
      this.debouncedClick.cancel()
    },
    methods: {
      greet() { // click 事件的处理方法
        alert('Hello')
      }
    },
    template: '<button v-on:click="debouncedClick">'
             +' Greet </button>'
  })
  app.mount('#app')
</script>
```

通过浏览器访问 greet.html,在 500ms 内连续单击网页上的 Greet 按钮,会看到只是最后一次单击按钮时,才会调用 greet()方法。

1.9 Vue 的开发和调试工具

对于简单的 Vue 应用(即基于 Vue 框架的前端 Web 应用),用浏览器现成的开发者工具就可以进行开发和调试。如果 Vue 应用的逻辑非常复杂,还可以使用专门的开发和调试工具。本节首先介绍 NPM(Node Package Manager,Node.js 包管理工具),接着介绍 vue-devtools 调试工具的安装和使用。第 10 章还会介绍 Visual Studio Code 开发工具的用法。

1.9.1 NPM

在介绍 NPM 之前,首先要介绍 Node.js。Node.js 为 JavaScript 提供了运行环境。JavaScript 是一种脚本语言,用它编写的脚本程序不能独立运行,需要通过浏览器中的 JavaScript 引擎解析执行。Node.js 封装了 Chrome 浏览器的 JavaScript 引擎,允许在服务器运行 JavaScript 脚本。

NPM 是 Node.js 社区中的流行的包管理工具。使用 NPM 可以方便地进行 Vue 软件包的安装和升级。开发人员不必考虑从哪里下载 Vue 软件包依赖的第三方库,以及用哪个版本最合适等问题,因为这一切都由 NPM 处理,它能对第三方依赖库进行有效的管理。

在 Node.js 中集成了 NPM,因此,如果要使用 NPM,需要先下载 Node.js,下载网址为 https://nodejs.org,参见图 1-24。

Node.js 有两个版本供下载:LTS 版本和 Current 版本。LTS 版本是长期支持的版本,比较稳定。Current 版本是最新版本,包含了最新的功能,但可能存在一些 Bug。如果仅是为了利用 Node.js 中的 NPM 工具进行 Vue 的安装以及第三方依赖库的管理,那么 LTS 版本或 Current 版本可以随意使用。

下载并运行 Node.js 的安装软件包,在本地安装 Node.js。接下来在 DOS 命令行就可以

图 1-24　Node.js 的下载网址

运行 Node.js 自带的 npm 命令。第 10 章会介绍如何通过 npm 命令安装 Vue CLI 脚手架工具以及运行 Vue CLI 项目。

1.9.2　vue-devtools 调试工具

vue-devtools 是调试 Vue 应用的工具软件，它可以作为扩展程序添加到 Chrome 浏览器中。

1. 安装 vue-devtools

在 Chrome 浏览器中安装 vue-devtools 的步骤如下。

（1）访问以下网址，在 Chrome 网上应用店找到 vue-devtools，如图 1-25 所示：

```
https://chrome.google.com/webstore/search/vue
```

图 1-25　在 Chrome 网上应用店的 vue-devtools

（2）选择链接 Vue.js devtools，跳转到 vue-devtools 的安装网页，参见图 1-26。

图 1-26　vue-devtools 的安装网页

（3）选择"添加至 Chrome"按钮，就会把 vue-devtools 的扩展程序添加到 Chrome 浏览器中。

2. 使用 vue-devtools

值得注意的是，如果希望通过 vue-devtools 调试 Vue 应用，要求 Vue 应用使用 Vue 类库的开发版本 vue.js，而不能使用生产版本 vue.min.js。

打开 Chrome 浏览器，访问例程 1-1 的 hello.html。然后选择 Chrome 浏览器的"自定义及控制 Google Chrome"→"更多工具"→"开发者工具"菜单项，会看到增加了一个 Vue 菜单项，参见图 1-27。

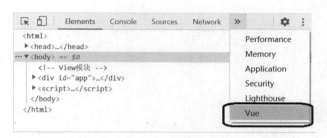

图 1-27 在 Chrome 开发者工具中增加的 Vue 菜单项

选择 Vue 菜单项，就会显示 vue-devtools 对 hello.html 的调试信息，参见图 1-28。

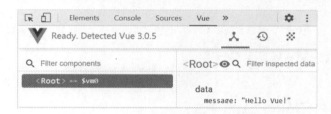

图 1-28 vue-devtools 对 hello.html 的调试信息

1.10 小结

在传统的 Web 应用中，浏览器仅负责展示由服务器生成的 HTML 页面，这种 HTML 页面与用户的交互功能非常有限。

随着 JavaScript 脚本程序的功能不断扩展，前端开发逐渐可以实现类似独立桌面应用程序的 GUI 界面，只不过在 Web 应用中，GUI 界面以 HTML 网页形式呈现。后端服务器主要负责处理业务逻辑，前端能够根据业务数据动态生成 HTML 网页，并且能更快速地对用户的操作进行响应。在前后端分离的架构中，前端拥有更多的自主权，对于用户的一些请求，前端可以直接做出响应，这样就能提高对用户的响应速度。

Vue 框架建立了模型数据和视图的桥梁，实现了前端响应式编程。本章通过简单的范例，介绍了 Vue 框架的基本功能。后面章节还会逐步阐述 Vue 框架更多强大的功能，帮助读者掌握用 Vue 框架开发企业级复杂前端页面的技术。

1.11 思考题

1. 以下属于 Vue 框架的功能的是（　　）。（多选）
   A. 渲染 DOM
   B. 编译模板
   C. 把视图和模型绑定
   D. 访问数据库
2. 对于以下代码：

```
<div id="app">
  {{ index==0 ?'a' : 'b' }}
</div>
{{index}}

<script>
  const vm=Vue.createApp({
    data(){
      return{
        index: 10,
        a:'hello',
        b:'word'
      }
    }
  }).mount('#app')
</script>
```

网页上的输出内容是（　　）。（单选）
   A. a　{{index}}
   B. b　{{index}}
   C. index==0 ?'a' : 'b'　10
   D. word　index
3. 当 Vue 框架调用 Vue 组件实例的 created 钩子函数时,已经完成以下（　　）操作。（单选）
   A. 初始化 data 选项
   B. 编译模板
   C. 初始化 el 选项
   D. 渲染 DOM
4. 对于以下代码：

```
<div id="app">
  <input type="text" v-model="message" />
  <p>Your input is : {{ message }}</p>
</div>

<script>
  const vm=Vue.createApp({
    data() {
      return{message: 'one'}
    }
  }).mount('#app')
</script>
```

如果用户在浏览器中把输入框的内容改为two,会出现(   )。(多选)

　　A. message 变量的取值为 one

　　B. message 变量的取值为 two

　　C. 网页上显示 Your input is：{{ message }}

　　D. 网页上显示 Your input is：two

5. 对于以下代码：

```
<div id="app">
  <p> {{ num1 }}</p>
  <p> {{ num1>1 }}</p>
  <p> {{ num2 }}</p>
  <p> {{ test() }}</p>
</div>

<script>
  const vm=Vue.createApp({
    methods:{
      test(){
        return "Hello"
      }
    },

    data() {
      return{ num1: 1 }
    }
  }).mount('#app')

  var num2=2

</script>
```

在模板中,(   )是合法的插值表达式。(多选)

　　A. {{ num1 }}   B. {{ num1>1 }}

　　C. {{ num2 }}   D. {{ test() }}

6. 关于 Vue 框架,以下说法正确的是(   )。(多选)

　　A. 在组件的 methods 选项中定义的方法可以通过 this 关键字引用当前组件实例

　　B. 在模板编译阶段会渲染模板中的插值表达式

　　C. Vue 应用实例的 mount() 函数会把根组件实例挂载到特定的 DOM 元素

　　D. Vue 应用实例的 mount() 函数返回根组件实例

第2章

Vue 指令

视频讲解

本章会详细介绍 Vue 框架中常用的 Vue 指令的用法。这些 Vue 指令可以灵活地控制视图的输出行为、处理 DOM 事件，以及进行视图与模型之间的数据绑定。

Vue 框架不仅提供了内置的 Vue 指令，还允许开发人员自定义 Vue 指令完成特定的功能。本章还会介绍如何开发和运用自定义的 Vue 指令。

2.1 内置 Vue 指令

Vue 框架的内置指令作用于 DOM 元素。本节会介绍各种常用内置指令的用法。在 DOM 中使用这些内置指令时，基本的语法为：

```
v-xxx.modifier : arg="value"
```

其中，v-xxx 是指令名，modifier 是修饰符，arg 是参数，value 是赋值给指令的表达式。

2.1.1 v-bind 指令

v-bind 指令能够把模型数据与 DOM 元素的属性绑定。例程 2-1 演示了 v-bind 指令的用法。

例程 2-1　v-bind.html

```
<div id="app">
  <!-- 绑定一个属性 -->
  <img v-bind:src="imgSrc">
```

```html
<!-- 简写 -->
<img :src="imgSrc">

<!-- 字符串拼接 -->
<img :src="'image/' + fileName">

<!-- 动态属性名 -->
<a v-bind:[attributename]="url">JavaThinker.net 链接</a>

<!-- 绑定一个有属性的对象 -->
<form v-bind="formObj">
  <input type="text">
</form>
</div>

<script>
  const vm=Vue.createApp({
    data() {
      return{
        attributename: 'href',
        url: 'http://www.javathinker.net/',
        imgSrc: 'image/logo.gif',
        fileName: 'logo.gif',
        formObj: {
          method: 'post',
          action: '#'
        }
      }
    }
  }).mount('#app')
</script>
```

在v-bind.html中,以下代码把模型中的imgSrc变量与\<img>元素的src属性绑定:

```html
<!-- 绑定一个属性 -->
<img v-bind:src="imgSrc">
```

以上代码也可以简写为:

```html
<!-- 简写 -->
<img :src="imgSrc">
```

v-bind指令还能动态绑定DOM元素的属性名。在以下代码中,\<a>元素的属性名为模型变量attributename:

```html
<a v-bind:[attributename]="url">JavaThinker.net 链接</a>
```

以上\<a>元素渲染后的文档为:

```
<a href="http://www.javathinker.net/">JavaThinker.net 链接</a>
```

v-bind 指令还能把对象类型的模型变量与 DOM 元素的属性绑定,例如:

```
<form v-bind="formObj">
  <input type="text">
</form>
```

以上 formObj 变量包含 method 属性和 action 属性。<form>元素渲染后的文档为:

```
<form method="post" action="#">
  <input type="text">
</form>
```

通过浏览器访问 v-bind.html,会得到如图 2-1 所示的网页。

图 2-1 v-bind.html 的网页

2.1.2　v-model 指令

1.3.2 节已经介绍了 v-model 指令的用法,它能够把模型变量与表单中的输入框绑定。例程 2-2 演示了 v-model 指令的用法。

例程 2-2　v-model.html

```
<div id="app">
 <input type="text" v-model="message"/>
 <p>{{ message }}</p>
</div>

<script>
  const vm=Vue.createApp({
    data() { return { message: 'Hello'} }
  }).mount('#app')
</script>
```

在 v-model.html 中,模型中的 message 变量与<input>输入框绑定。message 变量的初始值为 Hello,因此<input>输入框的初始值也是 Hello。如果用户在 v-model.html 网页上修改<input>输入框的内容,会看到网页上插值表达式{{message}}的值也立刻同步更新,取值与<input>输入框的内容保持一致。

v-model 指令具有以下 3 个修饰符。

（1）lazy：默认情况下，v-model 指令会在发生 input 事件时处理输入框的输入数据，而 lazy 修饰符会延迟处理输入数据，只有当发生 change 事件时才处理输入数据。处理输入框的输入数据，是指读取当前输入数据，然后同步更新绑定的模型变量。

提示：当用户在输入框输入数据时，就会触发 input 事件。当焦点离开当前输入框，或者按下回车键，就会触发 change 事件。

（2）trim：自动过滤掉输入框的输入数据的首尾空格。

（3）number：默认情况下，输入框的输入数据是字符串类型，而 number 修饰符会把输入数据转换为数字类型。

例程 2-3 演示了 v-model 指令的修饰符的用法。

例程 2-3　v-model-modifier.html

```
<div id="app">
  <div>
    <input type="text" v-model.lazy="message1">
    <pre><h2>{{message1}}</h2></pre>
  </div>
  <div>
    <input type="text" v-model.trim="message2">
    <pre><h2>{{message2}}</h2></pre>
  </div>
  <div>
    <input type="text" v-model.number="message3">
    <pre><h2>{{message3}}</h2></pre>
  </div>
</div>

<script>
  const vm=Vue.createApp({
    data() {
      return {message1: '',message2:'',message3:0}
    }
  }).mount('#app')
</script>
```

以下代码的 v-model 指令使用了 lazy 修饰符：

```
<input type="text" v-model.lazy ="message1">
<pre><h2>{{message1}}</h2></pre>
```

当用户在以上输入框输入数据，会看到网页上的{{message1}}的值不会发生同步更新。只有当焦点离开这个输入框，或者在输入框中按回车键，{{message1}}的值才会同步更新。这就是 v-model 指令的 lazy 修饰符的延迟处理效果。

以下代码的 v-model 指令使用了 trim 修饰符：

```
<input type="text" v-model.trim ="message2">
<pre><h2>{{message2}}</h2></pre>
```

在输入框输入数据"　hello　",而{{message2}}的值为hello。由此可见,trim修饰符会把输入数据的首尾空格过滤掉。

以下代码的v-model指令使用了number修饰符:

```
<input type="text" v-model.number ="message3">
<pre><h2>{{message3}}</h2></pre>
```

在输入框输入数据123abc,而{{message3}}的值为123。由此可见,number修饰符会把输入数据转换为数字。

2.1.3　v-show指令

v-show指令通过一个布尔表达式决定是否输出DOM元素包含的内容。例程2-4演示了v-show指令的用法。

例程2-4　v-show.html

```
<div id="app">
  <p v-show="name.indexOf('王') !=-1 ">姓名：{{ name }}</p>
  <p v-show="isMarried">已婚</p>
  <p v-show="isMale">男性</p>
  <p v-show="age >= 18">年龄：{{ age }}</p>
</div>

<script>
  const vm=Vue.createApp({
    data(){
      return{
        isMarried: true,
        isMale: false,
        age: 26,
        name: '王小红'
      }
    }
  }).mount('#app')
</script>
```

v-show指令会判断布尔表达式的取值,如果为true,就会输出DOM元素的内容。在v-show.html中,v-show.html的4个<p>元素都使用了v-show指令。v-show.html网页会显示以下内容:

```
姓名：王小红
已婚
年龄：26
```

如图 2-2 所示，在 Chrome 浏览器的开发者工具中查看 v-show.html 的被渲染后的 DOM 元素，会发现当"v-show="isMale""中的 isMale 变量取值为 false，v-show 指令会把<p>元素的 CSS 样式的 display 属性设为 none，不显示该<p>元素的内容：

```
<p style="display: none;">男性</p>
```

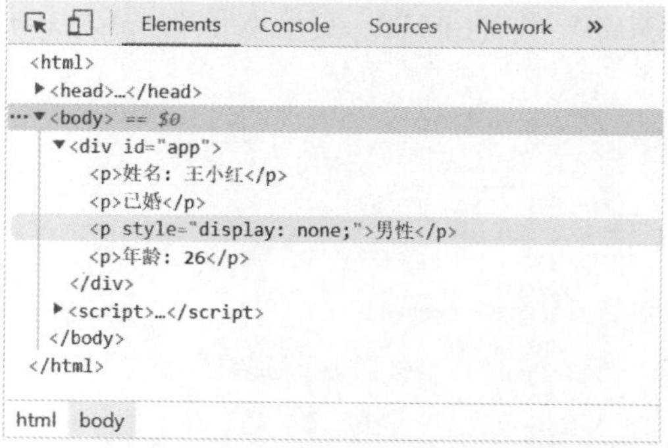

图 2-2　被渲染后的 v-show.html 中的 DOM 元素

2.1.4　v-if/v-else-if/v-else 指令

v-if 指令通过一个布尔表达式决定是否输出 DOM 元素包含的内容。例程 2-5 演示了 v-if 指令的用法。

例程 2-5　v-if.html

```
<div id="app">
  <p v-if="name.indexOf('王') !=-1 ">姓名：{{ name }}</p>
  <p v-if="isMarried">已婚</p>
  <p v-if="isMale">男性</p>
  <p v-if="age >= 18">年龄：{{ age }}</p>
</div>

<script>
  const vm=Vue.createApp({
    data(){
      return{
        isMarried: true,
        isMale: false,
        age: 26,
        name: '王小红'
      }
    }
  }).mount('#app')
</script>
```

v-if 指令会判断布尔表达式的取值，如果为 true，就会输出 DOM 元素的内容。v-if.html

的 4 个<p>元素都使用了 v-if 指令。v-if.html 网页会显示以下内容：

> 姓名：王小红
> 已婚
> 年龄：26

如图 2-3 所示，在 Chrome 浏览器的开发者工具中查看 v-if.html 中的被渲染后的 DOM 元素，会发现当"v-if="isMale""中的 isMale 变量取值为 false，v-if 指令渲染的<p>元素被删除。

图 2-3　被渲染后的 v-if.html 中的 DOM 元素

v-if 指令和 v-show 指令都通过布尔表达式决定是否输出 DOM 元素的内容，两者有以下两点区别。

（1）当布尔表达式的取值为 false，v-if 指令渲染的 DOM 元素会被删除，而 v-show 指令渲染的 DOM 元素依然存在，它的 CSS 样式的 display 属性为 none。

（2）v-if 指令可以和 v-else-if 以及 v-else 指令连用，实现更为复杂的条件判断逻辑。

在例程 2-6 中，v-if 指令后面紧跟 v-else-if 和 v-else 指令，实现了类似 Java 语言中的 if-else 条件判断。

例程 2-6　v-if-else.html

```
<div id="app">
  <p v-if="score >=85 ">优秀</p>
  <p v-else-if="score>=75">良好</p>
  <p v-else-if="score>=60">及格</p>
  <p v-else>不及格</p>
</div>

<script>
  const vm=Vue.createApp({
    data(){
      return{ score:98 }
    }
  }).mount('#app')
</script>
```

v-if-else.html 中的判断逻辑可以用以下伪 Java 程序代码演示：

```java
if(score>=85){
    输出"优秀";
}else if(score>=75){
    输出"良好";
}else if(score>=60){
    输出"及格";
}else{
    输出"不及格";
}
```

以下模板中每个<p>元素的 v-if 指令都具有相同的表达式：

```html
<div id="app">
  <p v-if="isChecked">name: {{ name }}</p>
  <p v-if="isChecked">isMarried:{{isMarried}}</p>
  <p v-if="isChecked">isMale:{{isMale}}</p>
  <p v-if="isChecked" >age: {{ age }}</p>
</div>
```

为了避免重复使用 v-if 指令，可以用<template>元素包裹这些<p>元素。在<template>元素中使用 v-if 指令，这个 v-if 指令会对所有被<template>元素包裹的<p>元素起作用。例程 2-7 演示了<template>元素的用法。

例程 2-7　v-if-template.html

```html
<div id="app">
  <template v-if="isChecked">
    <p>name: {{ name }}</p>
    <p>isMarried:{{isMarried}}</p>
    <p>isMale:{{isMale}}</p>
    <p>age: {{ age }}</p>
  </template>
</div>

<script>
  const vm=Vue.createApp({
    data(){
      return{
        isChecked:true,
        isMarried: true,
        isMale: false,
        age: 26,
        name: '王小红'
      }
    }
  }).mount('#app')
</script>
```

通过浏览器访问 v-if-template.html，会得到如图 2-4 所示的网页。

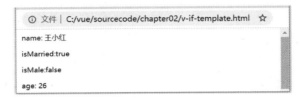

图 2-4　v-if-template.html 的网页

2.1.5　v-for 指令

v-for 指令能够遍历访问模型中的数组类型或对象类型的变量，再联合使用插值表达式，就能把数组中的元素或者对象的属性输出到网页上。例程 2-8 演示了 v-for 指令的用法。

例程 2-8　v-for.html

```
<div id="app">
  <ul>
    <li v-for="color in colors">{{ color }}</li>
  </ul>

  <ul>
    <li v-for="student in students">
      {{student.name}},{{student.age}}</li>
  </ul>
</div>

<script>
  const vm=Vue.createApp({
    data(){
      return{
        colors:['红色','蓝色','黄色','绿色'],
        students:[
          {name:'王清风',age:15},
          {name:'张明月',age:16},
          {name:'李祥云',age:17}
        ]
      }
    }
  }).mount('#app')
</script>
```

在 v-for.html 中，colors 变量和 students 变量都是数组类型。"v-for="color in colors""指令遍历访问 colors 数组，把数组中的每个元素赋值给 color 变量。"v-for = " student in students""遍历访问 students 数组，把数组中的每个元素赋值给 student 变量。

通过浏览器访问 v-for.html，会得到如图 2-5 所示的网页。

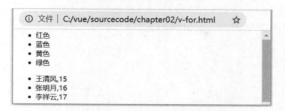

图 2-5　v-for.html 的网页

1. v-for 指令和 v-if 指令联用

v-for 指令和 v-if 指令不建议在同一个 DOM 元素中联合使用。如果一定要在同一个 DOM 元素中使用这两个指令，Vue 框架会先执行 v-if 指令，再执行 v-for 指令。例如以下 <li> 元素的 v-if 指令的作用是，只有当 colors 数组的长度大于 0，才遍历并输出 colors 数组中的元素：

```
<ul>
  <li v-if="colors.length>0" v-for="color in colors">{{color}}</li>
</ul>
```

2. v-for 指令对数组更新的响应

在浏览器的控制台中先后输入以下语句，修改 colors 数组和 students 数组，分别向这两个数组增加元素：

```
vm.colors.push('白色')
vm.students.push({name:'刘紫霞',age:23})
```

此时，v-for.html 网页上会立即显示 colors 数组增加的元素"白色"，以及 students 数组增加的 Student 对象"刘紫霞,23"。由此可见，v-for 指令会对数组的更新立即做出响应。

3. v-for 指令遍历对象

v-for 指令遍历对象，依次访问对象中的每一对"属性名：属性值"，把属性名赋值给 key 变量，把属性值赋值给 value 变量，把每一对"属性名：属性值"的序号赋值给 index 变量。第一对"属性名：属性值"的序号为 0。例程 2-9 演示了用 v-for 指令遍历对象的方法。

例程 2-9　v-for-object.html

```
<div id="app">
  <ul>
    <li v-for="value in student">{{value}}</li>
  </ul>

  <ul>
    <li v-for="(value,key) in student">{{key}}: {{value}}</li>
  </ul>
```

```
  <ul>
    <li v-for="(value,key,index) in student">
      {{index}}. {{key}}: {{value}}
    </li>
  </ul>
</div>

<script>
  const vm=Vue.createApp({
    data(){
      return{
        student:{name:'王潭影',age:15,gender:'男性'}
      }
    }
  }).mount('#app')
</script>
```

v-for-object.html 的 v-for 指令遍历一个 student 对象。通过浏览器访问 v-for-object.html，会得到如图 2-6 所示的页面。

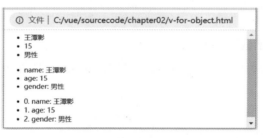

图 2-6　v-for-object.html 的网页

4. v-for 指令遍历数字

以下 v-for 指令的表达式为 count in 4，会遍历 1 ~ 4 的 4 个数字：

```
<p v-for="count in 4" >{{ count*100 }}</p>
```

以上代码的输出结果为：

```
100
200
300
400
```

2.1.6　v-on 指令

v-on 指令用于处理 DOM 事件，当事件发生时会执行特定的操作。v-on 指令的表达式可以是一段 JavaScript 代码，也可以是一个方法。例程 2-10 演示了 v-on 指令的用法。

例程 2-10　v-on. html

```html
<div id="app">
  <p>
    <!--(1)click 事件对应 JavaScript 语句 -->
    <button v-on:click="count += 1">Increase</button>
    <span>count: {{count}}</span>
  </p>

  <p>
    <!--(2)click 事件对应 greet()方法-->
    <button v-on:click="greet">Greet</button>
    <!-- 简写语法-->
    <button @click="greet">Greet</button>
  </p>

  <p>
    <!--(3)click 事件对应 say()方法,并且只处理一次 -->
    <button v-on:click.once ="say('Hi')">Hi</button>
  </p>

  <!--(4)click 事件对应 refuse1()方法,并且阻止浏览器的默认链接跳转行为-->
  <a href="/login" v-on:click="refuse1">登录</a>

  <!--(5)click 事件对应 refuse2()方法,并且阻止浏览器的默认链接跳转行为 -->
  <a href="/login" v-on:click.prevent ="refuse2">登录</a>
</div>

<script>
  const vm=Vue.createApp({
    data(){
      return{
        count: 0,
        message: 'Hello'
      }
    },
    //在 methods 选项中定义方法
    methods: {
      greet: function() {
        // 方法内 this 指向 vm
        alert(this.message)
      },
      //方法的简写语法
      say(msg) {
        alert(msg)
      },
      refuse1(event){
        event.preventDefault()
        alert('系统忙,请稍后')
      },
```

```
      refuse2(){
        alert('系统忙,请稍后')
      }
    }
  }).mount('#app')
</script>
```

通过浏览器访问 v-on.html,会得到如图 2-7 所示的网页。

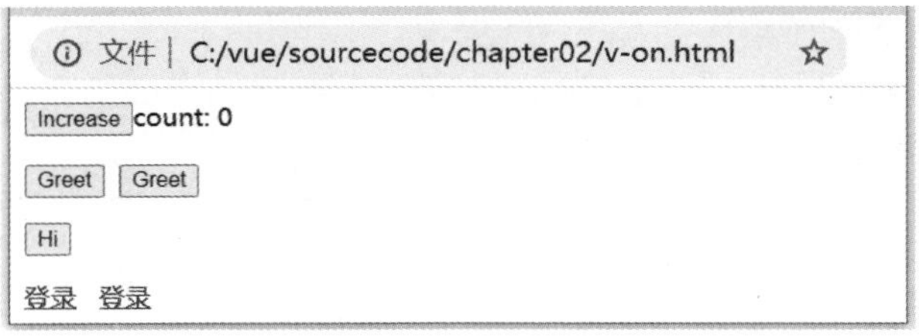

图 2-7 v-on.html 的网页

以下 v-on 指令的表达式为 JavaScript 代码:

```
<button v-on:click="count += 1">Increase</button>
<span>count: {{count}}</span>
```

当用户在 v-on.html 网页上单击 Increase 按钮,v-on 指令会把 count 变量的取值增加 1。
以下 v-on 指令的表达式为 greet( )方法:

```
<button v-on:click="greet">Greet</button>
```

当用户在 v-on.html 网页上单击 Greet 按钮,v-on 指令就会调用 greet( )方法。以上 v-on 指令也可以简写为:

```
<!--简写语法-->
<button @click="greet">Greet</button>
```

以下 v-on 指令中的 click.once 对处理 click 事件的行为做了限定,表示仅在第一次触发 click 事件时会调用 say('Hi')方法:

```
<button v-on:click.once="say('Hi')">Hi</button>
```

当用户在 v-on.html 网页上第一次单击 Hi 按钮,v-on 指令会执行 say('Hi')方法。当用户再次单击 Hi 按钮,v-on 指令不会再给予任何回应。
以下 v-on 指令调用 refuse1( )方法:

```
<a href="/login" v-on:click="refuse1">登录</a>
```

当用户在 v-on.html 网页上选择"登录"链接,v-on 指令会执行 refuse1( )方法,该方法中的 event.preventDefault()语句会阻止默认的链接跳转行为,即不会跳转到<a>元素的 href 属性指定的网页。

以下 v-on 指令调用 refuse2()方法,v-on 指令中的 click.prevent 对处理 click 事件的行为做了限定,会阻止默认的链接跳转行为:

```
<a href="/login" v-on:click.prevent="refuse2">登录</a>
```

v-on 指令中的 click.prevent 与 refuse1()方法中的 event.preventDefault()语句的作用是等价的。v-on:click.prevent 中的 prevent 称为事件修饰符。2.1.7 节会介绍各种事件修饰符的用法。

2.1.7　v-on 指令的事件修饰符

v-on 指令的事件修饰符可以用来限定对事件的处理方式。Vue 提供了通用的事件修饰符。此外,Vue 还对按键以及鼠标按钮等提供了专门的修饰符。

1. 通用的事件修饰符

表 2-1 对 Vue 的通用事件修饰符做了说明。

表 2-1　Vue 的通用事件修饰符

通用事件修饰符	说　明
stop	等价于调用 event.stopPropagation(),阻止事件的传播
prevent	等价于调用 event.preventDefault(),阻止默认的事件处理行为
capture	添加事件监听器时使用 capture 模式(捕获事件处理模式)
self	只有当事件由当前 DOM 元素触发,才会处理事件
once	只有当第一次触发事件时会进行处理
passive	和 prevent 修饰符的作用相反,passive 不阻止默认的事件处理行为
keyCode/keyAlias	只有当事件由特定按键触发,才会处理事件

关于 Vue 的事件修饰符,有以下 3 点需要加以解释说明。

(1)处理事件是指当事件发生时,执行特定的 JavaScript 代码或者调用特定的方法。

(2)DOM 事件规范支持两种事件处理模式:冒泡模式和捕获模式。冒泡模式从触发事件的 DOM 元素出发,一直向上传播,直到最外层的 DOM 元素结束。stop 事件修饰符用来阻止事件的传播。捕获模式从最外层的 DOM 元素开始,一直到触发事件的 DOM 元素结束,capture 事件修饰符就使用这种模式。

(3)事件修饰符可以串联在一起使用,但不同的顺序有不同的意义。例如 v-on:click.prevent.self 会阻止所有的 click 事件的默认行为,而 v-on:click.self.prevent 仅阻止当前 DOM 元素触发的 click 事件的默认行为。

下面举例介绍 stop 修饰符、capture 修饰符和 self 修饰符的用法。例程 2-11 中的<p>元素和<button>元素都通过 v-on 指令处理 click 事件,并且<button>元素嵌套在<p>元素中。

例程 2-11　modifiers.html

```html
<div id="app">
  <p @click="test1">
    <button @click="test2">
      测试
    </button>
  </p>
</div>

<script>
  const vm=Vue.createApp({
    //在methods选项中定义方法
    methods: {
      test1(){
        console.log('test1')
      },
      test2(){
        console.log('test2')
      }
    }
  }).mount('#app')
</script>
```

默认情况下，事件处理采用冒泡模式。通过浏览器访问 modifiers.html，选择 modifiers.html 网页上的"测试"按钮，浏览器的控制台输出如下日志：

```
test2
test1
```

由此可见，由于 click 事件由<button>元素触发，因此先执行 test2( )方法，接着事件传播到外层的<p>元素，再执行 test1( )方法。

对 HTML 文档做如下修改，在内层元素<button>中加上 stop 修饰符：

```html
<p @click="test1">
  <button @click.stop ="test2">
    测试
  </button>
</p>
```

再选择 modifiers.html 网页上的"测试"按钮，浏览器的控制台输出如下日志：

```
test2
```

由此可见，<button>元素的@ click.stop 阻止了事件的传播，因此外层元素<p>的 test1( )方法不会被执行。

对 HTML 文档做如下修改，在外层元素<p>中加上 capture 修饰符：

```
<p @click.capture ="test1 ">
  <button @click ="test2">
    测试
  </button>
</p>
```

再选择 modifiers.html 网页上的"测试"按钮,浏览器的控制台输出如下日志:

```
test1
test2
```

由此可见,当外层\<p\>元素通过@click.capture 采用捕获事件处理模式,会先调用外层\<p\>元素的 test1( )方法,再调用内层\<button\>元素的 test2( )方法。

对 HTML 文档做如下修改,在\<p\>元素和\<button\>元素中都加上 self 修饰符:

```
<p @click.self ="test1 ">
  <button @click.self ="test2">
    测试
  </button>
</p>
```

再选择 modifiers.html 网页上的"测试"按钮,浏览器的控制台输出如下日志:

```
test2
```

由此可见,\<p\>元素和\<button\>元素的@click.self 修饰符表明只处理当前 DOM 元素自身触发的 click 事件。当 click 事件由\<button\>元素触发,就只执行 test2( )方法。

2. 普通按键的修饰符

表 2-1 提到了 keyCode/keyAlias 修饰符,它是指按键的键码或者别名。如果要处理按下特定按键的事件,可以采用如下方式:

```
<input v-on:keyup.13 ="check" >
```

以上代码指定按键码为 13 的按键时,会执行 check( )方法。键码为 13 的按键实际上为回车键。Vue 为回车键起了别名 enter,因此也可以把上述代码改写为:

```
<input v-on:keyup.enter ="check" >
```

记忆每个按键的键码比较困难,为了方便引用不同的按键,Vue 为常用的按键都起了别名,包括 enter(回车键)、tab(Tab 键)、delete(Delete 删除键和 Backspace 退格键)、esc(Esc 键)、space(空格键)、up(向上箭头键)、down(向下箭头键)、left(向左箭头键)和 right(向右箭头键)。

3. 系统按键的修饰符

Vue 还为一些系统按键提供了别名,包括 ctrl(Ctrl 键)、alt(Alt 键)、shift(Shift 键)和

meta（在 Windows 系统中对应徽标键"田"）。

4. exact 修饰符

exact 修饰符用于精确地指定是否需要按系统按键或普通按键才能触发特定事件，例如：

```
<!-- 按 Ctrl、Ctrl+普通按键或 Ctrl+系统按键会调用 onClick1()方法 -->
<button @click.ctrl="onClick1">button1</button>

<!-- 按 Ctrl、Ctrl+普通按键会调用 onClick2()方法,
按 Ctrl+系统按键不会调用 onClick2()方法 -->
<button @click.ctrl.exact="onClick2">button2</button>

<!-- 只有在没有按任何按键的情况下才会调用 onClick3()方法 -->
<button @click.exact="onClick3">button3</button>
```

对于以上代码，如果用户按 Ctrl 键、Ctrl+A 键或 Ctrl+Shift 键，并单击按钮 button1，会调用 onClick1()方法。这里的 A 键代表普通按键，Shift 键代表系统按键。如果用户按 Ctrl 键或 Ctrl+A 键，并单击按钮 button2，会调用 onClick2()方法。如果用户在网页上单击按钮 button3，会调用 onClick3()方法。假如用户按任意一个按键，并单击按钮 button3，不会调用 onClick3()方法。

5. 鼠标按钮的修饰符

鼠标按钮的修饰符包括：
（1）left：单击鼠标左键的事件。
（2）right：单击鼠标右键的事件。
（3）middle：单击鼠标中键的事件。

例如对于以下代码，只有右击按钮，才会执行 onClick()方法：

```
<button @click.right="onClick">Click Me</button>
```

2.1.8　v-text 指令

v-text 指令用来指定 DOM 元素的文本内容。例程 2-12 演示了 v-text 指令的用法。

例程 2-12　v-text.html

```
<div id="app">
  <p v-text="message"></p>           <!-- 显示 Hello -->
  <p>{{message}}</p>                 <!-- 显示 Hello -->

  <p v-text="message">output:</p>    <!-- 显示 Hello -->
  <p>output:{{message}}</p>          <!-- 显示 output:Hello -->

</div>
```

```
<script>
  const vm=Vue.createApp({
    data(){ return { message: 'Hello' } }
  }).mount('#app')
</script>
```

对于 v-text.html 中的以下代码：

```
<p v-text="message">output:</p>
```

\<p\>元素的初始内容为"output："，v-text 指令对\<p\>元素渲染后，会把原先的内容替换为 message 变量的取值 Hello。通过浏览器访问 v-text.html，会得到如图 2-8 所示的网页。

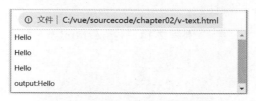

图 2-8　v-text.html 的网页

2.1.9　v-html 指令

v-html 指令用来设置 DOM 元素的 HTML 内容。例程 2-13 演示了 v-html 指令的用法，并且与 v-text 指令做了比较。

例程 2-13　v-html.html

```
<div id="app">
  <p v-html="code"></p>
  <p v-text="code"></p>

</div>

<script>
  const vm=Vue.createApp({
    data(){
      return { code: '<h1>Hello</h1>' }
    }
  }).mount('#app')
</script>
```

在 v-html.html 文件中，v-html 指令以及 v-text 指令都会把 code 变量作为\<p\>元素的内容。两者的区别在于，v-html 指令会把 code 变量的值作为 HTML 代码进行解析，而 v-text 指令把 code 变量的值作为普通的文本。通过浏览器访问 v-html.html，会得到如图 2-9 所示的页面。

图2-9　v-html.html 的网页

2.1.10　v-pre 指令

v-pre 指令的作用是跳过对当前 DOM 元素以及包含的子元素的编译。对于大量没有使用 Vue 指令的 DOM 元素，使用 v-pre 指令可以加快 Vue 框架对组件模板的编译速度。例程 2-14 演示了 v-pre 指令的特性。

例程 2-14　v-pre.html

```
<div id="app">
  <p v-pre>{{message}}</p>
</div>

<script>
  const vm=Vue.createApp({
    data(){ return { message: 'Hello' } }
  }).mount('#app')
</script>
```

v-pre.html 中的<p>元素使用了 v-pre 指令，因此它的内容{{message}}不会被 Vue 框架编译。通过浏览器访问 v-pre.html，会得到如图 2-10 所示的网页。

图2-10　v-pre.html 的网页

由于<p>元素没有被 Vue 框架编译，浏览器会把<p>元素的内容{{message}}作为普通的文本显示到网页上。

2.1.11　v-once 指令

v-once 指令的作用是只渲染一次 DOM 元素，接下来就会把 DOM 元素的内容作为静态内容处理。例程 2-15 演示了 v-once 指令的用法。

例程 2-15　v-once.html

```
<div id="app">
  <p v-once >{{message}}</p>
  <ul><li v-for="name in names" v-once >{{name}} </li></ul>
```

```
    </div>
    <script>
      const vm=Vue.createApp({
        data(){
          return {
            message: 'Hello',
            names: ['Tom','Mary','Linda']
          }
        }
      }).mount('#app')
    </script>
```

在 v-once.html 中,<p>元素和<li>元素都使用了 v-once 指令。通过浏览器访问 v-once.html,会看到如图 2-11 所示的页面。

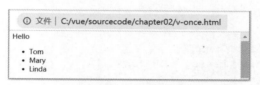

图 2-11　v-once.html 的网页

在浏览器的控制台输入如下语句:

```
vm.message='Hi'
vm.names.push('Mike')
```

以上语句修改了模型中的 message 变量和 names 数组变量,但是 v-once.html 的页面保持不变,这是因为 v-once 指令会阻止对 DOM 元素的重新渲染。

2.1.12　v-cloak 指令

v-cloak 指令与 CSS 样式联合使用,可以指定在 Vue 框架编译模板中的 DOM 元素的过程中,网页上显示的 DOM 元素的内容。

假定以下<div>元素与一个 Vue 组件实例挂载:

```
<div id="app">
  <p>{{message}}</p>          //组件的模板
</div>
```

Vue 框架在编译以上模板的过程中,会在网页上直接显示{{message}},直到编译和渲染结束,才会把{{message}}替换为 message 变量的值。如果模板的内容很多,编译模板的速度很慢,就会产生网页闪烁的效果。为了避免这种情况,可以使用 v-cloak 指令。例程 2-16 演示了 v-cloak 指令的用法。

例程 2-16　v-cloak.html

```html
<head>
  <meta charset="UTF-8">
  <title>Vue 范例</title>
  <script src="vue.js"></script>
  <style>
    [v-cloak] {
      display: none;
    }
  </style>
</head>

<body>
  <div id="app">
    <p v-cloak>{{message}}</p>
  </div>

  <script>
    const vm=Vue.createApp({
      data(){ return { message: 'Hello' } }
    }).mount('#app')
  </script>

</body>
```

在 v-cloak.html 中，<p>元素使用了 v-cloak 指令，并且与 v-cloak 指令对应的 CSS 样式为{display：none}，因此在 Vue 框架编译<p>元素的过程中，网页上显示<p>元素的内容为空，而不会直接显示{{message}}。

对于多页面的 Web 应用，用 v-cloak 指令解决初始化阶段页面闪烁的问题是很有效的。对于 SPA，主页面通常只有一个空的<div>元素，具体内容通过路由挂载不同的组件完成，这时候就没有必要使用 v-cloak 指令了。

2.2　自定义 Vue 指令

除了使用内置的 Vue 指令，还可以自定义 Vue 指令，从而对 DOM 元素进行客户化的操作。

2.2.1　注册自定义指令

注册自定义指令有全局注册与局部注册两种。全局注册的语法如下：

```
const app=Vue.createApp({})

//全局注册
app.directive ('xxx', {         //'xxx'表示自定义 Vue 指令的名字
```

```
    mounted(el) {
      //指令的具体操作
    }
})
```

局部注册指在 Vue 组件的 directives 选项中注册指令,语法如下:

```
const app=Vue.createApp({})

app.component('item',{                        //定义一个 item 组件
  directives:{
    xxx:{                                     //xxx 表示自定义 Vue 指令的名字
      mounted(el) {
        //指令的具体操作
      }
    }
  },
  template:'<input type="text" v-xxx>'        //在模板中使用指令
})
```

全局注册的自定义指令对所有的 Vue 组件可见,而局部注册的指令仅对当前 Vue 组件可见。

2.2.2　自定义指令的钩子函数

自定义指令包含一些钩子函数,它们会在不同时机被 Vue 框架调用。表 2-2 对这些钩子函数做了说明。表中的"父组件"是指与指令绑定的 DOM 元素所属的组件。"包含的组件"是指与指令绑定的 DOM 元素包含的组件。例如对于以下模板代码,v-xxx 是一个自定义指令,它绑定的 DOM 元素为<div>,它的父组件为<base>,与它绑定的<div>元素包含的组件为<sub>:

```
<base>                <!-- 父组件 -->
  <div v-xxx>         <!-- 绑定的 DOM 元素为<div> -->
    <sub></sub>       <!-- 包含的组件 -->
  </div>
</base>
```

表 2-2　自定义 Vue 指令的钩子函数

钩子函数	说　　明
created	在指令绑定的 DOM 元素的属性以及事件监听器被使用之前调用。例如,如果希望在调用 v-on 指令的事件监听器 B 前,先调用事件监听器 A,就可以在这个函数中注册事件监听器 A
beforeMount	在父组件挂载之前,并且指令第一次绑定到 DOM 元素时调用
mouned	在父组件挂载后调用
beforeUpdate	在包含的组件的虚拟节点 Vnode 更新前调用

续表

钩子函数	说明
updated	在包含的组件的虚拟节点 Vnode 以及所有子节点更新完毕后调用
beforeUnmount	在父组件解除挂载前调用
unmounted	当指令和 DOM 元素解除绑定,并且父组件解除挂载后调用。该函数只会调用一次

例程 2-17 定义了一个全局的 v-focus 指令,并且在<input>元素中使用该指令。v-focus 指令的作用是把焦点放在绑定的 DOM 元素中。

例程 2-17 v-focus.html

```
<div id="app">
  <input type="text" v-focus >            <!-- 聚焦当前输入框 -->
</div>

<script>
  const app=Vue.createApp({})
  //全局注册
  app.directive('focus',{
    mounted(el) {
      el.focus()         //聚焦
    }
  })

  const vm=app.mount('#app')
</script>
```

在 v-focus.html 中,v-focus 指令在 mounted(el)钩子函数中把当前 DOM 元素设为焦点。通过浏览器访问 v-focus.html,会看到光标焦点停留在输入框中。mounted(el)钩子函数中的 el 是参数,表示指令绑定的 DOM 元素,如:

```
mounted: function (el) {
  el.focus()         //聚焦
}
```

表 2-3 列出了自定义 Vue 指令的钩子函数包含的参数,这些参数是可选的。

表 2-3 自定义 Vue 指令的钩子函数的参数

参数	说明
el	表示指令挂载的 DOM 元素
binding	表示用于描述指令信息的绑定对象,下文会做进一步说明
vnode	指令绑定的 DOM 元素的虚拟节点
oldVnode	指令绑定的 DOM 元素在更新前的虚拟节点,仅在 beforeUpdate 钩子函数和 updated 钩子函数中可以使用该参数

自定义 Vue 指令的钩子函数有一个 binding 参数,它表示用于描述指令信息的绑定对象。表 2-4 列出了该绑定对象的属性。

表 2-4　binding 参数表示的绑定对象的属性

属　性	说　　明	举　　例
value	指令绑定的值。对于表示式,是运算后的取值	对于 v-xxx = "1+2",value 属性值为 3
oldValue	指令绑定的前一个值。仅在 beforeUpdate 钩子函数和 updated 钩子函数中可用	如果前一次 v-xxx = "1+2",那么 oldValue 属性值为 3
arg	传给指令的参数	对于 v-xxx:name,arg 属性值为 name
modifiers	指令的修饰符	对于 v-xxx.a.b,modifiers 属性值为｛a: true, b: true｝

例程 2-18 定义了一个 v-lsbinding 指令,这个范例演示了自定义指令的 created() 钩子函数,以及 el、binding 和 vnode 参数的用法。

例程 2-18　v-lsbinding.html

```
<div id="app">
  <div v-lsbinding:click.a.b="content "></div>
</div>

<script>
  const app = Vue.createApp({
    data() {
      return { content: 'www.javathinker.net' }
    }
  })

  app.directive('lsbinding', {
    created(el, binding, vnode){
      var keys = []
      for (var i in vnode) {
        keys.push(i)
      }

      el.innerHTML =
        '<b>value: </b>' + binding.value + '<br>' +
        '<b>arg: </b>' + binding.arg + '<br>' +
        '<b>modifiers:</b> '
         + JSON.stringify(binding.modifiers)+'<br>' +
        '<b>vnode keys:</b> ' + keys.join(', ')
    }
  })

  const vm=app.mount('#app')
</script>
```

通过浏览器访问 v-lsbinding.html,会得到如图 2-12 所示的网页。

例程 2-17 中的 v-focus 指令是全局的。例程 2-19 注册了一个局部的 v-focus 指令,它只在 item 组件中可见。第 7 章还会进一步介绍组件的用法。

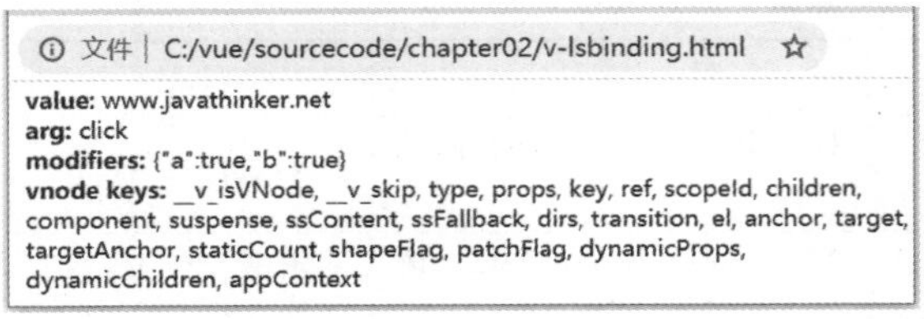

图 2-12　v-lsbinding.html 的网页

例程 2-19　v-focus-local.html

```
<div id="app">
  <item></item>                                      //使用 item 组件
</div>

<script>
  const app=Vue.createApp({})

  app.component('item',{                             //定义 item 组件
    directives:{
      focus:{                                        //局部注册 v-focus 指令
        mounted(el) {
          el.focus()                                 //聚焦
        }
      }
    },
    template:'<input type="text" v-focus > '         //组件的模板
  })

  app.mount('#app')
</script>
```

v-focus-local.html 会生成与 v-focus.html 相同的网页，焦点位于页面的输入框中。

2.2.3　自定义指令的动态参数和动态值

在使用自定义指令时，可以把动态值和动态参数传给指令。例程 2-20 定义了 3 个指令：v-color1、v-color2 和 v-color3，它们都能设置 DOM 元素的颜色，区别在于获取颜色的方式不同：

（1）v-color1 从指令的动态值中获取颜色。
（2）v-color2 从指令的动态参数中获取颜色。
（3）v-color3 从指令的修饰符中获取颜色。

例程 2-20　v-color.html

```
<div id="app">
  <p v-color1="color">One</p>
  <p v-color2:[color]>Two</p>
```

```
    <p v-color3.red>Three</p>
</div>

<script>
  const app =Vue.createApp({
     data(){return {color:'red'} }
  })

  app.directive('color1', {
    mounted(el,binding) {
      el.style.color = binding.value         //指令的值
    }
  })

  app.directive('color2', {
    mounted(el,binding) {
      el.style.color = binding.arg           //指令的参数
    }
  })

  app.directive('color3', {
    mounted(el,binding) {
      //指令的修饰符
      const color = Object.keys(binding.modifiers)[0]
      el.style.color = color
    }
  })

  const vm=app.mount('#app')
</script>
```

通过浏览器访问 v-color.html，会得到如图 2-13 所示的页面。网页上的字符串都为红色。

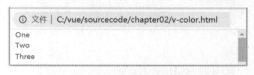

图 2-13　v-color.html 的网页

2.2.4　把对象字面量赋值给自定义指令

如果自定义指令需要多个值，可以使用 JavaScript 的对象字面量。实际上，自定义指令接受任意一个合法的 JavaScript 表达式。

例程 2-21 定义了一个 v-multivalue 指令，并且在<div>元素中把对象字面量{country：'China'，city：'Shanghai'}赋值给 v-mutivalue 指令。

例程 2-21　v-multivalue.html

```
<div id="app">
  <div v-multivalue="{country:'China', city:'Shanghai'}">
  </div>
</div>

<script>
  const app = Vue.createApp({})

  app.directive('multivalue', {
    mounted (el,binding) {
       alert("country:"+binding.value.country
            +", city:"+binding.value.city)

    }
  })

  const vm=app.mount('#app')
</script>
```

通过浏览器访问 v-multivalue.html，会在网页上弹出如图 2-14 所示的窗口，显示传给 v-multivalue 指令的对象字面量的信息。

图 2-14　v-multivalue.html 弹出的窗口

2.2.5　钩子函数简写

对于自定义指令，如果钩子函数 mounted()和 updated()的行为相同，并且不需要实现其他钩子函数，那么可以采用简写形式，在注册指令时传递一个函数对象类型的参数，例如：

```
app.directive('setbg', (el, binding) => {
  el.style.backgroundColor = binding.value
})
```

2.2.6　自定义指令范例：v-img 指令

当网页加载一个很大的图片时，在未加载成功之前，会在图片位置出现空白区域。本节将创建一个 v-img 指令，它会在未加载图片之前，在图片位置显示随机的颜色，参见例程 2-22。

例程 2-22　v-img.html

```
<html>
  <head>
    <meta charset="UTF-8">
```

```
    <title>Vue 范例</title>
    <script src="vue.js"></script>
    <style>
      div{width: 153px; height: 62px;}
    </style>
  </head>

  <body>
    <div id="app">
      <div v-img="logoUrl" ></div>
    </div>

    <script>
      const app=Vue.createApp({
        data(){
          return {logoUrl :'image/logo.gif' }
        }
      })

      app.directive('img',{
        mounted(el,binding){
          var color=Math.floor(Math.random()*1000000)
          el.style.backgroundColor='#'+color      //设置随机背景色

          var img=new Image()
          img.src=binding.value
          img.onload=function(){
            el.style.backgroundImage='url('+binding.value+')'
          }
        }
      })

      const vm=app.mount('#app')
    </script>

  </body>
</html>
```

在 v-img 指令的 mounted( ) 钩子函数中,先把图片所在位置设为随机背景色,如:

```
el.style.backgroundColor='#'+color      //设置随机背景色
```

等到图片加载后,就显示该图片,代码如下:

```
img.onload=function(){
  el.style.backgroundImage='url('+binding.value+')'
}
```

通过浏览器访问 v-img.html,会看到网页上先出现一个随机颜色的方框,然后再显示

logo. gif 图片。由于加载 logo. gif 的速度很快,随机颜色的方框一闪而过,几乎看不清。如果要测试是否出现随机颜色的方框,可以在 img. onload 的函数中利用 JavaScript 自带的 setTimeout( )函数延迟加载图片,如:

```
img.onload=function(){
  setTimeout( ()=>{            //延迟 500ms 后再加载图片
    el.style.backgroundImage='url('+binding.value+')'
  },500 )
}
```

以上 setTimeout( )函数的第一个参数是箭头函数,该函数在延迟 500ms 后再执行:

```
()=>{            //箭头函数
    el.style.backgroundImage='url('+binding.value+')'
  }
```

这样,在网页上先出现随机颜色的方框,过 500ms 后,再显示 logo. gif。

2.2.7　自定义指令范例:v-drag 指令

本节介绍一个更为复杂的自定义指令 v-drag,它支持用鼠标拖曳网页上的特定 DOM 元素,参见例程 2-23。

例程 2-23　v-drag. html

```
<html>
  <head>
    <meta charset="UTF-8">
    <title>Vue 范例 </title>
    <script src="vue.js"></script>
    <style>
      #app div{
        width: 100px;
        height: 100px;
        position:absolute;
      }
      #app .hello{
        background-color:yellow;
        top:0;
        left:0;
      }
      #app .world{
        background-color:pink;
        top:0;
        right:0;
      }
    </style>
```

```html
</head>

<body>
  <div id="app">
    <div class="hello" v-drag>Hello</div>
    <div class="world" v-drag>World</div>
  </div>

  <script>
    const app=Vue.createApp({})

    app.directive('drag',(el)=>{
      //处理在当前DOM元素中的单击事件
      el.onmousedown=function(e){
        //获取单击处分别与div左边和上边的距离,取值为鼠标位置减div位置
        var disX=e.clientX-el.offsetLeft
        var disY=e.clientY-el.offsetTop
        console.log(disX,disY)

        //处理在整个网页区域中移动鼠标的事件
        document.onmousemove=function(e){
          //获取移动后div的位置,取值为鼠标位置减disX/disY
          var l=e.clientX-disX
          var t=e.clientY-disY

          //重新设置DOM元素的位置,px是像素单位
          el.style.left=l+'px'
          el.style.top=t+'px'
        }

        //处理在整个网页区域中,鼠标弹起和停止移动鼠标的事件
        document.onmouseup=function(e){
          document.onmousemove=null
          document.onmouseup=null
        }
      }
    })

    const vm=app.mount('#app')
  </script>

</body>
</html>
```

通过浏览器访问 v-drag.html,会出现如图 2-15 所示的网页。

在 v-drag.html 页面上有两个不同颜色的方框,分别对应以下两个 <div> 元素:

```html
<div class="hello" v-drag>Hello</div>
<div class="world" v-drag>World</div>
```

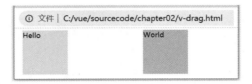

图 2-15　v-drag.html 的网页

选中任意一个方框，在整个网页的区域内移动鼠标，方框就会随之移动，松开鼠标，方框就停止移动。

2.2.8　自定义指令范例：v-clickoutside 指令

例程 2-24 创建了一个 v-clickoutside 指令，它的作用是只要单击绑定的 DOM 元素以外的区域，就会关闭下拉菜单。

例程 2-24　v-clickoutside.html

```
<div id="app" v-cloak>
  <div v-clickoutside="handleClose ">
    <button @click="show = ! show ">畅销 IT 书</button>

    <div class="dropdown" v-show="show">
      <ul>  <!-- 下拉菜单 -->
        <li v-for="menu in menus">
          <a :href="menu.url">{{menu.name}}</a>
        </li>
      </ul>
    </div>
  </div>
</div>

<script>
  const app = Vue.createApp({
    data() {
      return{
        show: false,
        menus:[
          {name:'《Java 面向对象编程》', url:'#'},
          {name:'《精通 Vue.js:Web 前端开发技术详解》', url:'#'},
          {name:'《精通 JPA 与 Hibernate》', url:'#'},
          {name:'《精通 Spring:Java Web 开发技术详解》', url:'#'}
        ]
      }
    },
    methods: {
      handleClose() {      //把 show 变量设为 false,关闭下拉菜单
        this.show = false
      }
    }
  })
```

```
app.directive('clickoutside', {
  mounted(el, binding, vode) {
    //处理 DOM 文档的 click 事件的函数
    function documentHandler (e) {
      //如果是在当前 DOM 元素区域内发生的 click 事件,就返回
      if (el.contains(e.target)) {
        return false
      }

      //如果 v-clickoutside 指令具有表达式
      if (binding.value) {
        //执行 v-clickoutside 的表达式中的方法,这里为 handleClose 方法
        binding.value(e)
      }
    }

    //为 el 参数绑定一个 vueClickOutSide 变量
    //方便在 beforeUnmount()钩子函数中引用
    el.vueClickOutSide= documentHandler
    //注册 click 事件的监听器
    document.addEventListener('click', documentHandler)
  },

  beforeUnmount(el, binding) {
    //注销 click 事件的监听器
    document.removeEventListener('click', el.vueClickOutSide)
    //删除和 el 参数绑定的 vueClickOutSide 变量
    delete el.vueClickOutSide
  }
})

const vm=app.mount('#app')
</script>

<style scoped>
  [v-cloak] {
    display: none;
  }

  .dropdown {
    width: 40%;
    padding: 5px;
    font-size: 12px;
    background-color: #FFFF;
    border-radius: 4px;
    box-shadow: 0 1px 6px rgba(0, 0, 0, .2);
    text-align: left;
    margin-top: 2px;
  }
</style>
```

在浏览器上访问 v-clickoutside.html,单击网页上的"畅销 IT 书"按钮,就会显示下拉菜单,参见图 2-16。

图 2-16　v-clickoutside.html 的网页

v-show 指令根据 show 变量的取值决定是否输出下拉菜单,代码如下:

```
<div class="dropdown" v-show="show">
  <ul>  <!-- 下拉菜单 -->
    <li v-for="menu in menus">
      <a :href="menu.url">{{menu.name}}</a>
    </li>
  </ul>
</div>
```

v-on 指令通过修改 show 变量的取值,对下拉菜单的显示与关闭进行切换,代码如下:

```
<button @click="show = ! show">畅销 IT 书</button>
```

以上 @click 是 v-on 指令的简写形式。v-on 指令的取值为 JavaScript 语句"show = ! show",这个语句的作用是修改 show 变量,使 show 变量的取值在 true 和 false 之间切换。在网页上第一次单击"畅销 IT 书"按钮,会出现下拉菜单,再次单击该按钮,就会关闭下拉菜单。

v-clickoutside 指令的 mounted() 钩子函数的主要作用是为 DOM 文档注册一个处理 click 事件的监听器:

```
//document 表示 DOM 文档
document.addEventListener('click', documentHandler)
```

如果在 DOM 文档区域内发生了 click 事件,就会调用 documentHandler() 函数,该函数在 mounted() 钩子函数中定义。

提示:在本书中,当站在 DOM 的角度看待 HTML 文档时,也把 HTML 文档称为 DOM 文档。在 DOM API 中,整个 DOM 文档用 document 对象表示。

documentHandler() 函数先判断 click 事件是否在当前 DOM 元素区域内发生,如果为 true,就退出该函数,代码如下:

```
if (el.contains(e.target)) {
  return false
}
```

否则,就执行以下代码:

```
if (binding.value) {
   binding.value(e)
}
```

binding.value(e)的作用是执行 v-clickoutside 指令的表达式中的方法。这里执行的是 handleClose( )方法,代码如下:

```
<div v-clickoutside="handleClose">…</div>
```

handleClose( )方法把 show 变量设为 false,从而关闭下拉菜单,代码如下:

```
handleClose() {
   this.show = false
}
```

2.3 小结

本章首先介绍了 Vue 的 11 种内置指令的用法。
(1) v-bind:把模型数据与 DOM 元素的属性绑定。
(2) v-model:把模型变量与表单中的输入框等绑定。
(3) v-show:通过一个布尔表达式决定是否输出 DOM 元素包含的内容。
(4) v-if/v-else-if/v-else:通过条件判断决定是否输出 DOM 元素包含的内容。
(5) v-for 指令:遍历数组或对象类型的数据。
(6) v-on 指令:指定处理 DOM 事件的 JavaScript 代码或方法。
(7) v-text 指令:指定 DOM 元素的文本内容。
(8) v-html 指令:指定 DOM 元素的 HTML 内容。
(9) v-pre 指令:跳过对当前 DOM 元素以及包含的子元素的编译。
(10) v-once 指令:对 DOM 元素只渲染一次。
(11) v-cloak 指令:与 CSS 样式联合使用,可以指定在 Vue 框架编译 DOM 元素的过程中显示在网页上的 DOM 元素的内容。

本章接着介绍了自定义指令的创建和使用。自定义指令的具体行为是在钩子函数中实现的,在钩子函数中可以访问 el 和 binding 等参数。通过这些参数,钩子函数就可以访问被绑定的 DOM 元素,以及传给指令的参数、表达式和修饰符等信息。

2.4 思考题

1. 以下( )指令用于把模型数据与 DOM 元素的属性绑定。(单选)
 　　A. v-model　　　　B. v-text　　　　C. @ v-show　　　　D. v-bind
2. 对于以下代码:

```
<p v-show="isMarried">已婚</p>
```

当 isMarried 变量为 false,以下(　　)是被渲染后的<p>元素。(单选)

  A. `<p v-show="isMarried">已婚</p>`

  B. `<p style="display：none;">已婚</p>`

  C. `<p v-show=false></p>`

  D. `<p v-show=false>已婚</p>`

3. 对于以下代码:

```
<button v-on:click.once="say">Hi</button>
```

说法正确的是(　　)。(多选)

  A. 这里的 v-on 指令用来处理单击 Hi 按钮的 click 事件

  B. 当用户第二次在网页上单击 Hi 按钮,不会执行 say( )方法

  C. v-on：click.once 可以简写为@click.once

  D. click 和 once 都是 v-on 指令的事件修饰符

4. 以下(　　)属于自定义 Vue 指令的钩子函数的是(　　)。(多选)

  A. created   B. updated   C. beforeDestroy   D. unmounted

5. 以下 JavaScript 代码注册了一个全局的 v-act 指令:

```
<script>
  const app = Vue.createApp({
    data(){
      return { num:'one' }
    }
  })

  app.directive('act',{        //注册 v-act 指令
    mounted(el,binding) {
      console.log(binding.value)
      console.log(binding.arg)
      console.log(Object.keys(binding.modifiers)[0])
    }
  })

  const vm=app.mount('#app')
</script>
```

通过浏览器访问以下(　　)元素,在浏览器的控制台会输出日志 one。(多选)

  A. `<p v-act>{{num}}</p>`

  B. `<p v-act="num">Hello</p>`

  C. `<p v-act：[num]>Hello</p>`

  D. `<p v-act.num>Hello</p>`

6. 以下是 display.html 的主要代码:

```
<div id="app">
  <p v-html="message" >Hi</p>
</div>

<script>
  const app = Vue.createApp({
    data(){
      return { message: '<b>Hello</b>' }
    }
  })
  const vm=app.mount('#app')
</script>
```

通过浏览器访问 display.html,会看到网页上显示(　　)。(单选)

  A. 用粗体显示 Hello

  B. 显示 Hi

  C. 显示 message

  D. 显示Hello

第3章 计算属性和数据监听

在 Vue 组件的模板中,可以通过插值表达式输出模型变量的运算结果,例如以下代码中的{{a*b+b*c+a*c}}是插值表达式:

```
<p>a={{a}},b={{b}},c={{c}}</p>
<p>插值表达式的取值:{{a*b+b*c+a*c}} </p>
```

如果模板中嵌入了大量包含复杂运算的插值表达式,就会影响模板的可读性,而且插值表达式中不能包含流程控制逻辑,如不能包含 if-else 条件判断或者 for 循环等。

为了弥补插值表达式的不足,Vue 提供了以下 3 种替代方案。

(1) 用 Vue 的计算属性替代插值表达式。

(2) 用 Vue 的 watch 选项替代插值表达式。

(3) 用方法调用替代插值表达式。

本章会介绍这 3 种方式的具体用法,并且比较它们的优缺点。

3.1 计算属性

Vue 组件的 computed 选项是用来定义计算属性的。例程 3-1 演示了 computed 选项的基本用法。

例程 3-1 calculate.html

```
<div id="app">
  <p>a={{a}},b={{b}},c={{c}}</p>
  <p>插值表达式的取值:{{a*b+b*c+a*c}} </p>
  <p>计算属性的取值:{{ result }} </p>
```

```
    </div>
<script>
  const vm=Vue.createApp({
    data(){
      return { a:10,b:20,c:30 }
    },

    computed:{
      //定义 result 计算属性
      result(){
        console.log('get result property')
        return this.a*this.b+this.b*this.c+this.a*this.c
      }
    }
  }).mount('#app')
</script>
```

在 calculate.html 中，{{ a * b+b * c+a * c }}和{{result}}能输出同样的结果。显然，{{result}}使模板更加简洁。result 就是根组件的计算属性，它的定义方式如下：

```
computed:{
  result(){        //result 计算属性的 get 函数
    console.log('get result property')
    return this.a*this.b+this.b*this.c+this.a*this.c
  }
}
```

Vue 框架会通过调用 result( ) 函数计算 result 的取值。这个 result( ) 函数相当于 result 计算属性的 get 函数。

通过浏览器访问 calculate.html，会得到如图 3-1 所示的网页。{{ a * b+b * c+a * c }}和{{result}}的取值都是 1100。

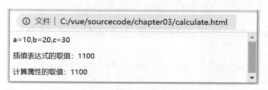

图 3-1　calculate.html 的网页

3.1.1　读写计算属性

在例程 3-1 中，result( ) 函数用来读取 result 计算属性的值，它相当于 result 计算属性的 get 函数。在例程 3-2 中，为 fullName 计算属性同时提供了 get 函数和 set 函数。

例程 3-2　fullname.html

```html
<div id="app">
  <p>First name: <input type="text" v-model="firstName"></p>
  <p>Last name: <input type="text" v-model="lastName"></p>
  <p>Full name: <input type="text" v-model="fullName"></p>
  <p>{{ fullName }}</p>
</div>

<script>
  const vm = Vue.createApp({
    data() {
      return {
        firstName: 'Tom',
        lastName: "Smith"
      }
    },

    computed: {
      fullName: {
        get (){              //get 函数
          console.log('call get')
          return this.firstName + ' ' + this.lastName
        },
        set (newValue){      //set 函数
          console.log('call set')
          console.log('原先的 fullName:'+this.fullName)
          var names = newValue.split(' ')
          this.firstName = names[0]
          this.lastName = names[names.length - 1]
        }
      }
    }
  }).mount('#app')
</script>
```

通过浏览器访问 fullname.html，会得到如图 3-2 所示的网页。

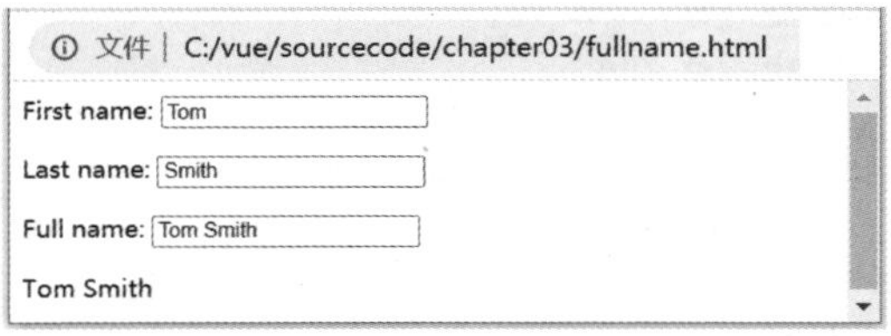

图 3-2　fullname.html 的网页

为了跟踪 fullName 计算属性的 get 函数和 set 函数的调用时机，这两个函数都会向控制台输出一些日志。

如图 3-3 所示，如果修改网页上 First name 输入框或 Last name 输入框的值，会看到 get

函数被调用。如果修改 Full name 输入框的值，会看到 set 函数以及 get 函数先后被调用。

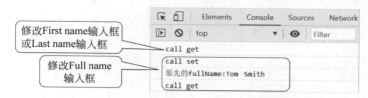

图 3-3　fullName 计算属性的 get 和 set 函数的调用时机

firstName 变量、lastName 变量以及 fullName 计算属性之间存在依赖关系。从图 3-3 可以看出，fullName 计算属性的 get 函数和 set 函数的作用如下：

（1）当 firstName 变量和 lastName 变量被更新，get 函数会更新 fullName 计算属性。

（2）当 fullName 计算属性被更新，set 函数会更新 firstName 和 lastName 变量。

在 fullName 计算属性的 set 函数中，newValue 参数表示更新后的 fullName 计算属性的值，this.fullName 是更新前的值：

```
set (newValue){                //set 函数
  console.log('call set')
  console.log('原先的 fullName:'+this.fullName)
  var names = newValue.split(' ')
  this.firstName = names[0]
  this.lastName = names[names.length - 1]
}
```

3.1.2　比较计算属性和方法

Vue 组件的计算属性和方法都可以进行逻辑复杂的运算。在例程 3-3 中，result1 计算属性和 getResult1( ) 方法能得到同样的运算结果，并且它们都依赖变量 a；result2 计算属性和 getResult2( ) 方法能得到同样的运算结果，并且它们都依赖变量 b。

例程 3-3　compare.html

```
<div id="app">
  <p>a={{a}},b={{b}}</p>
  <p>a: <input type="text" v-model="a"></p>
  <p>计算属性的取值:{{ result1 }}, {{ result2 }} </p>
  <p>调用方法的结果:{{ getResult1() }}, {{getResult2() }} </p>
</div>

<script>
  const vm=Vue.createApp({
    data(){
      return { a:100,b:20 }
    },

    computed:{
```

```
      result1(){                          //get 函数
        console.log('call result1()')
        return Math.sqrt(this.a)          //计算变量 a 的平方根
      },
      result2(){                          //get 函数
        console.log('call result2()')
        return Math.pow(this.b,3)         //计算变量 b 的 3 次方
      }
    },

    methods:{
      getResult1(){
        console.log('call getResult1()')
        return Math.sqrt(this.a)          //计算变量 a 的平方根
      },
      getResult2(){
        console.log('call getResult2()')
        return Math.pow(this.b,3)         //计算变量 b 的 3 次方
      }
    }
  }).mount('#app')
</script>
```

通过浏览器访问 compare.html，会得到如图 3-4 所示的网页。

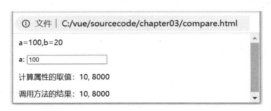

图 3-4　compare.html 的网页

为了跟踪 result1 计算属性和 result2 计算属性的 get 函数，以及 getResult1()方法和 getResult2()方法的调用时机，这些函数和方法都会向控制台输出一些日志。

图 3-5　更新变量 a 后的输出日志

在 compare.html 网页的输入框中修改变量 a 的值。如图 3-5 所示，从控制台输出的日志可以看出，Vue 框架会调用 result1 计算属性的 get 函数，并且调用 getResult1()方法和 getResult2()方法。

Vue 框架会把计算属性存放在专门的缓存中。由于 result2 计算属性不依赖变量 a，因此当变量 a 被更新时，Vue 框架无须调用 result2 计算属性的 get 函数，而是直接从缓存中读取 result2 的值，用来渲染 DOM 中的{{result2}}插值表达式。

由此可见，Vue 框架对计算属性的 get 函数的调用做了性能优化。只有当计算属性依赖的变量被更新，Vue 框架才会调用它的 get 函数。在本范例中，变量 a 被更新，Vue 框架只需要调用 resutl1 计算属性的 get 函数，重新计算 resutl1 计算属性的值。而对于 getResult1()方

法和 getResult2( )方法,当变量 a 被更新时,Vue 框架无法知道上一次这两个方法的取值,因此在渲染 DOM 时,会分别调用这两个方法,重新计算{{getResult1( )}}和{{getResult2( )}}的取值。

3.1.3 用计算属性过滤数组

在遍历数组时,如果希望只输出数组中符合特定条件的元素,那么可以用计算属性过滤数组。在例程 3-4 中,passStudents 和 unPassStudents 是两个计算属性,它们对 students 数组变量进行了过滤。passStudents 计算属性表示所有成绩及格的学生,unPassStudents 计算属性表示所有成绩不及格的学生。

例程 3-4　array.html

```
<div id="app">
  <h1>及格同学</h1>
  <ul>
    <li v-for="student in passStudents">
      {{student.name}}:{{student.score}}
    </li>
  </ul>
  <h1>不及格同学</h1>
  <ul>
    <li v-for="student in unPassStudents">
      {{student.name}}:{{student.score}}
    </li>
  </ul>
</div>
<script>
  const vm= Vue.createApp({
    data(){
      return {
        students:[
          {name: '张飞', score:56},
          {name: '周瑜', score:68},
          {name: '李进', score:92},
          {name: '鲁智深', score:75},
          {name: '程咬金', score:48},
          {name: '诸葛亮', score:99},
        ]
      }
    },
    computed: {
      passStudents(){          //get 函数
        return this.students.filter(student=>student.score >= 60)
      },
```

```
        unPassStudents(){      //get 函数
          return this.students.filter(student => student.score <60)
        }
      }
    }).mount('#app')
</script>
```

通过浏览器访问 array.html,会得到如图 3-6 所示的网页。

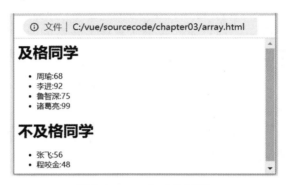

图 3-6　array.html 的网页

3.1.4　计算属性实用范例:实现购物车

对于购物网站应用,需要在前端管理购物车的信息。购物车的信息中包含了选购的商品的名字、数量、单价和小计(数量×单价),还包含了所有选购商品的总金额。用户可以修改选购商品的数量,还可以删除选购的商品。

例程 3-5 实现了购物车。

例程 3-5　shoppingcart.html

```
<! DOCTYPE html>
<html>
  <head>
    <meta charset="UTF-8">
    <title>购物车</title>
    <script src="vue.js"></script>
  </head>

  <body>
    <div id="cart">
      <table border="1" width="600" style="margin: 0 auto; ">
        <tr>
          <th>序号</th>
          <th>名称</th>
          <th>价格</th>
          <th>数量</th>
```

```html
        <th>小计</th>
        <th>操作</th>
      </tr>
      <tr v-for="(item,index) in cartItems">
        <td>{{index+1}}</td>
        <td>{{item.name}}</td>
        <td>{{ currency(item.price,2) }}</td>
        <td>
          <!-- 递增数量的按钮 -->
          <button v-on:click="item.count<=0?0:item.count-=1">
            -
          </button>

          <!-- 设置数量的输入框 -->
          <input type="text" v-model.number="item.count"
            @keyup="item.count=item.count<=0?0:item.count"/>

          <!-- 递减数量的按钮 -->
          <button v-on:click="item.count+=1">+</button>
        </td>
        <td>{{ currency(item.count*item.price,2) }}</td>
        <td>
          <button @click="remove(index)">移除</button>
        </td>
      </tr>
      <tr>
        <td colspan="6" align="right">
          总金额：{{ currency( total,2 )}}
        </td>
      </tr>
    </table>
</div>

<script>
  const vm= Vue.createApp({
    data() {
      return {
        cartItems:[
          {id:10001,name:'足球',price:105.5,count:10},
          {id:10002,name:'跳绳',price:8.8,count:2},
          {id:10003,name:'呼啦圈',price:21.6,count:5},
        ]
      }
    },

    computed:{
      total(){                    //total 计算属性表示总金额
        var sum=0;
        for(let i=0; i<this.cartItems.length; i++){
          sum+=parseFloat(this.cartItems[i].price
```

```
                        *parseFloat(this.cartItems[i].count)
        }
        return sum
      }
    },
    methods:{
      remove(index){              //删除购物车的一个商品
        if(confirm('你确定要删除吗?')){
          this.cartItems.splice(index,1)
        }
      },

      //对金额进行格式化
      //参数 v 表示需要格式化的金额
      //参数 n 表示需要保留的小数位数
      currency(v,n){
        if(!v){                   //如果 v 为空,就退出
          return ""
        }
        //增加货币符号￥,并且保留 n 位小数,默认保留两位小数
        return "￥"+v.toFixed(n||2)
      }
    }
  }).mount('#cart')

</script>
  </body>
</html>
```

cartItems 数组变量表示用户选购的所有商品条目。在模板中通过 v-for 指令遍历 cartItems 数组变量,如:

```
<tr v-for="(item,index) in cartItems">…</tr>
```

cartItems 数组中的每个商品条目表示该商品的具体购买信息,商品的具体购买信息包括:

(1) 序号:{{index+1}}。
(2) 名称:{{item.name}}。
(3) 价格:{{ currency(item.price,2) }}。
(4) 数量:{{item.count}}。
(5) 小计:{{ currency(item.count * item.price,2) }}。

currency()方法用于对金额数字进行格式化,保留两位小数,并且会在数字开头加上货币符号￥。

在遍历了 cartItems 数组中的所有商品后,还会在网页上显示所有选购商品的总金额,如:

```
总金额：{{ currency( total,2 ) }}
```

其中，total 是计算属性，它的定义如下：

```
computed: {
  total(){            //计算属性 total 表示总金额
    var sum=0;
    for(let i=0; i<this.cartItems.length; i++){
      sum+=parseFloat(this.cartItems[i].price)
            *parseFloat(this.cartItems[i].count)
    }
    return sum
  }
}
```

以上 total()函数遍历 cartItems 数组变量，计算所有选购商品的总金额。由于 total()函数依赖 cartItems 数组变量，因此当用户在网页上修改了 cartItems 数组变量中商品的购买数量，或者删除某个商品时，Vue 框架就会调用 total()函数，从而同步更新 total 计算属性的值。

通过浏览器访问 shoppingcart.html，会得到如图 3-7 所示的购物车网页。

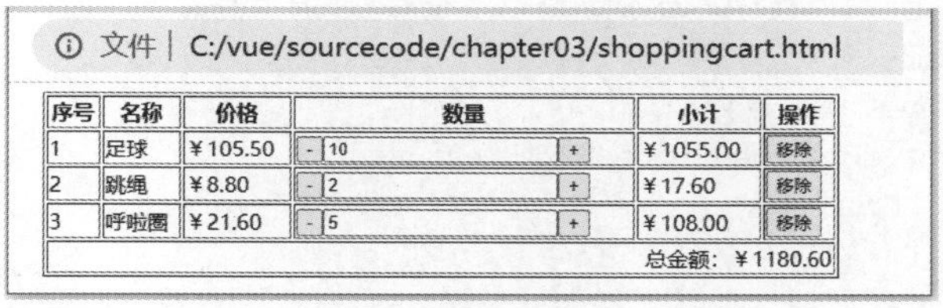

图 3-7　shoppingcart.html 的网页

在 shoppingcart.html 的网页上增加或减少某个商品的数量，总金额以及小计会同步更新。如果移除某个商品，总金额也会同步更新。

shoppingcart.html 同时运用了插值表达式、方法和计算属性。从这个范例也可以总结出这些方式的使用场合：

（1）对于简单的运算表达式，可以使用插值表达式，如用{{ currency(item.count * item.price,2) }}表示商品的小计金额。

（2）如果运算逻辑复杂，并且运算过程不通用，可以使用计算属性。例如，用 total 计算属性表示总金额。

（3）如果运算逻辑复杂，并且运算过程通用，可以使用方法。例如，用 currency()方法对金额数字进行格式化，它的参数可以是商品单价、小计金额和总金额。

从语义上区分，计算属性具有特定的属性特征，如 total 计算属性表示总金额；而方法实现了通用的运算功能，如 currency()方法可以对所有金额数字进行通用的格式化。

3.2　数据监听

如果 Vue 组件的一个变量 num 会被频繁更新，并且当变量 num 每次被更新时，需要进行一系列耗时的操作,如访问远程服务器的资源,或者更新依赖变量 num 的其他变量(如 result 变量)。在这种情况下,可以通过 Vue 框架的数据监听器 Watcher 实现对变量 num 的监听。

Vue 的 watch 选项通过 Watcher 监听数据。例程 3-6 演示了 watch 选项的基本用法。

例程 3-6　mywatch.html

```
<div id="app">
  <p><input v-model="num" /></p>
  <p>{{ result }}</p>
</div>

<script>
  const vm=Vue.createApp({
    data(){
      return{ num: 0, result: 0 }
    },
    methods:{
      //睡眠方法,参数 numberMillis 是睡眠的 ms 数
      sleep(numberMillis) {
        var now = new Date();
        var exitTime = now.getTime() + numberMillis
        while (true) {
          now = new Date()
          if (now.getTime() > exitTime)
            return;
        }
      }
    },
    watch:{
      //当 num 变量被更新,就会调用此函数
      //newNum 参数表示更新后的 num 变量
      //oldNum 参数表示更新前的 num 变量
      num (newNum, oldNum) {           //num 变量的监听函数
        this.sleep(2000)                //睡眠 2s
        this.result=Math.sqrt(newNum)  //计算平方根
      }
    }
  }).mount('#app')
</script>
</body>
</html>
```

在 mywatch.html 中,Vue 应用实例的 watch 选项中有一个 num()函数,负责监听 num 变量。当 num 变量被更新,Vue 的数据监听器就会调用这个 num()函数。

通过浏览器访问 mywatch.html,会得到如图 3-8 所示的网页。在网页的 num 变量的输入框输入新的数字,Vue 的数据监听器就会调用 num()函数,更新 result 变量的值。

提示: 除了通过 watch 选项监听特定数据,还可以调用 $watch( )方法监听数据。

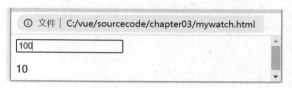

图 3-8　mywatch.html 的网页

11.12.1 节将演示 $watch() 方法的用法。

3.2.1　用 Web Worker 执行数据监听中的异步操作

对于例程 3-6,当用户在网页的 num 变量的输入框输入新的数字时,num() 函数就会被 Vue 的数据监听器调用。num() 函数会先调用 sleep(2000) 方法睡眠 2s,通过这种睡眠的方式模拟耗时的操作。

num() 函数是由浏览器的负责执行 JavaScript 脚本的主线程来执行的。当主线程执行 sleep(2000) 方法睡眠时,网页处于卡死状态,不能响应用户的任何操作。只有当主线程执行完 num() 函数,重新更新网页,网页才能继续响应用户的操作。如果希望用户始终可以和网页进行顺畅地交互,不会出现网页卡死的情况,可以通过一个额外的线程异步执行耗时的操作。本节会利用 HTML 5 中的 Web Worker 线程执行耗时操作。

首先创建一个 longtask.js 文件(文件名可以任意选择),参见例程 3-7。它的 onmessage 函数包含 Worker 线程接收到主线程发送的数据时执行的操作。

例程 3-7　longtask.js

```
//睡眠函数,参数 numberMillis 是睡眠的 ms 数
function sleep(numberMillis) {…}

//当 Worker 线程接收到主线程发送的数据时,调用此函数
onmessage=function(event){
  var num=event.data          //读取主线程发送过来的数据
  sleep(2000)                  //睡眠 2s,模拟耗时的操作
  var result=Math.sqrt(num)    //求平方根
  postMessage(result)          //向主线程发送运算结果
}
```

在 onmessage 函数中,event.data 表示主线程发送过来的 num 变量。postMessage(result) 用于向主线程发送 result 变量。

例程 3-8 会通过 Worker 线程执行耗时操作。

例程 3-8　mywatch-async.html

```
<div id="app">
  <p><input v-model="num" /></p>
  <p>{{ result }}</p>
</div>
```

```html
<script>
  const vm=Vue.createApp({
    data(){
      return{ num: 0, result: 0 }
    },
    watch: {
      // 当 num 变量被更新,就会调用此方法
      num(newNum, oldNum) {            // num 变量的监听函数
        this.result='正在运算,请稍后……'
        //创建 Worker 线程
        var worker=new Worker('longtask.js')

        //注册监听接收 Worker 线程发送数据的函数
        worker.onmessage=(event)=>this.result=event.data

        //向 Worker 线程发送数据
        worker.postMessage(newNum)
      }
    }
  }).mount('#app')
</script>
```

在 num() 函数中,浏览器的主线程先通过以下语句为 result 变量赋予一个临时取值:

```
this.result='正在运算,请稍后……'
```

接着,主线程通过 new Worker('longtask.js')语句创建了 Worker 线程。然后执行以下语句注册用于监听接收数据的 onmessage()函数:

```
worker.onmessage=(event)=>this.result=event.data
```

当主线程接收到 Worker 线程发送的数据时,就会执行 worker.onmessage()函数中的 this.result=event.data 语句,event.data 表示 Worker 线程发送的数据。

接着,主线程向 Worker 线程发送 newNum 变量:

```
worker.postMessage(newNum)
```

当笔者在创作此书时,发现不同浏览器对 Web Worker 的支持程度不一样。如果在 Chrome 浏览器中访问本地的 mywatch-async.html,然后在网页的输入框中修改 num 变量的值,浏览器会产生以下错误:

```
Uncaught (in promise) DOMException: Failed to construct 'Worker':
Script at 'file:///C:/vue/sourcecode/chapter03/longtask.js'
cannot be accessed from origin 'null'.
```

这是因为 Chrome 浏览器出于安全的原因,不允许使用本地的 Web Worker 线程。把该

范例发布到 JavaThinker.net 网站，网址如下：

```
www.javathinker.net/vue/mywatch-async.html
```

通过浏览器访问上述网址，就可以正常访问 mywatch-async.html。在网页的输入框中修改 num 变量的值，网页不会卡死，主线程会先显示 result 变量的临时取值，参见图 3-9。过 2s 后，主线程再显示由 Worker 线程运算得到的 result 变量。

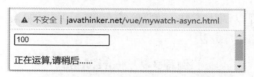

图 3-9 网页显示 result 变量的临时取值

图 3-10 展示了主线程和 Worker 线程的通信以及交换数据的过程。

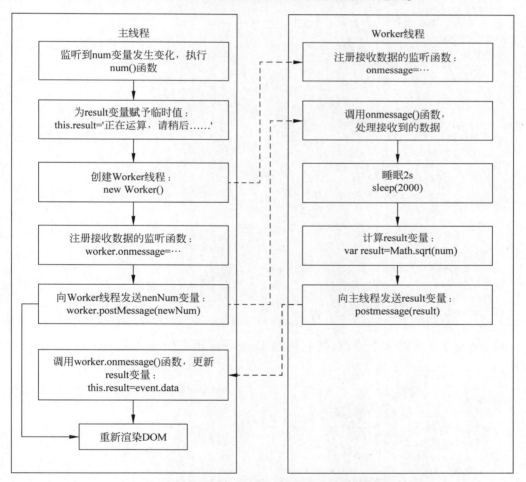

图 3-10 主线程和 Worker 线程的通信以及交换数据的过程

从图 3-10 可以看出，当主线程通过 worker.postMessage(newNum) 方法，向 Worker 线程

发送 newNum 变量,就会触发 Worker 线程执行 longtask.js 中的 onmessage( )函数;当 Worker 线程通过 postmessage(result)方法,向主线程发送 result 变量,就会触发主线程执行 worker.onmessage( )函数。无论是主线程还是 Worker 线程,都可以通过 event.data 读取对方发送的数据。

3.2.2 在 watch 选项中调用方法

在 watch 选项中还可以调用方法。例如,在例程 3-9 中,如果 score 变量被更新,Vue 的数据监听器就会调用 judge( )方法。

例程 3-9　score.html

```
<div id="app">
  <p><input v-model="score" /></p>
  <p>{{ result }}</p>
</div>

<script>
  const vm=Vue.createApp({
    data(){
      return{ score: '', result: '' }
    },

  methods:{
    judge() {
      if(this.score>=60)
        this.result='及格'
      else
        this.result='不及格'
    }
  },

  watch: {
    score: 'judge'         //调用 judge( )方法
  }
}).mount('#app')
</script>
```

对 judge( )方法做如下修改,使它通过 JavaScript 语言的 setTimeout( )函数执行异步操作:

```
judge() {
  this.result="正在运算,请稍后……"
  setTimeout( ()=>{
    if(this.score>=60)
      this.result='及格'
    else
      this.result='不及格'
  },2000)            //延迟 2s 后再执行运算
}
```

以上 judge( )方法先给 result 变量赋予了一个临时值"正在运算,请稍后......",然后利用 setTimeout( )函数设置了异步操作:过 2s 后计算 result 变量的取值。judge( )方法产生的运行效果是,网页上首先显示"正在运算,请稍后......",过 2s 后再显示 reuslt 变量的实际取值。

3.2.3　比较同步操作和异步操作

按照多个操作之间的执行顺序,可分为同步操作和异步操作。同步操作指一个操作执行完后,才能执行另一个操作。例如,对于组件的 watch 选项的 num( )函数:

```
num(newNum, oldNum) {                    //num 变量的监听函数
  this.result="正在运算,请稍后......"     //第 1 行
  this.sleep(2000)                       //第 2 行
  this.result=Math.sqrt(newNum)          //第 3 行
}
```

num( )方法中的 3 行代码都是同步操作,主线程依次执行完以上 3 行代码,才能执行其他操作,例如依据当前的 result 变量重新渲染 DOM。因此,尽管在 num( )函数中更新了两次 result 变量的值,但是在网页上只能看到最终更新后的 result 变量的值。

异步操作指多个操作可以各自独立运行。前端的异步操作有以下两种执行方式。

(1)多线程执行方式。通过多个线程同时执行不同的异步操作。3.2.1 节就是通过单独的 Web Worker 线程执行耗时的计算任务,而主线程会执行 Vue 框架的主流程。值得注意的是,早期的 JavaScript 版本并不支持多线程,因为这种运行方式会增加客户端的运行负荷,如果 JavaScript 脚本设计不合理,还会给客户机器带来安全隐患。

(2)单线程执行方式。把多个异步操作放在一个异步队列中,由主线程以轮询的方式执行异步队列中的异步操作。3.2.2 节介绍的 setTimeout( )函数就是通过单线程方式执行异步操作。对于以下 3.2.2 节的 judge( )函数:

```
judge() {
  this.result="正在运算,请稍后......"     //第 1 行
  setTimeout( ()=>{                      //第 2 行
    if(this.score>=60)
      this.result='及格'
    else
      this.result='不及格'
  },2000)                                //延迟 2s 后再执行运算
}
```

judge( )函数中的第 1 行和第 2 行代码是同步操作,但是 setTimeout( )函数中的第 1 个参数指定的函数包含一段异步操作,这段异步操作会放在异步队列中,主线程延迟 2s 后再执行这段异步操作。在这 2s 内,主线程可以执行 Vue 框架的其他操作,如渲染 DOM,把网页上的{{result}}渲染为"正在运算,请稍后......"。2s 后,主线程执行上述计算 result 变量实际取值的异步操作后,再重新渲染 DOM,更新网页上的{{result}}。

3.2.4 深度监听

默认情况下,当 Vue 的 watch 选项监听一个对象时,不会监听对象的属性的变化。如果希望监听对象的属性变化,可以在 watch 选项中把 deep 属性设为 true,这样就能支持深度监听。

在例程 3-10 中,Vue 的 watch 选项会监听 student 对象,由于 deep 属性设为 true,因此当 student.score 属性被更新,watch 选项中的 handler() 函数也会被执行。

例程 3-10 student.html

```
<div id="app">
  <p><input v-model="student.score"/></p>
  <p>{{ result }}</p>
</div>

<script>
  const vm=Vue.createApp({
    data(){
      return{
        student:{ name:'Tom',score:'98'},
        result:''
      }
    },
    watch:{
      student:{                    //监听 student 对象
        handler(newStudent,oldStudent){
          if(this.student.score>=60)
            this.result='及格'
          else
            this.result='不及格'
        },
        deep: true                 //启用深度监听
      }
    }
  }).mount('#app')
</script>
```

通过浏览器访问 student.html 网页,在输入框中修改 student.score 属性的值,Vue 的数据监听器会调用 handler() 函数,更新 result 变量。

当 Vue 的数据监听器深度监听一个对象时,不管对象的属性嵌套了多少层,只要属性发生变化,就会被监听。

3.2.5 立即监听

通过浏览器访问例程 3-10 时,会看到网页上显示{{student.score}}的值为 98,而不显示{{result}}的值。因为这时候 Vue 的数据监听器还没有监听到 student.score 属性的变化，因此不会调用 watch 选项中的 handler()函数。

在 Vue 组件的生命周期中，如果希望在它的初始化阶段，Vue 框架就会调用一次 watch 选项中的 handler()函数，为 result 变量赋值，那么可以把 watch 选项的 immediate 属性设为 true。

下面对 student.html 做如下修改，增加 immediate：true 语句：

```
watch: {
  student: {
    handler(newStudent,oldStudent){…},
    immediate: true,
    deep: true
  }
}
```

再次通过浏览器访问 student.html，会看到网页上{{student.score}}的初始值为 98，{{result}}的初始值为"及格"。

3.2.6 比较计算属性和数据监听 watch 选项

计算属性和数据监听 watch 选项可以完成一些相同的功能。例如当一个变量发生变化时，两者都能更新依赖这个变量的其他数据。

但是，计算属性和数据监听 watch 选项有不同的使用场合。watch 选项擅长执行耗时的异步操作，3.2.1 节、3.2.2 节和 3.3.3 节已经对此做了介绍。而在只需要同步更新变量的场合，使用计算属性能使程序代码更加简洁，并且具有更好的运行性能。

例程 3-11 在 watch 选项中监听数据，它和例程 3-2 具有同样的功能，都能对 firstName、lastName 和 fullName 进行同步更新。

例程 3-11   fullname-watch.html

```
<div id="app">
  <p>First name: <input type="text" v-model="firstName"></p>
  <p>Last name: <input type="text" v-model="lastName"></p>
  <p>Full name: <input type="text" v-model="fullName"></p>
  <p>{{ fullName }}</p>
</div>

<script>
  const vm = Vue.createApp({
    data() {
      return {
        firstName: 'Tom',
        lastName: 'Smith',
        fullName: 'Tom Smith'
      }
    },
```

```
    watch: {
      firstName(newValue) {
        console.log('call firstName(newValue)')
        this.fullName = newValue + ' ' + this.lastName
      },
      lastName(newValue) {
        this.fullName = this.firstName + ' ' + newValue
      },
      fullName(newValue) {
        var names = newValue.split(' ')
        this.firstName = names[0]
        this.lastName = names[names.length - 1]
      }
    }
  }).mount('#app')
</script>
```

比较例程 3-2 和例程 3-11，会发现有以下区别：

（1）例程 3-2 的代码更加简洁。computed 选项中，只需要为 fullName 计算属性定义 get 和 set 函数。

（2）例程 3-11 的代码更烦琐，需要在 data 选项中定义 fullName 变量，并且需要在 watch 选项中监听 firstName、lastName 和 fullName 这 3 个变量。

下面分别把例程 3-2 和例程 3-11 的模板中显示 fullName 信息的代码注释掉：

```
<!--
    <p>Full name: <input type="text" v-model="fullName"></p>
    <p>{{ fullName }}</p>
-->
```

再通过浏览器分别访问例程 3-2 和例程 3-11，修改网页上 firstName 变量输入框中的内容，从浏览器的控制台观察输出日志，会发现对于例程 3-2 中的 fullName 计算属性，由于在模板中不需要显示它，因此它的 get 函数不会被调用。而对于例程 3-11，只要 firstName 变量发生变化，watch 选项中的 firstName(newValue) 函数就会被调用。

由此可见，计算属性比 watch 选项具有更好的运行性能。如果在页面上不需要显示和计算属性有关的数据，那么即使它依赖的变量发生变化，Vue 框架也不会调用计算属性的 get 函数。

3.3 Vue 的响应式系统的基本原理

Vue 框架能够对数据的更新快速做出响应。Vue 的响应式系统依赖以下 3 个重要的类：

（1）Observer 类：数据观察器，负责观察数据的更新。如果观察到数据更新，就把数据更新消息发送给 Dep 类。

（2）Dep 类：响应式系统的调度器，负责接收来自 Observer 类的数据更新消息，并把这个消息发送给相应的 Watcher 对象，Watcher 对象是 Watcher 类的具体实例。

（3）Watcher 类：数据监听器。负责接收来自 Dep 类的数据更新消息，执行相应的响应操作。

如图 3-11 所示，当用户更新了一个变量后，Observer 类观察到这种更新，就会把更新消息发送给 Dep 类，Dep 类再把更新消息发送给所有依赖这个变量的 Watcher 类，Watcher 类会执行相应的操作对变量更新做出响应。

图 3-11　Vue 的响应式系统

数据监听器 Watcher 类分为以下 3 种。

（1）常规 Watcher 类（normal-watcher）：对于在组件的 watch 选项中监听的变量，使用 normal-watcher。当被监听的变量发生变化，normal-watcher 会立即执行 watch 选项中的相应函数。

（2）计算属性 Watcher 类（computed-watcher）：对于在 computed 选项中定义的计算属性，使用 computed-watcher。每个计算属性都对应一个 computed-watcher 对象。computed-watcher 具有 lazy（懒计算）特性：假定计算属性 b 依赖变量 a，当变量 a 更新时，computed-watcher 不会立即重新计算 b，而是只有当需要读取 b 时，才会重新计算 b。3.2.6 节也通过实验演示了这种 lazy 特性。

（3）渲染 Watcher 类（render-watcher）：每一个 Vue 组件都有相应的 render-watcher，当 Vue 组件的 data 选项中的变量或者 computed 选项中的计算属性发生变化时，render-watcher 就会重新渲染组件的 DOM。

这 3 种 Watcher 类有固定的执行顺序，按照先后顺序分别是 normal-watcher、computed-watcher 和 render-watcher。3 种 Watcher 类的执行顺序可以保证数据在业务逻辑上的一致性。例如，在例程 3-12 中，变量 b 依赖变量 a，计算属性 c 依赖变量 b，在 watch 选项中会监听变量 a。在模板中会通过插值表达式{{a}}、{{b}}和{{c}}显示这 3 个变量的值。这 3 个变量的关系如下：

```
b=a*10
c=b*10
```

例程 3-12　relation.html

```
<div id="app">
  <p><input type="text" v-model="a" /></p>
  <p>{{a}},{{b}},{{c}}</p>
</div>

<script>
  const vue=Vue.createApp({
```

```
    data(){
      return {a:0,b:0}
    },
    computed:{
      c(){
        console.log('计算 c')
        return this.b*10         //计算属性 c 依赖变量 b
      }
    },
    watch:{
      a(){
        console.log('开始监听 a')
        this.b=this.a*10         //变量 b 依赖变量 a
        console.log('结束监听 a')
      }
    }
  }).mount('#app')
</script>
```

如图 3-12 所示，在 relation.html 的网页上，修改变量 a 的输入框的值，会看到网页上变量 b 和计算属性 c 的值随之变化。

图 3-12　relation.html 的网页

再观察浏览器的控制台的输出日志，会看到 watch 选项以及 computed 选项的函数先后输出以下日志：

```
开始监听 a
结束监听 a
计算 c
```

由此可见，当变量 a 被更新后，Vue 框架先通过 normal-watcher 计算变量 b，再通过 computed-watcher 计算计算属性 c，最后通过 render-watcher 渲染 DOM 中的{{a}}、{{b}}和{{c}}，这样就能保证变量 a、变量 b 和计算属性 c 的数据一致性。

如果在 watch 选项的监听函数中需要读取计算属性，那么 Vue 框架会立即执行计算属性的 get 函数。下面对 relation.html 的 computed 选项和 watch 选项做如下修改：

```
computed:{
  c(){
    console.log('计算 c')
```

```
      return this.a*10          //计算属性 c 依赖变量 a
    }
  },
  watch:{
    a(){
      console.log('开始监听 a')
      this.b=this.a*this.c     //变量 b 依赖变量 a 和计算属性 c
      console.log('结束监听 a')
    }
  }
```

再次通过浏览器访问 relation.html，修改网页中变量 a 的输入框的值，会看到浏览器的控制台输出以下日志：

```
开始监听 a
计算 c
结束监听 a
```

由此可见，当 Vue 框架在执行变量 a 的监听函数时，在执行 this.b = this.a * this.c 语句之前，会先执行计算属性 c 的 get 函数。

3.4 小结

本章主要介绍了 Vue 的 computed 选项和 watch 选项的用法。computed 选项用来定义计算属性，它具有更好的运行性能，只有当计算属性依赖的变量发生变化，并且在需要读取计算属性的场合，才会执行它的 get 函数。watch 选项用来监听变量，只要被监听的变量发生变化，就会立即执行相应的监听函数，这种监听函数可用来执行耗时的异步操作。

Vue 的响应式系统的 3 个核心类是数据观察器 Observer 类、调度器 Dep 类和数据监听器 Watcher 类。Observer 类负责观察数据的更新，Dep 类负责调度相应的 Watcher 类，Watcher 类负责执行相应的操作响应数据的更新。

Wacher 类分为 3 种：normal-watcher、computed-watcher 和 render-watcher。假定一个 Vue 组件的 data 选项中有一个变量 a，computed 选项中有一个计算属性 b，计算属性 b 依赖变量 a，watch 选项会监听变量 a。在组件的模板中有一个插值表达式{{a+b}}。当变量 a 发生变化时，3 种 Watcher 类会依次完成以下操作：

(1) normal-watcher 执行 watch 选项中变量 a 的监听函数。
(2) computed-watcher 重新计算变量 b。
(3) render-watcher 重新渲染插值表达式{{a+b}}。

3.5 思考题

1. 关于计算属性，以下说法正确的是(　　)。(多选)

A. 计算属性在 computed 选项中定义

B. 当计算属性依赖的变量被更新，Vue 框架会调用计算属性的 set 函数

C. 计算属性在 watch 选项中定义

D. 当计算属性被更新，Vue 框架会调用计算属性的 set 函数

2. 组件的(　　)选项会通过 normal-watcher 监听数据。(单选)

　　A. data　　　　　　B. watch　　　　　　C. methods　　　　　　D. computed

3. 以下是 test.html 的主要代码：

```
<div id="app">
 <p>{{getB()}}</p>
</div>

<script>
 const vue=Vue.createApp({
   data(){
     return {a:10}
   },

   computed:{
     b(){
       return this.a*10
     }
   },

   methods:{
     getB(){
       this.b=this.a*100
       return this.b
     }
   }
 }).mount('#app')
</script>
```

通过浏览器访问 test.html，会出现(　　)情况。(多选)

A. 网页上显示{{getB()}}的值为 100

B. 网页上显示{{getB()}}的值为 1000

C. 网页上显示{{getB()}}的值为 10

D. 浏览器的控制台显示执行 this.b=this.a*100 语句发生错误，错误原因为 Write operation failed: computed property "b" is readonly

4. 以下是 example.html 的主要代码：

```
<div id="app">
 <p>{{b}}</p>
</div>

<script>
```

```
const vue=Vue.createApp({
  data(){
    return {a:10,b:0}
  },
  watch:{
    a(){
      this.b=this.a*10
    }
  }
}).mount('#app')
</script>
```

通过浏览器访问 example.html，网页上显示{{b}}的值是（　　）。（单选）

  A. {{b}}　　　　　　B. 100　　　　　　C. 1000　　　　　　D. 0

5. 对第 4 题的 example.html 中的 watch 选项做如下修改：

```
watch:{
  a:{
    handler(){
      this.b=this.a*10
    },
    immediate:true
  }
}
```

通过浏览器访问 example.html，网页上显示{{b}}的值是（　　）。（单选）

  A. {{b}}　　　　　　B. 100　　　　　　C. 1000　　　　　　D. 0

6. 当组件的变量被更新时，组件的（　　）选项适合设定用于立即响应变量更新的异步操作。（单选）

  A. data　　　　　　B. methods　　　　　　C. watch　　　　　　D. computed

第4章 绑定表单

2.1.2节介绍了v-model指令的用法,它能够把HTML表单中的输入框与模型数据绑定,代码如下:

```
<input type="text" v-model="message"/>
```

以上代码把message变量和文本输入框绑定。本章将进一步介绍通过v-model指令绑定表单中其他类型的数据框的方法,这些数据框包括文本域、单选按钮、复选框和下拉列表。

4.1 绑定文本域

在HTML表单中,<textarea>元素表示文本域,它允许输入多行文本。例程4-1有一个文本域,它和message变量绑定。

例程4-1　textarea.html

```
<div id="app">
  <h3>好书推荐:</h3>
  <textarea v-model="message" rows="3" cols="40" ></textarea>
  <p>{{ message }}</p>
</div>

<script>
  const vm=Vue.createApp({
    data(){
      return{
        message:'《精通Vue.js:Web前端开发技术详解》非常棒!!! '
      }
```

```
    }
}).mount('#app')
</script>
```

通过浏览器访问 textarea.html，会得到如图 4-1 所示的网页。在网页的文本域中输入文本，网页上的{{message}}插值表达式也会同步更新。

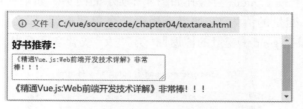

图 4-1　textarea.html 的网页

4.2　绑定单选按钮

如果网页上有多个选项，并且只允许选择其中的一项，那么可以使用单选按钮。例程 4-2 包含两个单选按钮，它们都和 gender 变量绑定。

例程 4-2　radio.html

```
<div id="app">
  <h3>性别:</h3>
  <input type="radio" value="1" v-model="gender"/>
  <label>男</label>
  <input type="radio" value="0" v-model="gender"/>
  <label>女</label>
  <br><br>
  <span>性别:{{ showGender() }}</span>
</div>

<script>
  const vm=Vue.createApp({
    data(){
      return{
        gender:''
      }
    },
    methods:{
      showGender(){
        if(this.gender==='1')
          return '男'
        else if(this.gender==='0')
          return '女'
        else
          return ''
```

```
      }
    }
  }).mount('#app')
</script>
```

通过浏览器访问 radio.html,会得到如图 4-2 所示的网页。如果在网页上选择第 1 个单选按钮,那么 gender 变量的值为 1;如果选择第 2 个单选按钮,那么 gender 变量的值为 0。showGender()方法根据 gender 变量的值返回"男""女"或者空字符串。

图 4-2 radio.html 的网页

提示:在 JavaScript 语言中,运算符"=="和"==="都可以用来比较两个变量是否相等。运算符"=="的比较规则为:当两个变量的值相等,比较结果为 true。运算符"==="的比较规则为:当两个变量的值相等,并且类型相同,比较结果为 true。

对于单选按钮的 value 属性,还可以用 v-bind 指令绑定一个变量。例如,以下代码把 value 属性与 options 数组中的第 1 个元素 options[0]绑定:

```
<input type="radio" v-bind:value="options[0]" v-model="gender" />
<!-- 简写为:-->
<input type="radio" :value="options[0]" v-model="gender" />
```

例程 4-3 通过 v-bind 指令把两个单选按钮分别与 options[0]和 options[1]绑定。

例程 4-3 radio-value.html

```
<div id="app">
  <h3>性别:</h3>
  <input type="radio" :value="options[0]" v-model="gender" />
  <label>男</label>
  <input type="radio" :value="options[1]" v-model="gender" />
  <label>女</label>
  <br><br>
  <span>性别:{{ gender }}</span>
</div>

<script>
  const vm=Vue.createApp({
    data(){
      return{
        gender:'',
        options:['男','女']
      }
```

```
        }
    }).mount('#app')
</script>
```

radio-value.html 生成的网页界面与 radio.html 相同,不过 gender 变量的取值不同。如果在 radio-value.html 的网页上选择第 1 个单选按钮,那么 gender 变量的值为"男";如果选择第 2 个单选按钮,那么 gender 变量的值为"女"。

4.3 绑定复选框

如果网页上有多个选项,并且允许选择其中的多项,那么可以使用复选框。例程 4-4 包含 4 个复选框,它们都和 lessons 数组变量绑定。

例程 4-4   checkbox.html

```
<div id="app">
    <h3>选修课:</h3>
    <input type="checkbox" value="唱歌" v-model="lessons"/>
    <label>唱歌</label>
    <input type="checkbox" value="美术" v-model="lessons"/>
    <label>美术</label>
    <input type="checkbox" value="篮球" v-model="lessons"/>
    <label>篮球</label>
    <input type="checkbox" value="舞蹈" v-model="lessons"/>
    <label>舞蹈</label>

    <p>你的选修课:{{ lessons.length===0?'':lessons }}</p>
</div>

<script>
    const vm=Vue.createApp({
        data(){
            return{
                lessons:[]
            }
        }
    }).mount('#app')
</script>
```

通过浏览器访问 checkbox.html,会得到如图 4-3 所示的网页。如果在网页上选择第 1 个和第 3 个复选项,那么 lessons 数组变量包括两个元素:{"唱歌","篮球"}。

图 4-3   checkbox.html 的网页

对于复选框的 value 属性,还可以用 v-bind 指令绑定一个变量。例如,以下代码把 value 属性与 options 数组中的第一个元素 options[0] 绑定:

```html
<input type="checkbox" v-bind:value="options[0]" v-model="lessons" />
<!-- 简写为:-->
<input type="checkbox" :value="options[0]" v-model="lessons" />
```

例程 4-5 通过 v-bind 指令把 4 个复选框分别与 options 数组中的各个元素绑定。checkbox-value.html 能够生成与 checkbox.html 相同的网页。

例程 4-5　checkbox-value.html

```html
<div id="app">
  <h3>选修课:</h3>
  <input type="checkbox" :value="options[0]" v-model="lessons" />
  <label>唱歌</label>
  <input type="checkbox" :value="options[1]" v-model="lessons" />
  <label>美术</label>
  <input type="checkbox" :value="options[2]" v-model="lessons" />
  <label>篮球</label>
  <input type="checkbox" :value="options[3]" v-model="lessons" />
  <label>舞蹈</label>

  <p>你的选修课: {{ lessons.length===0?'':lessons }}</p>
</div>

<script>
  const vm=Vue.createApp({
    data(){
      return{
        lessons: [],
        options:['唱歌','美术','篮球','舞蹈']
      }
    }
  }).mount('#app')
</script>
```

例程 4-6 只有一个复选框,它的 true-value 属性与 options[0] 绑定,false-value 属性与 options[1] 绑定。

例程 4-6　checkbox-single.html

```html
<div id="app">
  <h3>是否同意规约:</h3>
  <input type="checkbox" :true-value="options[0]"
         :false-value="options[1]" v-model="isAgree" />
  <label>是否同意规约</label>

  <p>{{isAgree}}</p>
</div>
```

```
<script>
  const vm=Vue.createApp({
    data(){
      return{
        isAgree: '',
        options:['同意','不同意']
      }
    }
  }).mount('#app')
</script>
```

通过浏览器访问 checkbox-single.html，会得到如图 4-4 所示的网页。如果在网页上选择复选框，那么 isAgree 变量的取值为 true-value 属性的值，即"同意"；如果在网页上取消选择复选框，那么 isAgree 变量的取值为 false-value 属性的值，即"不同意"。

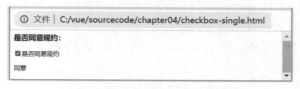

图 4-4　checkbox-single.html 的网页

4.4　下拉列表

在 HTML 语言中，<select>元素表示下拉列表。下拉列表包括多个选项，允许用户选择其中的一项或多项。例程 4-7 包含两个下拉列表，第 1 个<select>元素是单选列表，和 work 变量绑定；第 2 个<select>元素用 multiple 属性标识为多选列表，和 websites 数组变量绑定。

例程 4-7　select.html

```
<div id="app">
  <h3>单选下拉列表</h3>
  <select v-model="work">
    <option disabled value="">请选择您的岗位</option>
    <option>前端开发</option>
    <option>后端开发</option>
    <option>测试</option>
    <option>分析设计</option>
  </select>
  <p>您的岗位是:{{ work }}</p>

  <h3>多选下拉列表</h3>
  <select v-model="websites" multiple >
    <option value="javathinker.net">JavaThinker</option>
    <option value="csdn.com">CSDN</option>
    <option value="51cto.com">51CTO</option>
  </select>
```

```
    <p>您喜欢的技术网站包括:{{websites.length===0 ?'' : websites}} </p>

</div>

<script>
  const vm=Vue.createApp({
    data(){
      return{
        work: '',
        websites: []
      }
    }
  }).mount('#app')
</script>
```

通过浏览器访问 select.html,会得到如图 4-5 所示的网页。如果在网页的单选下拉列表中选择"前端开发",那么 work 变量的值为"前端开发";如果在网页的多选下拉列表中同时选择 JavaThinker 和 CSDN,那么 websites 数组变量的取值为["javathinker.net", "csdn.com"]。

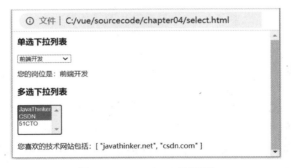

图 4-5　select.html 的网页

对于下拉列表中嵌套的<option>元素的 value 属性,还可以用 v-bind 指令绑定一个变量。例程 4-8 能够生成与例程 4-7 同样的多选下拉列表。select-value.html 通过 v-for 指令遍历 options 数组,生成多个<option>元素,<option>元素的 value 属性与 options 数组中元素的 option.value 绑定。

例程 4-8　select-value.html

```
<div id="app">
  <h3>多选下拉列表</h3>
  <select v-model="websites" multiple>
    <option v-for="option in options" :value="option.value">
      {{ option.text }}
    </option>
  </select>
  <p>您喜欢的技术网站包括:{{websites.length===0 ?'' : websites}} </p>
</div>
```

```
<script>
  const vm=Vue.createApp({
    data(){
      return{
        websites:[],
        options:[
          {text: 'JavaThinker', value: 'javathinker.net'},
          {text: 'CSDN', value: 'csdn.com'},
          {text: '51CTO', value: '51cto.com'}
        ]
      }
    }
  }).mount('#app')
</script>
```

4.5　把对象与表单绑定

本节将介绍一个综合的范例,把一个 user 对象和用于注册用户的表单绑定,例程 4-9 是范例的源代码。

例程 4-9　register.html

```
<div id="app">
  <form>
    <table border="0">
      <tr>
        <td>用户名:</td>
        <td>
          <input type="text" v-model="user.username"/>
        </td>
      </tr>
      <tr>
        <td>密码:</td>
        <td>
          <input type="password" v-model="user.password" />
        </td>
      </tr>
      <tr>
        <td>性别:</td>
        <td>
          <input type="radio" value="1" v-model="user.gender"/>男
          <input type="radio" value="0" v-model="user.gender" />女
        </td>
      </tr>
      <tr>
        <td>EMail:</td>
        <td>
          <input type="text" v-model="user.email"/>
```

```html
          </td>
        </tr>

        <tr>
          <td>
            <input type="submit" value="注册"
                @click.prevent="register" />
          </td>
          <td><input type="reset" value="重填"
                @click.prevent="clear" />
          </td>
        </tr>
      </table>
    </form>
    {{user}}
  </div>

  <script>
    const vm=Vue.createApp({
      data(){
        return{
          user : {
            username: '',
            password: '',
            gender: '',
            email: ''
          }
        }
      },
      methods: {
        register(){
          //向服务器发送 this.user 对象
          //…
          console.log(this.user)
        },
        clear(){
          this.user.username=''
          this.user.password=''
          this.user.gender=''
          this.user.email=''
        }
      }
    }).mount('#app')
  </script>
```

register.html 的表单的各个数据框分别与 user 对象的 username、password、gender 和 email 属性绑定。通过浏览器访问 register.html，会得到如图 4-6 所示的网页。

在 register.html 的网页上提交表单，Vue 框架会调用 register() 方法，代码如下：

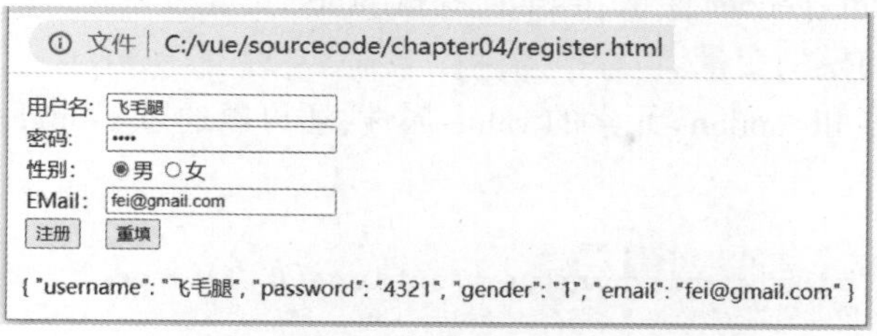

图 4-6　register.html 的网页

```
<input type="submit" value="注册"
                @click.prevent="register" />
```

以上@click.prevent 是 v-on 指令的简写形式,".prevent"修饰符用来阻止默认的提交表单的行为。

在实际运用中,register()方法会向后端服务器发送 user 对象的数据,第 13 章会介绍向服务器发送数据的方法。

4.6　小结

本章介绍了通过 v-model 指令把模型变量与表单中的文本域、单选按钮、复选框和下拉列表绑定的方法,以下代码对此做了归纳:

```
<!-- 把文本域和 message 变量绑定 -->
<textarea v-model="message" rows="3" cols="40"></textarea>

<!-- 把单选按钮与 gender 变量绑定 -->
<input type="radio" value="1" v-model="gender"/>

<!-- 把复选框与 lessons 数组变量绑定 -->
<input type="checkbox" value="唱歌" v-model="lessons"/>

<!-- 把单选下拉列表与 work 变量绑定 -->
<select v-model="work">
  <option disabled value="">请选择您的岗位</option>
  <option>前端开发</option>
  <option>后端开发</option>
  <option>测试</option>
  <option>分析设计</option>
</select>

<!-- 把多选下拉列表与 websites 数组变量绑定 -->
<select v-model="websites" multiple>
  <option value="javathinker.net">JavaThinker</option>
  <option value="csdn.com">CSDN</option>
  <option value="51cto.com">51CTO</option>
</select>
```

以上 message 变量、gender 变量、lessons 变量、work 变量和 websites 变量都是在 Vue 组件的 data 选项中定义的模型变量。

对于 <input> 元素和 <option> 元素的 value 属性，还可以通过 v-bind 指令绑定一个模型变量，例如：

```
<input type="radio" v-bind:value="options[0]" v-model="gender" />
<!-- 简写为：-->
<input type="radio" :value="options[0]" v-model="gender" />

<select v-model="websites" multiple>
  <option v-for="option in options" :value="option.value">
    {{ option.text }}
  </option>
</select>
```

4.7 思考题

1. 以下代码包含一个单选按钮：

```
<input type="radio" value="A" v-model="grade"/>
<label>优秀</label>
```

当用户在网页上选择了该单选按钮，grade 变量的取值是（　　）。（单选）

  A. 'A'   B. true   C. 优秀   D. ''

2. 表单的（　　）数据框允许用户选择多个选项。（多选）

  A. 单选按钮 B. 复选框 C. 下拉列表 D. 文本域

3. 在 Vue 组件的 data 选项中，options 数组变量和 option 变量的定义如下：

```
options:[ 'JavaThinker', 'CSDN', '51CTO'],
option: 'JavaThinker'
```

以下代码会把复选框的 value 属性的值设为 JavaThinker 的是（　　）。（多选）

  A.

```
<input type="checkbox" v-bind:value="options[0]" v-model="websites" />
```

  B.

```
<input type="checkbox" :value="options[0]" v-model="websites" />
```

  C.

```
<input type="checkbox" :value="option" v-model="websites" />
```

D.
```
<input type="checkbox" value="JavaThinker" v-model="websites" />
```

4. 对于以下代码:

```
<select v-model="colors" multiple>
  <option value="红色">red</option>
  <option value="蓝色">blue</option>
</select>
```

以下说法正确的是(　　)。(多选)

  A. colors 变量是一个数组变量
  B. 这是支持多项选择的下拉列表
  C. 当用户选择下拉列表的第 1 个选项,colors 变量会增加取值为 red 的元素
  D. 当用户选择下拉列表的第 1 个选项,colors 变量会增加取值为"红色"的元素

第5章

绑定CSS样式

视频讲解

CSS 样式用来决定网页的外观。DOM 元素的 class 属性和 style 属性都用于设定 CSS 样式。例如，以下<div>元素的 class 属性设定字体为红色：

```
<style>
  .redtext {color: red}
</style>

<div class="redtext">Hello</div>
```

以下<div>元素的 style 属性设定字体为红色：

```
<div style="color: red">Hello</div>
```

以上<div>元素的 class 属性和 style 属性的取值是固定的。如果希望设置动态值，那么可以通过 Vue 的 v-bind 指令为 class 属性或 style 属性绑定一个动态值。本章介绍为 DOM 元素动态绑定 CSS 样式的方法。

5.1 绑定 class 属性

DOM 元素的 class 属性用来设定一个样式类型。在例程 5-1 中，定义了 static、redtext 和 bluetext 3 个样式类型。<div>元素的 class 属性包含了 static 和 redtext 这两个样式类型。

例程 5-1　original.html

```
<style>
  .static{
```

```
      width: 100px;
      height: 50px;
      text-align: center;
      background: yellow
    }
   .redtext {color: red}
   .bluetext{color: blue}
</style>

<div id="app">
  <div class="static redtext">Hello</div>
</div>
```

通过浏览器访问 original.html，会看到网页上有一个黄色的矩形框，矩形框中有一个红色的字符串 Hello。static 样式类型设定了<div>元素的大小和背景色，redtext 样式类型设定了字符串 Hello 的颜色。

如果希望能动态改变网页上字符串 Hello 的颜色，可以用 v-bind 指令把<div>元素的 class 属性与一个对象绑定。例如，以下 class 属性的值是一个对象{redtext: true}：

```
<div v-bind:class="{redtext: true}">Hello</div>
<!-- 简写为:-->
<div :class="{redtext: true}">Hello</div>
```

v-bind 指令对<div>元素的渲染结果为：

```
<div class="redtext">Hello</div>
```

以下 class 属性的值为一个对象{redtext: false}：

```
<div :class="{redtext: false}">Hello</div>
```

v-bind 指令对<div>元素的渲染结果为：

```
<div>Hello</div>
```

由此可见，v-bind 指令可以动态控制是否使用特定的样式类型。在例程 5-2 中，v-bind 指令把 class 属性与一个对象{redtext: isActive}绑定。isActive 是一个变量，网页上的"切换字体颜色"按钮使 isActive 变量的值在 true 和 false 之间切换。

例程 5-2　redtext.html

```
<div id="app">
  <div class="static" :class="{ redtext: isActive }">Hello</div>
  <button v-on:click="isActive=! isActive">切换字体颜色</button>
</div>

<script>
```

```
  const vm=Vue.createApp({
    data(){
      return { isActive: false }
    }
  }).mount('#app')
</script>
```

通过浏览器访问 redtext.html，会得到如图 5-1 所示的网页。

图 5-1　redtext.html 的网页

一开始，isActive 变量的值为初始值 false。从图 5-1 可以看出，v-bind 指令对 <div> 元素的渲染结果为：

```
<div class="static">Hello</div>
```

在 redtext.html 的网页上单击"切换字体颜色"按钮，isActive 变量的值变为 true，这时网页上 Hello 字符串变成红色。v-bind 指令对 <div> 元素的渲染结果为：

```
<div class="static redtext">Hello</div>
```

在例程 5-3 中，v-bind 指令为 <div> 元素的 class 属性绑定的对象为 { redtext：isActive，bluetext：!isActive }。当 isActive 变量的值为 true，<div> 元素的 class 属性的渲染结果为 static redtext；当 isActive 变量的值为 false，<div> 元素的 class 属性的渲染结果为 static bluetext。

例程 5-3　redbluetext.html

```
<div id="app">
  <div class="static"
       :class="{ redtext: isActive,bluetext: ! isActive }">
    Hello
  </div>
  <button v-on:click="isActive=! isActive">切换字体颜色</button>
</div>

<script>
  const vm=Vue.createApp({
```

```
    data(){
      return {
        isActive: false
      }
    }
  }).mount('#app')
</script>
```

在 redbluetext.html 的网页上多次单击"切换字体颜色"按钮,会看到网页上的字符串 Hello 的颜色在红色与蓝色之间多次切换。

5.1.1 绑定对象类型的变量

如果与 DOM 元素的 class 属性绑定的对象很复杂,会影响组件的模板代码的可读性。为了简化模板代码,可以在组件的 data 选项中定义一个对象类型的变量,再把 DOM 元素的 class 属性与这个变量绑定。在例程 5-4 中,<div>元素的 class 属性与 textColor 变量绑定。

例程 5-4　classobject.html

```
<div id="app">
  <div class="static" :class="textColor">Hello</div>
</div>

<script>
  const vm=Vue.createApp({
    data(){
      return {
        textColor: { redtext: true, bluetext: false }
      }
    }
  }).mount('#app')
</script>
```

只要改变 textColor 变量,就能改变模板中<div class="static" : class="textColor" >元素的样式。

5.1.2 绑定计算属性

如果把 DOM 元素的 class 属性与一个计算属性绑定,就可以在计算属性的 get 函数中执行一些逻辑运算,从而动态改变 class 属性的取值。在例程 5-5 中,<div>元素的 class 属性与 textColor 计算属性绑定。

例程 5-5　classcomputed.html

```
<div id="app">
  <div class="static" :class="textColor">Hello</div>
```

```
    <button v-on:click="isActive=! isActive">
      切换字体颜色
    </button>
</div>

<script>
  const vm=Vue.createApp({
    data(){
      return {
        isActive: false
      }
    },
    computed:{              //计算属性
      textColor(){
        return {redtext:this.isActive,bluetext:! this.isActive }
      }
    }
  }).mount('#app')
</script>
```

在 classcomputed.html 的网页上多次单击"切换字体颜色"按钮,会看到网页上的字符串 Hello 的颜色在红色与蓝色之间多次切换。

5.1.3 绑定数组

还可以把 DOM 元素的 class 属性与一个数组绑定,从而把多个样式类型赋值给 class 属性。在例程 5-6 中,<div>元素的 class 属性与数组[staticClass,redClass]绑定,这样,<div>元素就同时具有 static 样式类型和 redtext 样式类型。

例程 5-6 classarray.html

```
<div id="app">
  <div :class="[staticClass,redClass]">Hello</div>
</div>

<script>
  const vm=Vue.createApp({
    data(){
      return {
        staticClass: 'static',
        redClass: 'redtext'
      }
    }
  }).mount('#app')
</script>
```

在例程 5-7 中,通过"?:"三元表达式决定是否使用 redClass 变量指定的样式。

例程 5-7　dynamicarray.html

```html
<div id="app">
  <div :class="[staticClass, isActive ?redClass : '']">Hello</div>
  <!--
  <div :class="[staticClass, {redtext:isActive} ]">Hello</div>
  -->
  <button v-on:click="isActive=! isActive">切换字体颜色</button>
</div>

<script>
  const vm=Vue.createApp({
    data(){
      return {
        isActive: false,
        staticClass: 'static',
        redClass: 'redtext'
      }
    }
  }).mount('#app')
</script>
```

如果与 class 属性绑定的数组中包含多个三元表达式，会使得代码比较臃肿，为了简化代码，可以用 5.1.1 节介绍的{样式类型名：true|false}对象替代三元表达式。例如，可以把 dynamicarray.html 中的<div>元素改写为：

```html
<div :class="[staticClass, {redtext:isActive}]">Hello</div>
```

当 isActive 变量为 true，class 属性就会包含 redtext 样式类型；当 isActive 变量为 false，class 属性就不会包含 redtext 样式类型。

5.1.4　为 Vue 组件绑定 CSS 样式

Vue 组件也具有 class 属性。在例程 5-8 中，定义了一个 item 组件。在 item 组件的模板中，<div>元素的 class 属性的值为 static。

例程 5-8　component.html

```html
<div id="app">
  <item class="redtext"></item>
  <item :class="{bluetext: isActive}"></item>
</div>

<script>
  const app=Vue.createApp({
    data(){
      return { isActive: true }
    }
```

```
  })
  app.component('item',{
    template:'<div class="static">Hello</div> '        //item组件的模板
  })
  app.mount('#app')
</script>
```

在 component.html 的根组件的模板中,加入了两个 item 组件,它们都设置了 class 属性,如:

```
<div id="app">
  <item class="redtext"></item>
  <item :class="{bluetext: isActive}"></item>
</div>
```

对于第一个 item 组件,其模板的渲染结果为:

```
<div class="static redtext">Hello</div>
```

对于第二个 item 组件,通过 v-bind 指令把 class 属性与{bluetext: isActive}对象绑定,isActive 变量的值为 true。item 组件的模板的渲染结果为:

```
<div class="static bluetext">Hello</div>
```

5.2 绑定 style 属性

DOM 元素的 style 属性可以直接指定具体的 CSS 样式。例如在以下代码中,<div>元素的 style 属性指定网页上 Hello 字符串的颜色为红色,字体大小为 17px:

```
<div style="color: red ; fontSize: 17px ">Hello</div>
```

如果通过 v-bind 指令把 style 属性绑定到一个对象,就可以动态改变 style 属性的值。以下代码把 style 属性与对象{color: redColor,fontSize: size+'px' }绑定:

```
<div v-bind:style="{ color: redColor, fontSize: size+'px' }">
  Hello
</div>

<!-- 简写为 -->
<div :style="{ color: redColor,fontSize: size+'px' }">
  Hello
</div>
```

只要改变 size 变量的大小,就能改变网页上 Hello 字符串的字体大小。

在例程 5-9 中，size 变量的大小可通过单击"字体变大"按钮改变。

例程 5-9　stylebind.html

```
<div id="app">
  <div :style="{ color: redColor,fontSize: size+'px' }">
    Hello
  </div>
  <button v-on:click="size++">字体变大</button>
</div>

<script>
  const vm=Vue.createApp({
    data(){
      return {
        redColor: 'red',
        size:17
      }
    }
  }).mount('#app')
</script>
```

通过浏览器访问 stylebind.html，会得到如图 5-2 所示的网页。单击网页上的"字体变大"按钮，会看到网页上的 Hello 字符串的字体不断变大。

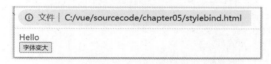

图 5-2　stylebind.html 的网页

5.2.1　绑定对象类型的变量

如果与 DOM 元素的 style 属性绑定的对象很复杂，会影响模板代码的可读性。为了简化模板代码，可以在 Vue 组件的 data 选项中定义一个对象类型的变量，再把 DOM 元素的 style 属性与这个变量绑定。在例程 5-10 中，<div>元素的 style 属性与 styleObject 变量绑定。

例程 5-10　styleobject.html

```
<div id="app">
  <div :style="styleObject">Hello</div>
</div>

<script>
  const vm=Vue.createApp({
    data(){
      return {
        styleObject: { color: 'red',fontSize: '17px' }
```

```
      }
    }
  }).mount('#app')
</script>
```

只要改变 styleObject 变量,就能改变模板中<div : style = "styleObject">元素的样式。

5.2.2 绑定数组

还可以把 DOM 元素的 style 属性与一个数组绑定,从而把多个样式赋值给 style 属性。在例程 5-11 中,<div>元素的 style 属性与数组[staticStyle,redStyle]绑定,这样,<div>元素就同时具有 staticStyle 变量和 redStyle 变量指定的样式。

例程 5-11　stylearray.html

```
<div id="app">
  <div :style="[staticStyle, redStyle]">Hello</div>
</div>

<script>
  const vm=Vue.createApp({
    data(){
      return {
        staticStyle: {
          width:'100px',
          height:'50px',
          textAlign:'center',
          background: 'yellow'
        },
        redStyle: { color: 'red' }
      }
    }
  }).mount('#app')
</script>
```

5.2.3 与浏览器兼容

由于每个浏览器对 CSS 样式的支持程度不一样,因此一个 HTML 文档的 CSS 样式可能不被所有的浏览器兼容。v-bind 指令会识别各个浏览器对 CSS 样式的支持细节,确保 HTML 文档的 CSS 样式能够被当前浏览器正确解析。

v-bind 指令为 CSS 样式的兼容主要做了以下两方面的工作。

1. 自动添加前缀

随着 CSS 样式不断升级,有些新出现的样式属性不被所有浏览器支持。例如,新出现的 transform 样式属性用于对 DOM 元素进行旋转、缩放和移动等。针对不同的浏览器,需要为该属性添加相应的内核引擎前缀,从而使浏览器支持该属性。在浏览器 IE9 中,该属性添加前缀后变为-ms-transform;在浏览器 Safari 和 Chrome 的一些版本中,该属性添加前缀后变为-webkit-transform。随着浏览器本身的升级换代,前缀的名称也可能会发生变化。v-bind 指令能够根据当前使用的浏览器自动为 transform 属性添加前缀,保证当前浏览器正确解析 transform 属性。

2. 自动选择合适的样式属性值

同一个样式属性在不同的浏览器中可能有不同的取值。v-bind 指令允许把一个数组赋值给样式属性,v-bind 指令会自动从数组中选择适合当前浏览器的属性值,把它赋值给样式属性。例程 5-12 演示了 v-bind 指令为了确保 CSS 样式与浏览器兼容所做的工作。

例程 5-12 styleprefix.html

```
<div id="app">
  <div :style="styleObject">Hello</div>
  <div :style="{display:['-webkit-box','-ms-flexbox','flex']}">
    Welcome
  </div>
</div>

<script>
  const vm=Vue.createApp({
    data(){
      return {
        styleObject: {
          transform: 'rotate(45deg)',
          width: '100px',
          height: '50px',
          margin: '50px',
          textAlign: 'center',
          background: 'yellow'
        }
      }
    }
  }).mount('#app')
</script>
```

在 styleprefix.html 中,以下<div>元素的 style 属性与 styleObject 变量绑定:

```
<div :style="styleObject">Hello</div>
```

在 styleObject 变量中设定了 transform 样式属性,代码如下:

```
transform: 'rotate(45deg)'              //旋转 45 度
```

v-bind 指令会依据当前浏览器的类型,自动为 transform 样式属性添加相应的前缀,确保当前浏览器能正确解析 transform 样式属性。

以下<div>元素的 style 属性中设定了 display 样式属性,它的值是一个数组:

```
<div :style="{display:['-webkit-box','-ms-flexbox','flex']}">
```

v-bind 指令会从数组中选择被当前浏览器支持的最后一个元素。例如，假定当前浏览器支持 display 属性的值为-webkit-box 和 flex，那么以上<div>元素的渲染结果为：

```
<div style="display: flex;">
```

通过 Chrome 浏览器访问 styleprefix.html，会得到如图 5-3 所示的网页。

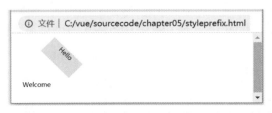

图 5-3　styleprefix.html 的网页

从图 5-3 可以看出，Chrome 浏览器会正确解析 styleprefix.html 的 CSS 样式。

5.3　范例：变换表格奇偶行的样式

对于 HTML 表格，为了制造醒目的视觉效果，可以用不同的颜色标识特定行，如用不同的颜色标识奇数行和偶数行。以下代码通过 v-bind 指令把<tr>元素的 class 属性与对象{markline : index % 2 !== 0}绑定：

```
<tr v-for="(book, index) in books"
        :class="{markline : index % 2 !== 0}">
 ...
</tr>
```

当 index 变量为偶数，index % 2 !== 0 的值为 false，markline 样式不会被添加到 class 属性中；当 index 变量为奇数，index % 2 !== 0 的值为 true，markline 样式会被添加到 class 属性中。表格中第一行的 index 变量值为 0。

例程 5-13 按照上述方式用不同的颜色标识表格中的奇数行与偶数行。

例程 5-13　books.html

```
<style>
  table {
    border: 1px solid black;
    width: 100%;
  }
  th { height: 50px; }
  th, td {
    border-bottom: 1px solid #ddd;
    text-align: center;
```

```
    }
    .markline {
      background-color: #FFCC66;
    }
  </style>

  <div id = "app">
    <table>
      <tr>
        <th>序号</th> <th>书名</th> <th>作者</th> <th>出版社</th>
      </tr>
      <tr v-for="(book, index) in books"
            :class="{markline : index % 2 !== 0}">
        <td>{{ index+1 }}</td>
        <td>{{ book.title }}</td>
        <td>{{ book.author }}</td>
        <td>{{ book.publisher }}</td>
      </tr>
    </table>
  </div>

  <script>
    const vm=Vue.createApp({
      data(){
        return {
          books: [
            { title: '《精通 Vue.js:Web 前端开发技术详解》',
              author: '孙卫琴',
              publisher: '清华大学出版社'},
            { title: '《精通 Spring:Java Web 开发技术详解》',
              author: '孙卫琴',
              publisher: '清华大学出版社'},
            …
          ]
        }
      }
    }).mount('#app')
  </script>
```

通过浏览器访问 books. html，会得到如图 5-4 所示的网页。

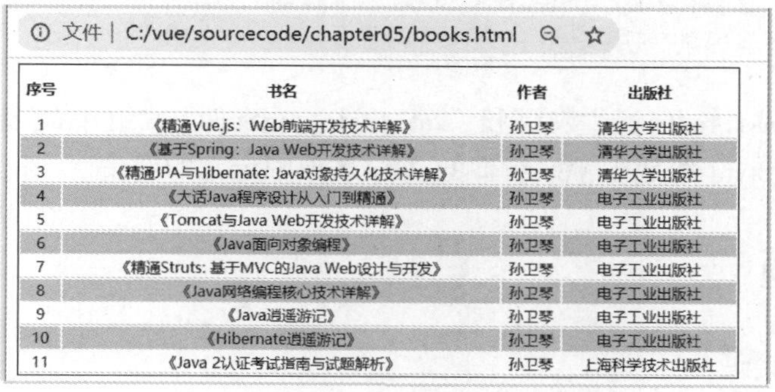

ⓘ 文件 | C:/vue/sourcecode/chapter05/books.html

序号	书名	作者	出版社
1	《精通Vue.js：Web前端开发技术详解》	孙卫琴	清华大学出版社
2	《基于Spring：Java Web开发技术详解》	孙卫琴	清华大学出版社
3	《精通JPA与Hibernate: Java对象持久化技术详解》	孙卫琴	清华大学出版社
4	《大话Java程序设计从入门到精通》	孙卫琴	电子工业出版社
5	《Tomcat与Java Web开发技术详解》	孙卫琴	电子工业出版社
6	《Java面向对象编程》	孙卫琴	电子工业出版社
7	《精通Struts: 基于MVC的Java Web设计与开发》	孙卫琴	电子工业出版社
8	《Java网络编程核心技术详解》	孙卫琴	电子工业出版社
9	《Java逍遥游记》	孙卫琴	电子工业出版社
10	《Hibernate逍遥游记》	孙卫琴	电子工业出版社
11	《Java 2认证考试指南与试题解析》	孙卫琴	上海科学技术出版社

图 5-4 books. html 的网页

5.4 小结

本章介绍了通过 v-bind 指令为 DOM 元素动态绑定 CSS 样式的方法。v-bind 指令可以把 DOM 元素的 class 属性或 style 属性与一个对象绑定，例如：

```
<div v-bind:class="{redtext: true}">Hello</div>
<!-- 简写为：-->
<div :class="{redtext: true}">Hello</div>

<div v-bind:style="{color: redColor}">Hello</div>
<!-- 简写为：-->
<div :style="{color: redColor}">
```

以上{redtext: true}和{color: redColor}都是对象。如果要绑定的对象比较复杂，为了简化模板代码，可以在 Vue 组件的 data 选项中定义一个对象类型的变量，然后把 DOM 元素的 class 属性或 style 属性与这个变量绑定。例如，以下代码把 class 属性和 style 属性分别和 textColor 变量和 styleObject 变量绑定：

```
<div :class="textColor" >Hello</div>
<div :style="styleObject">Hello</div>

//textColor 和 styleObject 变量在 Vue 组件的 data 选项中定义
data(){
  return {
    textColor: { redtext: true, bluetext: false },
    styleObject: { color: 'red', fontSize: '17px' }
  }
}
```

还可以把一个数组与 class 属性或 style 属性绑定，这样就能包含多个样式。例如，以下 class 属性和 style 属性都与数组绑定：

```
<div :class="[staticClass,redClass]">Hello</div>
<div :style="[staticStyle,redStyle]">Hello</div>
```

以上[staticClass, redClass]数组和[staticStyle, redStyle]数组中的 staticClass、redClass、staticStyle 以及 redStyle 都是在 Vue 组件的 data 选项中定义的变量。

5.5 思考题

1. 对于以下代码：

```
<div :class ="{redtext: true}">Hello</div>
```

:class 使用了(　　)指令的缩写形式。(单选)
   A. v-model   B. v-bind   C. v-on   D. v-show
2. 对于以下代码：

```
<style>
  .static{
    text-align: center;
    background: yellow
  }
  .redtext {color: red}
</style>

<div class="static" :class="{redtext: isActive}">Hello</div>
```

当 isActive 变量为 true，<div>元素的 class 属性的渲染结果是(　　)。(单选)
   A. static   B. redtext
   C. static redtext：true   D. static redtext

3. textStyle 变量的定义如下：

```
<script>
  const vm=Vue.createApp({
    data(){
      return {
        textStyle: { color: 'red' }
      }
    }
  }).mount('#app')
</script>
```

以下选项(　　)会在网页上用红色字体显示字符串 Hello。(多选)
   A. <div :style="textStyle">Hello</div>
   B. <div :style="{textStyle：true}">Hello</div>
   C. <div :style="[textStyle]">Hello</div>
   D. <div :class="{textStyle：true}">Hello</div>

4. bluetext 样式的定义如下：

```
<style>
  .bluetext {color: blue}
</style>
```

以下选项(　　)会在网页上用蓝色字体显示字符串 Hello。(多选)
   A. <div :style="bluetext">Hello</div>
   B. <div class="bluetext">Hello</div>
   C. <div :class="[bluetext]">Hello</div>
   D. <div :class="{bluetext：true}">Hello</div>

5. 对于以下代码：

```
<style>
  .redtext {color: red}
</style>

<div id="app">
  <li v-for="n in 4" :class="{redtext: n<=2}">{{n}}</li>
</div>
```

在网页上会看到(　　)。(多选)

  A. 网页上输出数字 1、2、3、4

  B. 所有的数字为黑色字体

  C. 所有的数字为红色字体

  D. 数字 1 和 2 为红色字体

第6章 CSS过渡和动画

PPT 中的组件(如文本框等)有多种进入或退出页面的方式,图 6-1 是 PowerPoint 软件为组件提供的一些过渡效果。

视频讲解

图 6-1 PowerPoint 软件为组件提供的过渡效果

这些过渡效果为 PPT 的组件增添了魅力,让观者的印象更加深刻。

网页是直接与用户交互的界面,为了产生引人注目的视觉效果,也可以在网页中加入 CSS 过渡以及动画。Vue 提供了一个<transition>组件,它为包裹的 DOM 元素制造过渡或动画效果。

DOM 元素的过渡过程发生在以下两个阶段。

(1) 在网页上从无到有地显示 DOM 元素的阶段,本书把这个阶段称作显示过渡阶段。

(2) 在网页上从有到无地隐藏 DOM 元素的阶段,本书把这个阶段称作隐藏过渡阶段。

本章将详细介绍<transition>组件的用法。<transition>组件依赖 CSS 中的过渡和动画样式属性,参见表 6-1。

表 6-1 CSS 中的过渡和动画样式属性

过渡和动画样式属性	说 明
opacity	设置 DOM 元素的透明度,取值为 0~1。0 为不可见,1 为可见,0 到 1 之间的数值为部分透明
transform	设置 DOM 元素的水平或垂直方向移动的距离、旋转角度,以及放大或缩小的比例等
animation	设置动画效果,包括动画时间,以及动画中关键帧的 CSS 样式等

续表

过渡和动画样式属性	说明
transition	设置过渡效果，包括过渡时间和过渡速度等。例如，transition: all 3s linear; 表示过渡时间为 3s，速度为 linear，all 表示所有的 CSS 属性（如透明度、大小、旋转角度和位置等）都参与过渡; transition: 5s ease; 表示过渡时间为 5s，速度为 ease。linear 表示匀速过渡; ease 表示先由慢到快，再由快到慢直到过渡结束

6.1 CSS 过渡

<transition>组件根据 CSS 过渡样式类型来为包裹的 DOM 元素提供过渡效果，表 6-2 列出了默认情况下<transition>组件的 CSS 过渡样式类型。

表 6-2 默认情况下<transition>组件使用的 CSS 过渡样式类型

CSS 过渡样式类型	说明
v-enter-from	指定 DOM 元素在显示过渡阶段开始时的样式
v-enter-active	指定 DOM 元素在显示过渡阶段的过渡效果，包括过渡时间和过渡速度等
v-enter-to	指定 DOM 元素在显示过渡阶段结束时的样式
v-leave-from	指定 DOM 元素在隐藏过渡阶段开始时的样式
v-leave-active	指定 DOM 元素在隐藏过渡阶段的过渡效果，包括过渡时间和过渡速度等
v-leave-to	指定 DOM 元素在隐藏过渡阶段结束时的样式

例程 6-1 演示了<transition>组件的基本用法。<transition>组件包裹了一个<div>元素，v-show 指令会决定显示或隐藏这个 DOM 元素。网页上的"显示/隐藏"按钮通过改变 isShow 变量的取值控制 v-show 指令显示或隐藏<div>元素。当 v-show 指令显示或隐藏<div>元素时，<transition>组件就会为<div>元素制造过渡效果。除了使用 v-show 指令，还可以用 v-if 指令显示或隐藏<div>元素，如：

```
<div class="redbox" v-show="isShow"></div>
```

或者：

```
<div class="redbox" v-if="isShow"></div>
```

例程 6-1 basic.html

```
<style>
  .redbox {
    width: 100px;
    height: 100px;
    background-color: red;
  }

  /* 默认的过渡样式类型 */
```

```css
.v-enter-from {
  opacity: 0;
}
.v-enter-active {
  transition: 3s linear;
}
.v-enter-to {
  opacity: 1;
}

.v-leave-from {
  opacity: 1;
}
.v-leave-active {
  transition: 5s linear;
}
.v-leave-to {
  opacity: 0;
}
</style>

<div id="app">
  <button @click="isShow=! isShow">显示/隐藏</button>
  <hr/>
  <transition>
    <div class="redbox" v-show="isShow"></div>
  </transition>
</div>

<script>
  const vm = Vue.createApp({
    data() {
      return {isShow: true}
    }
  }).mount('#app')
</script>
```

如图6-2所示, basic.html 中的 v-enter-from 等过渡样式类型表明：在<div>元素的显示过渡阶段,透明度由0过渡到1,匀速过渡,过渡时间为3s；在<div>元素的隐藏过渡阶段,透明度由1过渡到0,匀速过渡,过渡时间为5s。

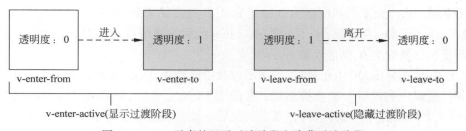

图6-2 <div>元素的显示过渡阶段和隐藏过渡阶段

从图 6-2 可以看出，显示过渡阶段从 v-enter-from 开始，到 v-enter-to 结束；隐藏过渡阶段从 v-leave-from 开始，到 v-leave-to 结束。

通过浏览器访问 basic.html，会得到如图 6-3 所示的网页。在网页上第 1 次单击"显示/隐藏"按钮，会看到网页上红色矩形框的透明度由深到浅过渡，逐渐消失；第 2 次单击"显示/隐藏"按钮，会看到网页上红色矩形框的透明度由浅到深过渡，逐渐显现。

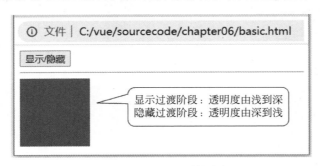

图 6-3　basic.html 的网页

在显示过渡阶段，如果过渡结束时的样式和正常显示 DOM 元素的样式相同，那么可以省略设置 v-enter-to 样式类型属性；在隐藏过渡阶段，如果过渡开始时的样式就是正常显示 DOM 元素的样式，那么可以省略设置 v-leave-from 样式类型属性。例如，如果删除 basic.html 中的 v-enter-to 样式类型属性以及 v-leave-from 样式类型属性，会看到<div>元素具有同样的过渡效果。

在过渡过程中，后一帧画面出现，前一帧画面就会被删除，因此过渡中的每一帧画面不会叠加到一起。过渡阶段的最后一帧画面的样式由 v-enter-to 样式类型属性或 v-leave-to 样式类型属性决定。对 basic.html 做如下修改，把 v-enter-to 样式类型属性和 v-leave-to 样式类型属性的透明度都改为 0.5：

```
.v-enter-to {
  opacity: 0.5;
}

.v-leave-to {
  opacity: 0.5;
}
```

再次通过浏览器访问 basic.html，在网页上多次单击"显示/隐藏"按钮，会看到在显示<div>元素时，<div>元素的透明度由 0 过渡到 0.5，过渡结束后，透明度再突然变为 1，从而正常显示<div>元素；在隐藏<div>元素时，<div>元素的透明度由 1 过渡到 0.5，过渡结束后，透明度再突然变为 0，彻底隐藏<div>元素。

由此可见，在显示 DOM 元素时，当显示过渡阶段结束，DOM 元素会在网页上正常显示，与此同时，过渡中的最后一帧会被删除；在隐藏 DOM 元素时，当隐藏过渡阶段结束，DOM 元素在网页上彻底消失，与此同时，过渡中的最后一帧会被删除。为了让过渡效果比较平滑，通常会保证显示过渡结束时的样式与正常显示的样式相同，隐藏过渡结束时透明度变为 0。

6.1.1 为<transition>组件设定名字

假定模板中有多个<transition>组件,它们具有不同的过渡样式,为了便于为每个<transition>组件设置特定的过渡样式,可以为<transition>组件设定一个名字,代码如下:

```
<style>
  .xxx-enter-from {…}
  .xxx-enter-active {…}
  .xxx-enter-to {…}
  .xxx-leave-from {…}
  .xxx-leave-active {…}
  .xxx-leave-to {…}
</style>

<transition name="xxx">
  <div class="redbox" v-show="isShow"></div>
</transition>
```

以上<transition>组件的名字为 xxx,那么 xxx-enter-from 等样式类型就是这个<transition>组件的过渡样式类型。

例程 6-2 定义了一个名为 special 的<transition>组件,special-enter-from 等样式类型是该组件的过渡样式类型。

例程 6-2　special.html

```
<style>
  .redbox {
    width: 100px;
    height: 100px;
    background-color: red;
  }

  /* 特定过渡样式类型 */
  .special-enter-from,.special-leave-to {
    opacity: 0;
    /* 垂直方向移动 300px,大小为 0 倍 */
    transform: translateY(300px) scale(0);
  }
  .special-enter-active,.special-leave-active {
    transition: 3s; /* 过渡时间为 3s */
  }
  .special-enter-to,.special-leave-from {
    opacity: 1;
    /* 垂直方向移动 0px,大小为 1 倍 */
    transform: translateY(0) scale(1);
  }
</style>
```

```html
<div id="app">
  <button @click="isShow=! isShow">显示/隐藏</button>
  <hr/>
  <transition name="special" >
    <div class="redbox" v-if="isShow"></div>
  </transition>
</div>

<script>
  const vm = Vue.createApp({
    data() {
      return {isShow: true}
    }
  }).mount('#app')
</script>
```

special.html 为需要过渡的<div>元素提供了丰富的过渡效果。在<div>元素的显示过渡阶段,透明度由 0 过渡到 1。位置由垂直坐标 300px 移动到 0px,形成由下至上的移动效果。大小由 0 倍过渡到 1 倍,形成了由小到大的放大效果。在<div>元素的隐藏过渡阶段,透明度由 1 过渡到 0。位置由垂直坐标 0px 移动到 300px,形成由上至下的移动效果。大小由 1 倍过渡到 0 倍,形成了由大到小的缩小效果。

图 6-4 展示了<div>元素的显示过渡阶段的过渡效果,直观地演示了过渡过程中<div>元素的透明度、位置和大小的变化。值得注意的是,在过渡中,<div>元素的帧画面不会叠加在一起,显示当前帧画面的时候,前一帧会被删除。

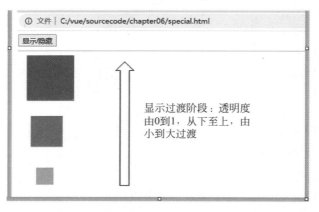

图 6-4 <div>元素的显示过渡阶段的过渡效果

6.1.2 为<transition>组件显式指定过渡样式类型

<transition>组件还具有 enter-from-class、enter-active-class、enter-to-class、leave-from-class、leave-active-class 和 leave-to-class 过渡样式类型属性,用于显式指定过渡样式类型。例程 6-3 产生的过渡效果与例程 6-2 相同,区别在于例程 6-3 使用了 enter-from-class 等过渡样式类型属性。

例程 6-3　specialclass.html 的主要代码

```
<style>
  /* 与例程 6-2 中的代码相同 */
  ...
</style>

<div id="app">
  <button @click="isShow=! isShow">显示/隐藏</button>
  <hr/>
  <transition
    enter-from-class="special-enter-from"
    enter-active-class="special-enter-active"
    enter-to-class="special-enter-to"
    leave-from-class="special-leave-from"
    leave-active-class="special-leave-active"
    leave-to-class="special-leave-to" >

    <div class="redbox" v-if="isShow"></div>
  </transition>
</div>

<script>
  const vm = Vue.createApp({
    data() {
      return {isShow: true}
    },
  }).mount('#app')
</script>
```

6.1.3　使用钩子函数和 Velocity 函数库

<transition>组件还允许通过 v-on 指令指定过渡钩子函数。表 6-3 列出了与 v-on 指令绑定的参数，它们用来设定在过渡的不同时机调用的过渡钩子函数。

表 6-3　与<transition>组件的 v-on 指令绑定的参数，用于指定过渡钩子函数

指定过渡钩子函数的 v-on 指令参数	钩子函数的调用时机
before-enter	显示过渡阶段开始时调用
enter	显示过渡阶段过程中调用
after-enter	显示过渡阶段结束时调用
enter-cancelled	显示过渡阶段取消时调用
before-leave	隐藏过渡阶段开始时调用
leave	隐藏过渡阶段过程中调用
after-leave	隐藏过渡阶段结束时调用
leave-cancelled	隐藏过渡阶段取消时调用

例程 6-4 使用了过渡钩子函数，这些函数都会通过 console.log( )方法向浏览器的控制

台输出一些日志。通过观察钩子函数输出日志的时机可以跟踪它们被调用的时机。usehook.html 使用了 Velocity 函数库中的 Velocity( )函数,该函数能够产生过渡或动画效果。

例程 6-4　usehook.html

```html
<script src="https://cdnjs.cloudflare.com/ajax
            /libs/velocity/1.2.3/velocity.min.js"></script>

<div id = "app">
  <button @click="isShow=!isShow">显示/隐藏</button>
  <hr/>
  <transition v-on:before-enter="beforeEnter"
              v-on:enter="enter"
              v-on:after-enter="afterEnter"
              v-on:enter-cancelled="enterCancelled"

              v-on:before-leave="beforeLeave"
              v-on:leave="leave"
              v-on:after-leave="afterLeave"
              v-on:leave-cancelled="leaveCancelled" >

    <div class="redbox" v-if="isShow"></div>
  </transition>
</div>

<script type = "text/javascript">
  const vm=Vue.createApp({
    data(){
      return {isShow: true}
    },
    methods: {
      beforeEnter(el) {        /* 显示过渡阶段开始时调用 */
        console.log('beforeEnter')
        el.style.opacity=0
      },
      enter(el, done) {        /* 显示过渡阶段过程中调用 */
        console.log('enter')
        //过渡时间为4s
        Velocity(el, { opacity: 1}, { duration: 4000 })
        //指定过渡结束时回调done()函数
        Velocity(el, { complete: done })
      },
      afterEnter(el) {         /* 显示过渡阶段结束时调用 */
        console.log('afterEnter')
      },
      enterCancelled(el) {     /* 显示过渡阶段被取消时调用 */
        console.log('enterCancelled')
      },
      beforeLeave(el) {        /* 隐藏过渡阶段开始时调用 */
        console.log('beforeLeave')
```

```
        el.style.opacity=1
      },
      leave(el, done) {          /*隐藏过渡阶段过程中调用 */
        console.log('leave')
        //过渡时间为 4s
        Velocity(el, { opacity: 0}, { duration: 4000 })
        //指定过渡结束时回调 done()函数
        Velocity(el, { complete: done })
      },
      afterLeave(el) {           /*隐藏过渡阶段结束时调用 */
        console.log('afterLeave')
      },
      leaveCancelled(el) {       /*隐藏过渡阶段被取消时调用 */
        console.log('leaveCancelled')
      }
    }
  }).mount('#app')
</script>
```

下面按照以下 4 个步骤访问 usehook.html，从而测试<transition>组件的过渡钩子函数的作用。

（1）通过浏览器访问 usehook.html，第 1 次单击网页上的"显示/隐藏"按钮，这时进入隐藏过渡阶段，网页上红色矩形框的透明度由深到浅过渡，直到消失。浏览器的控制台依次输出 beforeLeave leave afterLeave。由此可见，在隐藏过渡阶段，会依次调用 beforeLeave()方法、leave()方法和 afterLeave()方法。

leave()方法先通过调用 Velocity()函数设定过渡效果，指定<div>元素的透明度逐渐过渡到 0，过渡时间为 4s，代码如下：

```
Velocity(el, { opacity: 0}, { duration: 4000 })
```

接着通过调用 Velocity()函数指定过渡结束时回调 done()函数，代码如下：

```
//指定过渡结束时回调 done()函数
Velocity(el, { complete: done })
```

done()函数是 Vue 提供的函数。在 6.1.1 节中，过渡时间是在 CSS 的<style>元素中通过 transition 过渡样式属性来指定的，Vue 可以根据这个 transition 过渡样式属性获取过渡的确切时间。而当通过调用 Velocity()函数设定过渡效果时，Vue 无法获取过渡的确切时间，因此，需要由 Velocity()函数回调 Vue 提供的 done()函数通知 Vue 当前过渡已经结束，Vue 会接着调用 afterLeave()方法。

leave()方法中对 Velocity()函数的两次调用也可以简写为调用一次 Velocity()函数，代码如下：

```
Velocity(el, { opacity: 0}, { duration: 4000,complete:done })
```

（2）等到 usehook.html 网页上的红色矩形框消失后，再次单击网页上的"显示/隐藏"按钮，这时进入显示过渡阶段，网页上红色矩形框的透明度由浅到深过渡，直到完全显现。浏览器的控制台依次输出 beforeEnter enter afterEnter。由此可见，在显示过渡阶段，会依次调用 beforeEnter( )方法、enter( )方法和 afterEnter( )方法。

enter( )方法先通过调用 Velocity( )函数设定过渡效果，指定<div>元素的透明度逐渐过渡到 1，过渡时间为 4s，代码如下：

```
Velocity(el, { opacity: 1 }, { duration: 4000 })
```

接着通过调用 Velocity( )函数来指定过渡结束时回调 done( )函数，代码如下：

```
Velocity(el, { complete: done })
```

Velocity( )函数通过回调 Vue 提供的 done( )函数通知 Vue 当前过渡已经结束，Vue 会接着调用 afterEnter( )方法。

（3）再次通过浏览器重新访问 usehook.html。单击网页上的"显示/隐藏"按钮后，立刻再次单击该按钮，这时隐藏过渡阶段还没有正常结束，第二次单击按钮会取消隐藏过渡阶段，立即进入显示过渡阶段。浏览器的控制台依次输出 beforeLeave leave leaveCancelled beforeEnter enter afterEnter。由此可见，当取消隐藏过渡阶段时，会调用 leaveCancelled( )方法。

（4）对 leave( )方法做如下修改，把 Velocity(el, { complete: done })语句注释掉：

```
// Velocity(el, { complete: done })
```

再通过浏览器重新访问 usehook.html，单击网页上的"显示/隐藏"按钮，这时进入隐藏过渡阶段。浏览器的控制台依次输出 beforeLeave leave。由此可见，如果没有调用 Velocity(el, { complete: done })语句，那么 Vue 无法知道隐藏过渡已经结束，因此不会调用 afterLeave( )方法。

同样地，如果把 enter( )方法中的 Velocity(el, { complete: done })语句注释掉，那么 Vue 也无法知道显示过渡已经结束，因此不会调用 afterEnter( )方法。

6.1.4　设置初始过渡效果

默认情况下，当网页首次展示被<transition>组件包裹的 DOM 元素，并不会出现过渡效果。只有改变了 v-show 指令或 v-if 指令的值，需要重新显示或隐藏 DOM 元素时，才会出现过渡效果。如果希望网页首次展示 DOM 元素时就出现过渡效果，可以使用<transition>组件的初始过渡样式类型属性，参见表 6-4。

表 6-4　<transition>组件的初始过渡样式类型属性

初始过渡样式类型属性	说　　明
appear	指定启用初始过渡效果
appear-from-class	指定初始过渡阶段开始时的样式类型

续表

初始过渡样式类型属性	说　　明
appear-active-class	指定初始过渡效果的样式类型
appear-to-class	指定初始过渡阶段结束时的样式类型

例程6-5 为<transition>组件包裹的<div>元素启用了初始过渡效果。通过浏览器访问该网页,会看到网页上红色矩形框的透明度由浅到深过渡,直到完全显现。

例程6-5　appear.html

```
<style>
 /* 自定义初始过渡样式类型 */
 .special-appear-from {
   opacity: 0;
 }
 .special-appear-active {
   transition: all 5s linear;
 }
 .special-appear-to{
   opacity: 1;
 }
</style>

<div id="app">
 <transition name="special"
   appear
   appear-from-class="special-appear-from"
   appear-to-class="special-appear-to"
   appear-active-class="special-appear-active"
 >
   <div class="redbox" v-show="true"></div>
 </transition>
</div>

<script>
 const vm = Vue.createApp({ }).mount('#app')
</script>
```

6.1.5　切换过渡的 DOM 元素

<transition>组件在同一时刻只能显示一个 DOM 元素。以下代码试图通过两个 v-show 指令在<transition>组件中包裹两个<div>元素:

```
<transition>
  <div v-show="isShow">Hello</div>
  <div v-show="isShow">Welcome</div>
</transition>
```

Vue 在编译以上模板时会出错。不过,在<transition>组件中可以通过 v-if/v-else 指令包裹两个 DOM 元素,由于 v-if 指令和 v-else 指令只有其中一个判断条件为 true,因此实际上<transition>组件只显示一个 DOM 元素。

在例程 6-6 中,<transition>组件包裹了<table>元素和<p>元素。v-if/v-else 指令的判断逻辑为:当 items 数组为空,就显示<p>元素;当 items 数组不为空,就显示<table>元素。

例程 6-6　ifelse.html

```html
<style>
  /* 默认的过渡样式类型 */
  .v-enter-from,.v-leave-to {
    opacity: 0;
  }
  .v-enter-active, .v-leave-active {
    transition: 3s linear;
  }
  .v-enter-to, .v-leave-from {
    opacity: 1;
  }
</style>

<div id="app">
  <button
    @click="items.length!=0?items.length=0:items.push(100)">
    添加/清空数据
  </button>
  <hr/>

  <transition>
    <table v-if="items.length > 0" >
      <tr v-for="item in items" >
        <td>{{item}}</td>
      </tr>
    </table>
    <p v-else >Sorry, no items found.</p>
  </transition>
</div>

<script>
  const vm = Vue.createApp({
    data() {
      return {
        items:[100],
      }
    }
  }).mount('#app')
</script>
```

通过浏览器访问 ifelse.html,会看到网页上显示<table>元素,单击网页上的"添加/清空数据"按钮,items 数组被清空,这时<table>元素进入隐藏过渡阶段,<p>元素进入显示过渡阶段,参见图 6-5。

图 6-5 <table>元素进入隐藏过渡阶段,<p>元素进入显示过渡阶段

如果<transition>组件通过 v-if/v-else 指令包裹了两个同类型的 DOM 元素,可以通过 key 属性来区分它们。例如,以下<transition>组件包裹了两个<button>元素,为它们设置了不同的 key 属性:

```
<transition>
  <button v-if="isEditing" key="true">Edit</button>
  <button v-else key="false">Save</button>
</transition>
```

以下代码的过渡效果与以上代码是等价的:

```
<transition>
  <button v-bind:key="isEditing ">
    {{ isEditing ?'Edit' : 'Save' }}
  </button>
</transition>
```

这段代码通过 v-bind 指令把 key 属性绑定到 isEditing 变量,它的取值为 true 或 false。表面上看只有一个<button>元素,而实际上,当 isEditing 变量的取值发生变化时,网页上会有两个<button>元素分别进入隐藏过渡阶段和显示过渡阶段。例如,假定 isEditing 变量的取值由 true 变为 false,会看到网页上 key 为 true 的<button>元素进入隐藏过渡阶段,而 key 为 false 的<button>元素进入显示过渡阶段。本书配套源代码包包含了上述代码的完整范例。为了节省本书的篇幅,不再列出 editsave.html 的完整源代码。

6.1.6 过渡模式

6.1.5 节介绍了通过 v-if/v-else 指令切换过渡的 DOM 元素的方法。当两个 DOM 元素进行切换时,假定 DOM 元素 A 进入隐藏过渡阶段,DOM 元素 B 进入显示过渡阶段,它们的过渡顺序由<transition>组件的 mode 过渡模式属性决定,mode 过渡模式属性有以下 3 个可选值。

(1)默认:A 和 B 同时过渡,过渡结束后,B 取代 A 的位置。

(2)in-out:B 先进入显示过渡阶段,B 过渡结束后,A 再进入隐藏过渡阶段,A 过渡结束后,B 取代 A 的位置。

（3）out-in：A 先进入隐藏过渡阶段，A 过渡结束后，B 在 A 的位置上进入显示过渡阶段，直到完全显现。

例程 6-7 演示了 3 种过渡模式的过渡效果。mode. html 中的<transition>组件通过 v-if/v-else 指令包裹了两个<div>元素，它们的 key 分别为 div1 和 div2。mode. html 网页上的"切换"按钮通过改变 isShow 变量轮流显示两个<div>元素。

例程 6-7　mode. html

```
<style>
  .redbox {
    width: 100px;
    height: 100px;
    background-color: red;
  }
  .bluebox {
    width: 100px;
    height: 100px;
    background-color: blue;
  }
  .special-enter-from,.special-leave-to{
    opacity: 0;
  }
  .special-enter-active,.special-leave-active{
    transition: 3s;
  }
  .special-enter-to,.special-leave-from{
    opacity: 1;
  }
</style>

<div id="app">
  <button v-on:click="isShow=! isShow">切换</button>
  <hr/>

  <!-- <transition name="special" > -->
  <!-- <transition name="special" mode="out-in"> -->
  <transition name="special" mode="in-out">
    <div v-if="isShow" key="div1" class="redbox">div1</div>
    <div v-else key="div2" class="bluebox">div2</div>
  </transition>
</div>

<script>
  const vm = Vue.createApp({
    data() {
      return {isShow: "true"}
    },
  }).mount('#app')
</script>
```

下面通过以下 3 个步骤测试这 3 种过渡模式的过渡效果。

（1）<transition>组件采用默认过渡模式，如：

```
<transition name="special" >
```

通过浏览器访问 mode.html，网页显示红色的 div1，单击网页上的"切换"按钮，div1 进入隐藏过渡阶段，与此同时，蓝色的 div2 进入显示过渡阶段。等到 div1 和 div2 过渡结束，div1 消失，div2 会取代 div1 在网页上的位置，参见图 6-6。

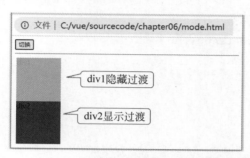

图 6-6　div1 和 div2 分别进入隐藏过渡和显示过渡阶段

（2）<transition>组件采用 in-out 过渡模式，如：

```
<transition name="special" mode="in-out" >
```

通过浏览器访问 mode.html，网页显示红色的 div1，单击网页上的"切换"按钮，蓝色的 div2 进入显示过渡阶段。等到 div2 过渡结束，div1 再进入隐藏过渡阶段。等到 div1 过渡结束，彻底消失后，div2 再取代 div1 在网页上的位置。

（3）<transition>组件采用 out-in 过渡模式，如：

```
<transition name="special" mode="out-in" >
```

通过浏览器访问 mode.html，网页显示红色的 div1，单击网页上的"切换"按钮，div1 进入隐藏过渡阶段。等到 div1 过渡结束，彻底消失后，div2 在 div1 所在的位置进入显示过渡阶段，直到完全显现。

6.1.7　切换过渡的组件

<transition>组件不仅可以包裹 DOM 元素，还可以包裹 Vue 组件。在例程 6-8 中，<transition>组件通过 v-if/v-else 指令包裹了<comp1>和<comp2>组件。

例程 6-8　component.html

```
<div id="app">
  <button v-on:click="isShow=!isShow">切换</button>
  <hr/>
```

```
  <transition name="special" mode="out-in" >
    <comp1 v-if="isShow"></comp1>
    <comp2 v-else></comp2>

    <!--
    <component v-bind:is="isShow?'comp1' : 'comp2' "></component>
    -->
  </transition>
</div>

<script>
  const app=Vue.createApp({
    data(){
      return { isShow: true }
    }
  })

  app.component('comp1',{
    template:'<div class="redbox">div1</div> '
  })

  app.component('comp2',{
    template:'<div class="bluebox">div2</div> '
  })
  app.mount('#app')
</script>
```

当 isShow 变量变为 true，就显示 comp1 组件，隐藏 comp2 组件；当 isShow 变量变为 false，就显示 comp2 组件，隐藏 comp1 组件。

以上 <transition> 组件还可以改写为：

```
<transition name="special" mode="out-in" >
  <component v-bind:is="isShow?'comp1' : 'comp2' "></component>
</transition>
```

<component>用来指定动态组件,组件名为表达式 isShow?'comp1' : 'comp2'的值。当 isShow 变量变为 true，就显示 comp1 组件，隐藏 comp2 组件；当 isShow 变量变为 false，就显示 comp2 组件，隐藏 comp1 组件。

例程 6-8 与例程 6-7 的网页相同，本节不再赘述。

6.2 CSS 动画

CSS 过渡和 CSS 动画的相同之处在于，两者都会通过在一段时间内连续播放不同的帧画面产生动态画面。两者的区别在于：

（1）CSS 过渡通常需要设置过渡开始时的样式类型和结束时的样式类型,过渡过程从开始状态到结束状态做单一的变化,如透明度由 0 变为 1,图形逐渐变大或逐渐缩小,图形向水平或垂直方向移动,或者图形从一个角度旋转到另一个角度。

（2）CSS 动画可以更灵活地指定动态画面,画面不一定是从开始状态到结束状态做单向的变化,而是做不规则的复杂变化,如图形忽大忽小,或者做不规则运动等。

<transition>组件不仅能为包裹的 DOM 元素制造过渡效果,还能制造动画效果,参见例程 6-9。

例程 6-9　dynamic.html

```
<style>
  .special-enter-active {
    animation: magic 6s;              //动画持续 6s
  }
  .special-leave-active {
    animation: magic 6s reverse;      //按照相反顺序变化
  }

  /* 指定动画中关键帧的效果 */
  @keyframes magic {
    0%   {
      transform: scale(0);
    }
    25%  {
      transform: scale(2);            //放大 2 倍
    }
    50%  {
      transform: scale(1);            //恢复原有大小
    }
    75%  {
      transform: scale(5);            //放大 5 倍
    }
    100% {
      transform: scale(1);            //恢复原有大小
    }
  }
</style>

<div id="app">
  <button @click="isShow = ! isShow">显示/隐藏</button>
  <hr/>
  <transition name="special">
    <div v-show="isShow" align="center" >可大可小</div>
  </transition>
</div>

<script>
  const vm = Vue.createApp({
    data() {
      return {isShow: "true"}
    },
  }).mount('#app')
</script>
```

\<transition\>组件的动画样式类型为：

```
.special-enter-active {
  animation:magic 6s;                //动画持续6s
}
.special-leave-active {
  animation:magic 6s reverse;        //按照相反顺序变化
}
```

其中，special-enter-active 指定了显示 DOM 元素时的动画效果，动画持续 6s，具体的变化过程由自定义的 magic 关键帧样式类型指定；special-leave-active 指定了隐藏 DOM 元素时的动画效果，动画持续 6s，具体的变化过程由 magic 关键帧样式类型指定，并且按照相反顺序变化。

magic 关键帧样式类型指定在播放动画的过程中的一些关键时间点的帧画面的样式：

```
/* 指定动画中关键帧的效果 */
@keyframes magic {
  0%  {
    transform: scale(0);
  }
  25%  {
    transform: scale(2);             //放大2倍
  }
  50%  {
    transform: scale(1);             //恢复原有大小
  }
  75%  {
    transform: scale(5);             //放大5倍
  }
  100%  {
    transform: scale(1);             //恢复原有大小
  }
}
```

假定动画持续时间为 6s，以上代码指定，在显示 DOM 元素时，当动画播放到 6×25% s 时，DOM 元素的大小放大 2 倍；当动画播放到 6×50% s 时，DOM 元素的大小恢复原形；当动画播放到 6×75% s 时，DOM 元素的大小放大 5 倍；当动画播放到 6s 时，DOM 元素的大小再次恢复原形。

在隐藏 DOM 元素时，由于 special-leave-active 样式类型指定按照 reverse 反方向播放动画，因此当动画播放到 6×(1-75%) s 时，DOM 元素的大小放大 5 倍；当动画播放到 6×(1-50%) s 时，DOM 元素的大小恢复原形；当动画播放到 6×(1-25%) s 时，DOM 元素的大小放大 2 倍；当动画播放到 6s 时，DOM 元素的大小变为 0。

通过浏览器访问 dynamic.html，单击网页上的"显示/隐藏"按钮，进入隐藏\<div\>元素的动画阶段，网页上的字符串"可大可小"先放大 5 倍，再恢复原形，再放大 2 倍，再逐渐缩小直到消失。再次单击网页上的"显示/隐藏"按钮，进入显示\<div\>元素的动画阶段，网页上的字符串"可大可小"先放大 2 倍,再恢复原形,再放大 5 倍,再逐渐缩小直到恢复原形。由此可见,CSS 动画与 CSS 过渡相比,CSS 动画可以灵活地指定更加复杂的动态变化效果。

由于在 magic 关键帧样式类型中已经指定了动画开始(时间为 0% 时)和结束时(时间为 100% 时)的样式,因此不必再为<transition>组件指定 special-enter-from 样式类型、special-enter-to 样式类型、special-leave-from 样式类型和 special-leave-to 样式类型。

6.2.1 使用第三方的 CSS 动画样式类型库

已有一些现成的开放源码的 CSS 动画样式类型库,它们提供了丰富多彩的动画效果。如果直接使用这些样式类型库,可以简化开发前端动画的过程。

例程 6-10 引入了第三方提供的 animate.css 类库。<transition>组件的 enter-active-class 属性的值为 animate.css 类库中的 animated tada 样式类型,它的动画效果为使 DOM 元素上下跳动。<transition>组件的 enter-leave-class 属性的值为 animate.css 类库中的 animated bounceOutRight 样式类型,它的动画效果为使 DOM 元素向右移动,直到退出界面。

例程 6-10   othercss.html

```
<link href="https://cdn.jsdelivr.net/npm/animate.css@3.5.1"
            el="stylesheet" type="text/css">
<div id = "app">
  <button @click="isShow=! isShow">显示/隐藏</button>
  <hr/>
  <transition
    name="special"
    enter-active-class="animated tada"
    leave-active-class="animated bounceOutRight" >

    <div v-if="isShow">一起学习 Vue 开发! </div>
  </transition>
</div>
<script>…</script>
```

通过浏览器访问 othercss.html,单击网页上的"显示/隐藏"按钮,进入隐藏<div>元素的动画阶段,会看到网页上的字符串"一起学习 Vue 开发!"向右移动,直到退出界面。再次单击网页上的"显示/隐藏"按钮,进入显示<div>元素的动画阶段,会看到网页上的字符串"一起学习 Vue 开发!"上下跳动多次,再显示原形。

6.2.2 使用钩子函数和 Velocity 函数库

6.1.3 节已经介绍了<transition>组件的钩子函数,这些钩子函数不仅可以指定过渡,也可以指定动画。例程 6-11 通过 v-on 指令为<transition>组件设定了 beforeEnter 钩子函数、enter 钩子函数和 leave 钩子函数。

例程 6-11　dynamichook.html

```html
<div id = "app">
  <button v-on:click = "isShow = ! isShow">显示/隐藏</button>
  <transition
    v-on:before-enter="beforeEnter"
    v-on:enter="enter"
    v-on:leave="leave"
    v-bind:css="false" >

    <p v-if="isShow">一起学习 Vue 开发！</p>
  </transition>
</div>

<script type = "text/javascript">
  const vm=Vue.createApp({
    data(){
      return {isShow: true}
    },
    methods: {
      beforeEnter(el) {
        el.style.opacity = 0
      },
      enter (el, done) {
        //动画持续 3s,字体放大 2 倍
        Velocity(el, { opacity: 1, fontSize: '2em' },
                    { duration: 3000 })
        //字体恢复原有大小,动画结束时回调 done()函数
        Velocity(el, { fontSize: '1em' },{ complete: done })
      },
      leave(el, done) {
        //旋转 10 度 3 次,产生摇摆效果
        Velocity(el, { rotateZ: '10deg' }, { loop: 3 })

        //动画持续 3s,旋转 45 度,水平和垂直方向移动 300px,
        //动画结束时回调 done()函数
        Velocity(el, {
          rotateZ: '45deg',
          translateX: '300px',
          translateY: '300px',
          opacity: 0
        }, {
          duration: 3000 ,complete: done
        })
      }
    }
  }).mount('#app')
</script>

<transition
  v-on:before-enter="beforeEnter"
```

```
    v-on:enter="enter"
    v-on:leave="leave"
    v-bind:css="false" >

    <p v-if="isShow">一起学习 Vue 开发！</p>
</transition>
```

以上 enter 钩子函数和 leave 钩子函数指定了显示<p>元素和隐藏<p>元素时的动画过程。beforeEnter 函数指定了显示<p>元素的动画开始时的样式。

当动画效果全部在 JavaScript 脚本中指定，而不是在 CSS 的<style>元素中指定，可以把<transition>组件的 css 属性设为 false，例如：

```
v-bind:css="false"
```

这样，能使 Vue 跳过对 CSS 的监测，避免播放动画过程中 CSS 可能造成的影响。

通过浏览器访问 dynamichook.html，单击网页上的"显示/隐藏"按钮，进入隐藏<p>元素的动画阶段，会看到网页上的字符串"一起学习 Vue 开发！"经过摇摆、旋转和移动等复杂的运动，以及透明度由深到浅的变化后逐渐消失。再次单击网页上的"显示/隐藏"按钮，进入显示<p>元素的动画阶段，会看到网页上的字符串"一起学习 Vue 开发！"经过透明度由浅到深、字体放大再缩小等变化后再恢复原形。

6.3 过渡组合组件<transition-group>

Vue 的<transition-group>组件能够为多个 DOM 元素提供过渡效果，例如：

```
<transition-group name="special" tag="p">
  <span v-for="item in items" v-bind:key="item" class="item-class">
    {{ item }}
  </span>
</transition-group>
```

以上代码遍历 items 数组，为多个<span>元素提供过渡效果。使用<transition-group>组件需要满足以下 3 个约束。

（1）通过 tag 属性指定被过渡的 DOM 元素的外层包裹 DOM 元素。在上例中，<span>元素的外层包裹元素为<p>元素。

（2）不支持<transition>组件的 mode 过渡模式属性。

（3）需要过渡的每个 DOM 元素具有唯一的 key 属性值。

例程 6-12 演示了<transition-group>组件的用法。<transition-group>组件为 items 数组中的元素提供过渡效果。网页上的"添加/删除"按钮会向 items 数组添加或删除元素，"交换顺序"按钮会交换 items 数组中元素的位置。当 items 数组发生变化，网页上 items 数组的元素在重新显示和隐藏时就会产生过渡效果。

例程 6-12　array.html

```
<style>
  .special-enter-active, .special-leave-active {
    transition: 3s;
  }
  .special-enter-from, .special-leave-to{
    opacity: 0;
    transform: translateY(30px);
  }
  .special-enter-to, .special-leave-from {
    opacity: 1;
  }
  .item-class {
    display: inline-block;
    margin-right: 10px;
  }
</style>

<div id="app">
  <button @click="modify">添加/删除</button>
  <button @click="exchange">交换顺序</button>

  <transition-group name="special" tag="p">
    <span v-for="item in items" v-bind:key="item" class="item-class">
      {{ item }}
    </span>
  </transition-group>

</div>

<script>
  const vm = Vue.createApp({
    data() {
      return {
        items:['Tom','Mike','Jack','Linda']
      }
    },
    methods: {
      modify(){
        if(this.items.length===4)
          this.add()
        else
          this.remove()
      },
      add() {
        //在数组中索引为2的位置插入元素'Mary'
        //第一个参数2表示待插入元素在数组中的索引
        //第二个参数0表示删除元素的数目
        //第三个参数'Mary'表示插入的元素
```

```
          this.items.splice(2, 0, 'Mary')
      },
      remove() {
          //删除数组中索引为 2 的元素'Mary'
          //第一个参数 2 表示待删除元素在数组中的起始索引
          //第二个参数 1 表示删除元素的数目
          this.items.splice(2, 1)
      },
      exchange(){          //交换数组中索引 1 和索引 3 的元素的位置
          var temp=this.items[1]
          this.items[1]=this.items[3]
          this.items[3]=temp
      }
    }
}).mount('#app')
</script>
```

通过浏览器访问 array.html，单击网页上的"添加/删除"或"交换顺序"按钮，会看到网页上 items 数组的元素在重新显示或隐藏时产生过渡效果，参见图 6-7。

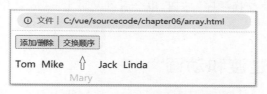

图 6-7　items 数组的元素的过渡效果

在显示 items 数组中新添加的元素 Mary 的过渡过程中，从浏览器的控制台会看到 <transition-group>组件的渲染结果，在<p>元素中包含了若干<span>元素。其中，内容为 Mary 的<span>元素使用了 special-enter-active 过渡样式类型和 special-enter-to 过渡样式类型，参见图 6-8。

图 6-8　显示 Mary 元素的过渡过程中，<transition-group>组件的渲染结果

等到内容为 Mary 的<span>元素的显示过渡结束,该<span>元素的渲染结果变为:

```
<span class="item-class">Mary</span>
```

在图 6-7 中,在把 Mary 元素插入到 items 数组之前,数组中原先的元素 Jack 和 Linda 会迅速向右移位,腾出空位给元素 Mary。

如果希望元素 Jack 和 Linda 平滑地向右移位,产生缓慢移动的过渡效果,可以为<transition-group>组件增加一个移动样式类型 special-move,代码如下:

```
<style>
  ...
  .special-move{
    transition: transform 3s;              //平滑过渡,时间为 3s
  }
</style>
```

在 array.html 中加入以上代码后,再次向 items 数组添加 Mary 元素,会看到元素 Jack 和 Linda 用 3s 平滑地向右移位。

如果单击网页上的"交换顺序"按钮,也会看到网页上 items 数组中的元素平滑地移动,交换位置。

6.4 动态控制过渡和动画

过渡以及动画的效果是由一些变量决定的,如过渡时间、字体大小、垂直移动距离、水平移动距离、透明度和旋转角度等。只要改变这些变量,就能动态控制过渡或动画效果。

以下代码通过 v-bind 指令把<transition>组件的 name 属性与 balala 变量绑定。当 balala 变量的取值发生变化,<transition>组件的过渡效果就会发生相应变化,代码如下:

```
<transition v-bind:name="balala" mode="out-in" >…</transition>
```

例程 6-13 通过 Velocity 函数库生成动画。

例程 6-13 control.html

```
<script src="https://cdnjs.cloudflare.com/ajax/libs
          /velocity/1.2.3/velocity.min.js"></script>
<style>
  .redbox {
    width: 100px;
    height: 100px;
    background-color: red;
  }
</style>

<div id="app">
  动画过渡间隔(ms):
```

```html
    <input type="range" v-model="duration" min="0" max="3000">
    <button v-if="isStop" @click="isStop = false; isShow = true">
      开始动画
    </button>
    <button v-else @click="isStop = true" >结束动画</button>
    <hr/>

    <transition name="special"
      v-bind:css="false"
      v-on:before-enter="beforeEnter"
      v-on:enter="enter"
      v-on:leave="leave" >

      <div v-show="isShow" class="redbox" ></div>
    </transition>
</div>

<script>
  const vm = Vue.createApp({
    data() {
      return {
        duration:1000,
        isStop: true,
        isShow: false
      }
    },
    methods: {
      beforeEnter(el) {
        el.style.opacity = 0
        el.style.translateX = 0
      },
      enter(el, done) {
        var vm = this

        Velocity(el, {
          opacity: 1,
          translateX: '50px'
        }, {
          duration: this.duration,
          complete: function () {
            done()
            //修改 isShow 变量
            //从而进入隐藏<div>元素的过渡阶段
            vm.isShow = false
          }
        })
      },
      leave(el, done) {
        var vm = this
```

```
        Velocity(el, {
          opacity: 0,
          translateX: 0
        }, {
          duration: this.duration,
          complete: function () {
            done()
            //如果 isStop 变量为 false,修改 isShow 变量
            //从而进入显示<div>元素的过渡阶段
            if (! vm.isStop)
              vm.isShow = true
          }
        })
      }
    }
  }).mount('#app')

</script>
```

<transition>组件包裹了一个<div>元素。通过轮流不断地进入显示和隐藏<div>元素的过渡阶段,就会产生动画效果。该动画的开始、结束和过渡间隔由以下 3 个变量决定。

(1) duration 变量:指定动画的过渡间隔,即显示或隐藏<div>元素的过渡时间。

(2) isStop 变量:当 isStop 变量为 false,动画开始;当 isStop 变量为 true,动画终止。

(3) isShow 变量:当 isShow 变量为 true,显示<div>元素;当 isShow 变量为 false,隐藏<div>元素。

duration 变量与模板中的<input >元素绑定,代码如下:

```
//duration 变量的取值范围是 0~3000ms
<input type="range" v-model="duration" min="0" max="3000">
```

网页上的"开始动画"和"结束动画"按钮会改变 isStop 变量和 isShow 变量,如:

```
<button v-if="isStop" @click="isStop= false; isShow= true">
    开始动画
</button>
<button v-else @click="isStop= true" >结束动画</button>
```

以上<button>元素的 v-if 和 v-else 指令使得"开始动画"和"结束动画"按钮会互相切换。

在<div>元素的显示过渡阶段执行 enter( )方法,过渡结束时把 isShow 变量设为 false,这会导致继续进行<div>元素的隐藏过渡,如:

```
Velocity(el, {
  opacity: 1,
  translateX: '50px'
}, {
```

```
    duration: this.duration,
    complete: function () {
      done()
      //修改 isShow 变量
      //从而进入隐藏<div>元素的过渡阶段
      vm.isShow = false
    }
  })
```

在<div>元素的隐藏过渡阶段执行 leave( )方法，过渡结束时判断 isStop 变量，如果不为 true，就把 isShow 变量设为 true，这会导致继续进行<div>元素的显示过渡：

```
Velocity(el, {
  opacity: 0 ,
  translateX: 0
},{
  duration: this.duration,
  complete: function () {
    done()
    //如果 isStop 变量为 false，修改 isShow 变量
    //从而进入显示<div>元素的过渡阶段
    if (! vm.isStop)
      vm.isShow = true
  }
})
```

通过浏览器访问 control. html，会得到如图 6-9 所示的网页，单击网页上的"开始动画"按钮，就会看到一个红色的矩形框不停地左右移动，并且透明度也会由浅到深，再由深到浅地切换。在网页上改变动画过渡间隔，会看到红色矩形框左右移动的速度发生变化。

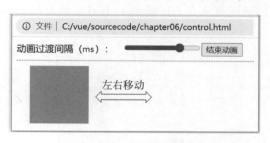

图 6-9　control. html 的网页

6.5　小结

Vue 的<transition>组件用来为 DOM 元素提供过渡或动画效果。为<transition>组件指定过渡效果有以下 4 种方式：

（1）采用默认的过渡样式类型：v-enter-from（显示过渡开始时）、v-enter-active（显示过渡效果）、v-enter-to（显示过渡结束时）、v-leave-from（隐藏过渡开始时）、v-leave-active（隐藏

过渡效果）和 special-leave-to（隐藏过渡结束时）。

（2）通过<transition>组件的 name 属性指定样式类型。例如当 name 属性为 special，那么显示过渡的样式类型为 special-enter-from（过渡开始时）、special-enter-active（过渡效果）和 special-enter-to（过渡结束时）；隐藏过渡的样式类型为 special-leave-from（过渡开始时）、special-leave-active（过渡效果）和 special-leave-to（过渡结束时）。

（3）通过<transition>组件的 enter-from-class 等属性指定过渡样式类型，例如：

```
<transition
  enter-from-class="special-enter-from"
  enter-active-class="special-enter-active"
  enter-to-class="special-enter-to"
  leave-from-class="special-leave-from"
  leave-active-class="special-leave-active"
  leave-to-class="special-leave-to" >
</transition>
```

（4）使用钩子函数来指定过渡效果。

以上<transition>组件的 4 种用法也适用于生成动画。过渡和动画的区别在于：过渡是从开始状态到结束状态做单一的变化，如透明度由 0 变为 1，图形逐渐变大或逐渐缩小；而动画可以更灵活地指定动态画面，图形不一定是从开始状态到结束状态做单向的变化，而是做不规则的复杂变化。

有时过渡与动画的区分不是非常明显，例如在例程 6-13 中，连续不断地进入显示过渡阶段和隐藏过渡阶段也产生了动画效果。

6.6　思考题

1. 有一个<transition>组件的 name 属性为 special，以下过渡样式类型（　　　）确保在显示过渡阶段，DOM 元素的透明度从 0.5 过渡到 1，并且过渡时间为 3s。（多选）

A.

```
.special-enter-from {
  opacity: 0.5;
}
```

B.

```
.special-enter-from {
  opacity: 0.5;
  transition: 3s;
}
```

C.

```
.special-enter-active{
  transition: 3s;
}
```

D.
```
.special-enter-to {
  opacity: 1;
}
```

2. 以下属于<transition>组件的属性的是(　　)。(多选)
   A. v-leave-from   B. name
   C. mode   D. enter-from-class
3. 在<transition>组件中,与 v-on 指令绑定的(　　)参数用来指定隐藏过渡阶段的钩子函数。(多选)
   A. after-enter   B. before-leave
   C. leave-cancelled   D. leave
4. 关于过渡模式,以下说法正确的是(　　)。(多选)
   A. <transition>组件的 mode 属性指定过渡模式
   B. <transition>组件的默认过渡模式为 in-out
   C. 在 out-in 模式下,先进行隐藏过渡,再进行显示过渡
   D. <transition-group>组件不支持 mode 属性
5. 以下模板代码(　　)能通过 Vue 的编译。(多选)
   A.
```
<transition>
  <p v-if="isShow">Hello</p>
  <div v-if="isShow">Welcome</div>
</transition>
```

   B.
```
<transition>
  <p v-if="! isShow" key="p1">Hello</p>
  <p v-else key="p2">Welcome</p>
</transition>
```

   C.
```
<transition-group>
  <p v-if="isShow" key="p1">Hello</p>
  <p v-if="isShow" key="p2">Welcome</p>
</transition-group>
```

   D.
```
<transition>
  <p v-if="isShow">Hello</p>
  <div v-else>Welcome</div>
</transition>
```

第7章 Vue组件开发基础

第1章已经介绍过，Vue 组件是连接模型数据和视图的桥梁。Vue 组件是可重用的，并且具有相对独立性。它为前端开发带来以下便利。

(1) 减少前端开发的重复编码。
(2) 便于把前端开发的任务细分成多个子任务，由开发人员分工合作来完成。
(3) 提高代码的可维护性。当前端网页的需求发生变化，只需要修改个别组件的代码。

在前面章节的范例中，主要按照以下方式创建根组件：

```
const app=Vue.createApp({})
const vm=app.mount('#app')            //创建根组件
```

本书把不是按照以上方式创建的 Vue 组件称作普通 Vue 组件。本章将介绍普通 Vue 组件的创建方式和用法。这些普通 Vue 组件可以像 DOM 元素一样插入到其他 Vue 组件的模板中，从而组合成复杂的网页。

7.1 注册全局组件和局部组件

按照使用范围，普通 Vue 组件可以分为以下两种。

(1) 全局组件：通过 Vue 应用实例的 component( ) 方法注册，可以直接被其他 Vue 组件访问。

(2) 局部组件：只有父组件通过 components 选项注册了一个局部组件，父组件才能访问该局部组件。

无论是全局组件还是局部组件，都具有 data、methods、computed 和 watch 等选项，而且和根组件一样，也具有类似的生命周期以及生命钩子函数。1.5 节已经对此做了介绍。

7.1.1 注册全局组件

全局组件可以直接被其他 Vue 组件访问。例程 7-1 通过 Vue 应用实例的 component()方法注册了一个名为 counter 的全局组件。在根组件的模板中,插入了 3 个<counter>组件。由此可见,<counter>组件可以被多次重用。

例程 7-1　global.html

```
<div id="app">
  <p>计数器 1:<counter></counter> </p>
  <p>计数器 2:<counter></counter> </p>
  <p>计数器 3:<counter></counter> </p>
</div>

<script>
  const app=Vue.createApp({ })

  //注册一个名为 counter 的组件
  app.component('counter', {
    data() {
      return { count: 0 }
    },
    template: '<button @click="count++">{{ count }} 次</button>'
  })
  app.mount('#app')
</script>
```

通过浏览器访问 global.html,会得到如图 7-1 所示的网页。多次单击网页上的 3 个按钮,会看到每个计数器的取值不一样。这是因为每个<counter>组件都有独立的 count 变量。

图 7-1　global.html 的网页

在例程 7-2 中,有两个全局组件<counter>和<wrapper>。<counter>组件插入到<wrapper>组件的模板中,<wrapper>组件又插入到根组件的模板中。

例程 7-2　globalscope.html

```
<div id="app">
  <wrapper></wrapper>
</div>
```

```
<script>
  const app=Vue.createApp({ })

  //定义一个名为 counter 的组件
  app.component('counter', {
    data() {
      return { count: 0 }
    },
    template: '<button @click="count++">{{ count }} 次</button>'
  })

  //定义一个名为 wrapper 的组件
  app.component('wrapper', {
    template: `<p>计数器 1:<counter></counter></p>
               <p>计数器 2:<counter></counter></p>
               <p>计数器 3:<counter></counter></p>`
  })
  app.mount('#app')
</script>
```

提示：在 JavaScript 中，单行字符串可以用符号"'"或"`"引用。如果是多行字符串，只能用符号"`"引用。例如，globalscope.html 中<wrapper>组件的 template 选项的模板字符串就用符号"`"来引用。

7.1.2 注册局部组件

全局组件可以直接插入其他组件的模板中,这使得其他组件可以很方便地访问全局组件。但是全局组件有一个弊端:当浏览器访问一个网页时,会把所有全局组件的代码也下载到客户端。假定某个网页并不包含所有的全局组件,那么下载所有全局组件的代码是多余的,会给网络传输带来额外的负担,降低网站的访问性能。

为了克服全局组件的弊端,Vue 引入了局部组件,局部组件只有在需要被访问的情况下才会下载到客户端,这样就能减轻网络的传输负荷,提高网站的访问性能。

定义以及注册局部组件的步骤如下。

(1) 定义局部组件的内容。例如,以下代码定义了 3 个变量,它们分别表示 3 个局部组件的内容:

```
const ComponentA = {
  /* ... */
}
const ComponentB = {
  /* ... */
}
const ComponentC = {
  /* ... */
}
```

(2)在需要访问局部组件的父组件中,通过 components 选项注册局部组件。例如,以下代码在根组件中注册了 3 个局部组件,这 3 个局部组件仅对根组件可见,因此根组件就是这 3 个局部组件的父组件:

```
const app = Vue.createApp({
  components: {              //根组件的 components 选项
    'component-a': ComponentA,
    'component-b': ComponentB,
    'component-C': ComponentC,
  }
})
```

例程 7-3 演示了局部组件的基本用法。在 local.html 中,根组件作为父组件,注册了一个子组件 counter,在根组件的模板中就能使用这个<counter>子组件。

例程 7-3　local.html

```
<div id="app">
  <p>计数器 1:<counter></counter></p>
  <p>计数器 2:<counter></counter></p>
  <p>计数器 3:<counter></counter></p>
</div>

<script>
  //定义一个局部组件的内容
  const localComponent={
    data() {
      return { count: 0 }
    },
    template: '<button @click="count++">{{ count }} 次</button>'
  }

  const app=Vue.createApp({
    components: {            //注册 counter 局部组件
      'counter': localComponent
    }
  })

  const vm=app.mount('#app')
</script>
```

局部组件只有注册到一个父组件中,才能被这个父组件访问。例如,在以下代码中,组件 ComponentBase 中注册了组件 ComponentSub,组件 ComponentBase 就是组件 ComponentSub 的父组件,在组件 ComponentBase 的模板中就能插入组件 ComponentSub:

```
const ComponentSub = {
  /* ... */
}
```

```
const ComponentBase = {
  components: {          //注册 ComponentSub 组件
    'ComponentSub': ComponentSub
  },
  template: '<ComponentSub></ComponentSub>'
}
```

在例程 7-4 中，<counter>是局部组件；<wrapper>是全局组件。

例程 7-4   localscope.html

```
<div id="app">
  <wrapper />
</div>

<script>
  //定义一个局部组件的内容
  const localComponent={…}

  const app=Vue.createApp({
    components: {      //注册 counter 局部组件,仅对根组件可见
      'counter': localComponent
    }
  })

  //定义一个名为 wrapper 的全局组件
  app.component('wrapper', {
    template: `<p>计数器 1:<counter></counter> </p>
               <p>计数器 2:<counter></counter> </p>
               <p>计数器 3:<counter></counter> </p>`
  })
  const vm=app.mount('#app')
</script>
```

尽管在根组件中注册了<counter>组件，但是在<wrapper>组件中并没有注册<counter>组件。<wrapper>组件的模板试图插入<counter>组件，这会导致 Vue 在编译<wrapper>组件的模板时产生错误。修改这个错误的方法是在<wrapper>组件中先注册<counter>组件，代码如下：

```
app.component('wrapper', {
  components: {         //注册 counter 局部组件,仅对<wrapper>组件可见
    'counter': localComponent
  },
  …
})
```

7.2 组件的命名规则

每个 Vue 组件都有一个名字。组件的名字可以采用 lower-kebab-case（小写、符号"-"隔

开)或者upper-camel-case(大写、驼峰式)命名规则。lower-kebab-case命名规则的约束条件为：名字中的所有字符采用小写,且名字中的单词以符号"-"隔开,如my-component-name。upper-camel-case命名规则也称为pascal-case命名规则,约束条件为：名字中的每个单词的首字母采用大写,如MyComponentName。

按照定义的位置区分,组件的模板可分为两种：外置模板和在组件的template选项中定义的模板。在这两种模板中引用其他组件的命名规则有一些区别,参见表7-1。

表7-1 在模板中引用组件的命名规则

组件名字	插入外置模板中	插入template选项的模板中
MyComponentName	<my-component-name>	<my-component-name>或<MyComponentName>
my-component-name	<my-component-name>	<my-component-name>

从表7-1可以看出,无论组件的名字采用lower-kebab-case命名规则还是upper-camel-case命名规则,在外置模板中总是使用lower-kebab-case命名规则。这是因为HTML语言不区分大小写,在外置模板中采用lower-kebab-case命名规则,可以避免组件名字与现在以及将来的HTML元素的名字发生冲突。

以下代码按照upper-camel-case命名规则定义了一个名为MyComponentName的组件：

```
app.component('MyComponentName', {
  /*...*/
})
```

在父组件的template选项指定的模板中,可以按照lower-kebab-case命名规则或upper-camel-case命名规则使用这个名为MyComponentName的组件,例如：

```
const app=Vue.createApp({
  ...
  //upper-camel-case命名规则
  template:'<MyComponentName></MyComponentName>'
})
```

或者：

```
const app=Vue.createApp({
  ...
  //lower-kebab-case命名规则
  template:'<my-component-name></my-component-name>'
})
```

如果是在外置模板中使用以上名为MyComponentName的组件,那么只能采用lower-kebab-case命名规则,例如：

```
<div id="app">
  <my-component-name></my-component-name >
</div>
```

假如在外置模板中插入<MyComponentName>组件，Vue 反而不能识别，如：

```
<div id="app">
  <!-- Vue 认为是未定义的组件 -->
  <MyComponentName></MyComponentName>
</div>
```

后文还会介绍组件的属性和事件。它们的名字可以遵守 lower-kebab-case 命名规则或者 lower-camel-case 命名规则。lower-camel-case 命名规则的约束条件为：名字中第一个单词的首字母小写，其余单词的首字母大写，如 nameOfStudent 是符合 lower-camel-case 命名规则的属性名，而 name-of-student 是符合 lower-kebab-case 命名规则的属性名。

表 7-2 列出了在模板中引用组件的属性的命名规则，这一规则也适用于组件的事件。

表 7-2 在模板中引用组件的属性的命名规则

组件的属性的名字	在外置模板中	在 template 选项的模板中
nameOfStudent	name-of-student = 'Tom'	name-of-student = 'Tom' 或者 nameOfStudent = 'Tom'
name-of-student	name-of-student = 'Tom'	name-of-student = 'Tom'

7.3 向组件传递属性

父组件可通过属性向子组件传递数据。在例程 7-5 中，<essay>组件通过 props 选项声明了一个 title 属性。在根组件的模板中，插入<essay>组件时，会给 title 属性传递具体值。根组件就是<essay>组件的父组件。

例程 7-5 prop.html

```
<div id="app">
  <essay title="Vue 开发详解"></essay>
  <essay title="Vue 范例大全"></essay>
</div>

<script>
  const app=Vue.createApp({ })
  //定义一个名为 essay 的组件
  app.component('essay', {
    props:['title'],      //定义 title 属性
    template: '<h2>{{title}}</h2>'
  })
  app.mount('#app')
</script>
```

在<essay>组件的模板中，{{title}}表达式会输出 title 属性的值，该值是由根组件传入的。

7.3.1 传递动态值

在父组件的模板中,可以通过 v-bind 指令把一个变量和子组件的属性绑定。例如,以下代码把父组件的 myText 变量与<sub-component>子组件的 title 属性绑定:

```
<sub-component v-bind:title="myText"></sub-component>
<!-- 简写为:-->
<sub-component :title="myText"></sub-component>
```

在例程 7-6 中,<student>组件有 id、name 和 age 属性。在根组件的模板中,通过 v-bind 指令把这 3 个属性分别和 3 个变量绑定。

例程 7-6　manyprops.html

```
<div id="app">
  <student v-for="student in students"
           :id="student.id"
           :name="student.name"
           :age="student.age"> </student>
</div>

<script>
  const appData={
    data() {
      return {
        students: [
          { id: 1, name: 'Tom',age: 18 },
          { id: 2, name: 'Mary',age: 17 },
          { id: 3, name: 'Jack',age: 19 }
        ]
      }
    }
  }

  const app=Vue.createApp(appData)

  app.component('student', {
    props:['id','name','age'],
    template: '<p>{{id}},{{name}},{{age}}</p>'
  })
  app.mount('#app')
</script>
```

根组件模板中的<student>组件渲染后的结果为:

```
<p>1,Tom,18</p>
<p>2,Mary,17</p>
<p>3,Jack,19</p>
```

7.3.2 对象类型的属性

组件的属性不仅可以是字符串或数字等类型,还可以是对象类型。在例程 7-7 中,<student>组件的 studentDetail 属性就是对象类型。根组件的模板把 stu 变量与 studentDetail 属性绑定。在根组件的模板中,按照 lower-kebab-case 命名规则引用 studentDetail 属性。

例程 7-7 object.html

```
<div id="app">
  <student :student-detail="stu"></student>
</div>

<script>
  const appData={
    data() {
      return {
        stu:{ id:1, name:'Tom',age:18 }
      }
    }
  }
  const app=Vue.createApp(appData)
  app.component('student', {
    props:['studentDetail'],
    template: `<p>{{studentDetail.id}},
              {{studentDetail.name}},{{studentDetail.age}}</p>`
  })
  app.mount('#app')
</script>
```

根组件模板中的<student>组件渲染后的结果为:

```
<p>1,Tom,18</p>
```

7.3.3 数组类型的属性

组件的属性还可以是数组类型。在例程 7-8 中,<hobby-list>组件的 hobbies 属性为数组类型,根组件的模板把 mydata 变量与 hobbies 属性绑定。

例程 7-8 array.html

```
<div id="app">
  <hobby-list :hobbies=mydata></hobby-list>
</div>

<script>
  const app=Vue.createApp({
```

```
    data(){
      return { mydata:['sing','dance','basket'] }
    }
  })

  app.component('HobbyList', {
    props:['hobbies'],
    template: '<div v-for="hobby in hobbies">{{hobby}}</div>'
  })
  app.mount('#app')
</script>
```

根组件模板中的<hobby-list>组件渲染后的结果为:

```
<div>sing</div>
<div>dance</div>
<div>basket</div>
```

7.3.4 绑定静态数据

静态数据指代表具体值的数据,如字符串 Hello、数字 10 或者对象{v1:10,v2:20}。在例程 7-9 中,组件<add>有两个数字类型的属性:v1 和 v2。<add>组件会计算 v1+v2 的值,并把运算结果显示到网页上。

例程 7-9　number.html

```
<div id="app">
  <add :v1="10" :v2="20"></add>
  <add v1="10" v2="20"></add>
</div>

<script>
  const addComponent={
    props:['v1','v2'],
    template: ' <p>{{v1}}+{{v2}}={{v1+v2}} </p>'
  }

  const app=Vue.createApp({
    components: {
      'add' : addComponent
    }
  })
  const vm=app.mount('#app')
</script>
```

在 number.html 的根组件的模板中,通过以下两种方式把静态数据赋值给组件<add>的 v1 和 v2 属性:

```
<!-- 通过v-bind指令把数字动态绑定到v1和v2属性 -->
<add :v1="10" :v2="20"></add>

<!---直接把数字赋值给v1和v2属性 -->
<add v1="10" v2="20"></add>
```

通过浏览器访问number.html,会看到网页上第1个<add>组件的输出结果为"10+20=30",而第2个<add>组件的输出结果为"10+20=1020",参见图7-2。

图 7-2　number.html 的网页

由此可见,如果要把静态数字赋值给组件的属性,需要通过v-bind指令把数字和组件的属性绑定。如果是直接赋值,Vue会把数字当作字符串处理,字符串运算"10"+"20"的结果为"1020"。

为了确保把静态数据正确地赋值给子组件的属性,Vue框架规定:当子组件的属性为除字符串类型以外的数据类型,如数字类型、布尔类型、数组类型或对象类型等,在父组件的模板中必须通过v-bind指令把静态数据与子组件的属性绑定。

例程7-10演示了绑定静态数据的方法。<student>组件有各种类型的属性,根组件的模板会把相应的静态数据与<student>组件的各个属性绑定。

例程7-10　bindstatic.html

```
<div id="app">
  <student name="Tom"
           :is-graduated="true"
           :age="18"
           :hobbies="['sing','dance','basketball']"
           :address="{home:'Beijing',company:'Shanghai'}" >
  </student>
</div>

<script>
  const app=Vue.createApp({})

  app.component('student', {
    props:['name','isGraduated','age','hobbies','address'],
    template: `<p>名字:{{name}} </p>
               <p>毕业否:{{isGraduated}} </p>
               <p>年龄:{{age}} </p>
               <p>兴趣:
                 <span v-for="hobby in hobbies">{{hobby+' '}}
                 </span>
               </p>
```

```
        <p>
            家庭地址:{{address.home}},
            公司地址:{{address.company}}
        </p> `
    })
    app.mount('#app')
</script>
```

根组件模板中的<student>组件渲染后的结果为:

```
<p>名字: Tom</p>
<p>毕业否: true</p>
<p>年龄: 18</p>
<p>兴趣: <span>sing </span>
        <span>dance </span><span>basketball </span></p>
<p> 家庭地址: Beijing, 公司地址: Shanghai</p>
```

7.3.5 传递对象

假如子组件有若干属性,父组件不仅可以为子组件的属性逐个赋值,还可以定义一个对象,这个对象的属性和子组件的各个属性对应,父组件可以直接把这个对象与子组件的各个属性绑定。

在例程 7-11 中,<student>组件有 name、isGraduated、age、hobbies 和 address 属性。根组件有一个对象类型的变量 student。

例程 7-11 sendobj.html

```
<div id="app">
  <student v-bind="student"></student>
</div>

<script>
  const appData={
    data(){
      return {
        student:{
          name:'Tom',
          isGraduated:true,
          age:18,
          hobbies:['sing','dance','basketball'],
          address:{home:'Beijing',company:'Shanghai'}
        }
      }
    }
  }
  const app=Vue.createApp(appData)
```

```
  app.component('student', {
    props:['name','isGraduated','age','hobbies','address'],
    template: ' …'
  })
  app.mount('#app')
</script>
```

以下代码把 student 变量的各个属性与<student>组件的各个属性绑定：

```
<student :name="student.name"
<student :is-graduated="student.isGraduated"
<student :age="student.age"
<student :hobbies="student.hobbies"
<student :address="student.address" ></student>
```

为了简化代码，Vue 框架允许直接把 student 变量与<student>组件的各个属性绑定，因此，以上代码可以改写为：

```
<student v-bind="student"></student>
```

7.3.6 属性的不可改变性

组件在 data 选项中定义的变量是可以随意改变取值的，而组件的属性的取值由父组件传入，在子组件中不允许修改属性。例程 7-12 有一个<add>组件，<add>组件有 v1 和 v2 属性。

例程 7-12 mutate.html

```
<div id="app">
  <add :v1="10" :v2="20"></add>
</div>

<script>
  const addComponent={
    props:['v1','v2'],
    template: `{{v1}}+{{v2}}={{v1+v2}}
      <button @click="v1++"> 修改 v1 属性</button>`
  }

  const app=Vue.createApp({
    components: {
      'add' : addComponent
    }
  })
  const vm=app.mount('#app')
</script>
```

通过浏览器访问 mutate.html，单击网页上的"修改 v1 属性"按钮，会试图修改 v1 属性的取值，执行 v1++ 语句。这时，在浏览器的控制台会看到以下警告信息，不允许修改 v1 属性：

```
[Vue warn]: Attempting to mutate prop "v1". Props are readonly.
```

如果子组件的属性为对象或数组类型，在子组件中可以改变对象或数组的内容。例程 7-13 中，<add> 组件有一个对象类型的 exp 属性。在根组件的模板中，会把根组件的 num 变量与子组件的 exp 属性绑定。

例程 7-13　mutateobject.html

```html
<div id="app">
  <add :exp="num"></add><br>
  <h3>根组件模板的输出</h3>
  v1={{num.v1}}, v2={{num.v2}}
</div>

<script>
  const addComponent={
    props:['exp'],
    template: `<h3>add 组件模板的输出</h3>
      {{exp.v1}}+{{exp.v2}}={{exp.v1+exp.v2}} <br>
      <button @click="exp.v1++">
        修改 exp 属性的 v1
      </button>
      <button @click="exp={v1:20,v2:30}">
        修改整个 exp 属性
      </button> `
  }

  const app=Vue.createApp({
    components: {
      'add' : addComponent
    },
    data(){
      return {
        num:{v1:10,v2:20}
      }
    }
  })
  const vm=app.mount('#app')
</script>
```

通过浏览器访问 mutateobject.html，单击网页上的"修改 exp 属性的 v1"按钮，会执行 exp.v1++ 语句，如图 7-3 所示。可以看到网页上的 exp.v1 递增 1，并且根组件的 num.v1 也发生同样的更新，这是因为 <add> 组件的 exp 属性与根组件的 num 变量引用同一个对象。

单击网页上的"修改整个 exp 属性"按钮，会执行 exp={v1:20,v2:30} 语句，这时浏览

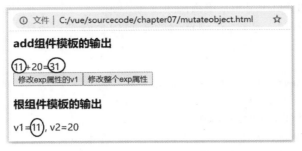

图 7-3 mutateobject.html 的网页

器的控制台输出以下警告信息,因为 exp 属性本身是不允许改变的:

```
[Vue warn]: Attempting to mutate prop "exp". Props are readonly.
```

提示:在 JavaScript 语言中,对象和数组是按照引用来传递的。如果子组件的属性是一个数组或对象,并且在子组件中改变了数组或对象本身的内容,那么会影响父组件的状态。

7.3.7 单向数据流

为了简化组件的数据传递过程,避免因为在某个组件中随意修改数据而出现混乱,Vue 框架提供了以下两个建议。

(1) 单向传递组件的属性,即由父组件把属性值传递给子组件的属性。
(2) 在子组件中不随意修改由父组件传入的对象或数组类型的属性的内容。

在例程 7-14 中,根组件在自己的模板中会把变量 data1 和变量 data2 传给子组件 <add> 的属性 v1 和属性 v2。

例程 7-14　oneflow.html

```
<div id="app">
  <input v-model.number="data1"/>
  <input v-model.number="data2"/>
  <add :v1="data1" :v2="data2"></add>
</div>

<script>
  const addComponent={
    props:['v1','v2'],
    template:'<div>{{v1}}+{{v2}}={{v1+v2}}</div>'
  }
  const app=Vue.createApp({
    data(){
      return {data1:10,data2:20}
    },
    components:{
      'add':addComponent
```

```
        }
    })
    const vm=app.mount('#app')
</script>
```

通过浏览器访问 oneflow.html,会得到如图 7-4 所示的网页。

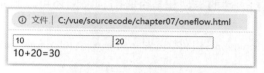

图 7-4 oneflow.html 的网页

如果在 oneflow.html 网页的输入框中输入新的数字,根组件的 data1 变量和 data2 变量会更新,<add>组件的 v1 属性和 v2 属性也会被同步更新。由此可见,当父组件的变量与子组件的属性绑定后,如果父组件的变量发生更新,那么子组件的属性会同步更新。

子组件获得了父组件传入的属性值后,如果仅把它作为初始值,以后还需要做独立于父组件的特定的更新,或者需要依据子组件的属性推算出其他数据,那么 Vue 框架提供了以下两种解决方案。

(1) 把属性作为初始值赋值给子组件中由 data 选项定义的变量。
(2) 定义一个计算属性,它的取值由子组件的属性推算。

例如,可以把 oneflow.html 中 addComponent 组件的定义内容的代码改写为:

```
const addComponent={
  props:['v1','v2'],
  data(){
    return {
      d1: this.v1, d2: this.v2
    }
  },
  computed: {           //计算属性
    sum(){
      return this.v1+this.v2
    },
    remainder(){
      return this.d1-this.d2
    }
  },
  template: `<div>{{v1}}+{{v2}}={{sum}}</div>
             <div>{{d1}}-{{d2}}={{remainder}}</div>`
}
```

以上 d1 变量和 d2 变量的初始值为 v1 属性和 v2 属性。尽管 Vue 不允许在 addComponent 组件中修改 v1 属性和 v2 属性,但是允许对 d1 变量和 d2 变量做任意修改。

sum 计算属性的取值为 v1 属性和 v2 属性的和，remainder 计算属性的取值为 d1 变量和 d2 变量的差。

7.3.8　属性验证

为了验证父组件向子组件传递的属性值是否合法，可以在子组件中对属性设定验证条件。属性的验证条件包括属性的类型和是否必需，此外，还可以自定义属性的验证条件，以及设置属性的默认值。

例程 7-15 包含一个<person>组件，它对 name、age、telephone、address、intro 和 print 属性设定了验证条件。

例程 7-15　validate.html

```
<div id="app">
  <person : name="username"
                   : age="20"
                   : telephone="56784321"
                   address="Shanghai"
                   : print="printFunc"
                   : intro="{message: 'I am Tom'}"></person>
</div>

<script>
  function Name(firstName,lastName){
    this.firstName=firstName
    this.lastName=lastName
  }

  const app=Vue.createApp({
    data() {
      return {
        //由 Name 构造函数创建
        username: new Name('Tom','Smith'),

        //函数类型的变量
        printFunc: function(){
          console.log(this.name)
        }
      }
    }
  })

  app.component('person', {
    props:{
      name:{
        type: Name,              //必须为 Name 类型
        required: true           //必须提供的属性
      },
```

```
      age: Number,                    //必须为数字
      telephone: [String,Number],     //必须为字符串或数字
      address: {
        validator(value){
          //address 属性只能是下列字符串中的一个
          return ['Beijing','Shanghai','Hangzhou']
                  .indexOf(value)!=-1
        },
        //default: 'Beijing'           //默认值
        default(){                     //默认值
          return 'Beijing'
        }
      },
      intro: {
        type: Object,                  //必须为对象类型
        default:{message:'我很棒！'}    //默认值
      },
      print: Function                  //必须为函数类型
    },
    mounted(){
      this.print()
    },
    template: `<div>Name:{{name.firstName+' '+name.lastName}}</div>
              <div>Age: {{age}}</div>
              <div>Telephone: {{telephone}}</div>
              <div>Address: {{address}}</div>
              <div>Introduction: {{intro.message}}</div> `
  })
  app.mount('#app')
</script>
```

1. 必须提供的属性

\<person\>组件的 name 属性是必须提供的属性。在以下代码中，required：true 表示必须提供 name 属性：

```
name: {
    type: Name,
    //必须提供的属性
    required: true
}
```

在 validate.html 的根组件的模板中，如果没有为\<person\>组件设置 name 属性，那么访

问 validate.html 时,在浏览器的控制台会显示以下警告信息:

```
[Vue warn]: Missing required prop: "name"
```

2. 属性的类型

属性的合法类型包括以下两种。

(1) 通过内置构造函数创建的类型:String、Number、Boolean、Array、Object、Date、Function 和 Symbol。例如,<person>组件的 age 属性为 Number 类型,telephone 属性为 Number 类型或 String 类型,intro 属性为 Object 类型。

(2) 通过自定义构造函数创建的类型。

print 属性为 Function 类型。在根组件的模板中,会把 printFunc 函数变量传给<person>组件的 print 属性,代码如下:

```
<person :print="printFunc" …>
```

在根组件的 data 选项中定义了 printFunc 函数变量,代码如下:

```
//函数类型的变量
printFunc: function(){
  console.log(this.name)
}
```

在<person>组件的 mounted 生命周期钩子函数中会调用 print 函数属性,代码如下:

```
mounted(){
  this.print()
}
```

当<person>组件挂载到父组件中后,Vue 框架就会调用<person>组件的 mounted()钩子函数。在执行以上 this.print()语句时,实际上执行根组件的 printFunc 函数,而此时在 printFunc 函数中的 this.name 指的是当前<person>组件的 name 属性。

由此可见,父组件可以通过子组件的函数类型的属性,把一个函数传递给子组件,这个函数能够访问子组件的数据。

<person>组件的 name 属性是 Name 类型,它是通过自定义构造函数创建的类型,代码如下:

```
function Name(firstName,lastName){
  this.firstName=firstName
  this.lastName=lastName
}
```

3. 自定义的属性验证条件

<person>组件的 address 属性设定了自定义的验证条件,要求 address 属性只能是特定的几个字符串之一,例如:

```
validator(value){             //value参数表示当前的address属性值
  //address属性只能是下列字符串之一
  return ['Beijing','Shanghai','Hangzhou']
         .indexOf(value)!=-1
}
```

4. 属性的默认值

address 属性的默认值为 Beijing，可以按照如下方式设定：

```
default:'Beijing' //默认值
```

如果设定默认值需要经过一些逻辑运算，则可以通过函数设定，例如：

```
default(){            //默认值
  if(条件表达式)
    return 'Beijing'
  else
    return 'Shanghai'
}
```

7.4 non-prop 属性

Vue 组件的属性通常在 props 选项中定义。为了简化编程，Vue 还支持不通过 props 选项定义的属性，这种属性称为 non-prop 属性。id、class 和 style 等是常见的 non-prop 属性。

在例程 7-16 中，<my-component>组件的 class 属性就是 non-prop 属性。

例程 7-16　nonprop.html

```
<style>
  .bg-class {background: yellow;}
  .font-class {font-size: 20px;}
</style>

<div id="app">
  <my-component class ="bg-class"></my-component>
</div>

<script>
  const app=Vue.createApp({ })
  app.component('myComponent', {
    computed: {
      classDetail(){         //计算属性
        return 'class='+this.$attrs.class
      }
    },
    template: '<p>{{$attrs.class}},{{classDetail}}</p>'
  })
  app.mount('#app')
</script>
```

根组件模板中的<my-component>组件渲染后的结果为：

```
<p class="bg-class">bg-class,class=bg-class</p>
```

由此可见，class 属性会自动添加到<my-component>组件的模板的根节点<p>元素中，并且在<my-component>组件的计算属性、方法或者模板中，可以通过 $attrs.class 的形式访问 class 属性。

如果把<my-component>组件的模板改为：

```
template: '<p class="font-class">{{$attrs.class}}</p>'
```

那么根组件模板中的<my-component>组件渲染后的结果为：

```
<p class="font-class bg-class">bg-class</p>
```

由此可见，Vue 框架在渲染<my-component>组件时，会把<my-component>组件的 class 属性与模板中<p>元素的显式指定的 class 属性的值合并到一起。

按照其 DOM 元素的包含关系，组件的模板可分为以下两种。

（1）单节点模板：存在一个根 DOM 元素，其他 DOM 元素都包含在根 DOM 元素中。

（2）多节点模板：在模板中有若干并列的 DOM 元素，不存在包含所有其他 DOM 元素的根 DOM 元素。

7.4.1~7.4.3 节将会介绍这两种模板中的节点继承或绑定 non-prop 属性的方式。这里的节点指 DOM 元素，继承或绑定指把 non-prop 属性添加到特定的节点中。

7.4.1 单节点模板中根节点对 non-prop 属性的继承

在单节点模板中，默认情况下，non-prop 属性由根节点自动继承。例程 7-17 定义了一个<title-component>组件，它的 class 属性和 content 属性都是 non-prop 属性。

例程 7-17 inherit.html

```
<div id="app">
  <title-component class="bg-class" content="Hello">
  </title-component>
</div>

<script>
  const app=Vue.createApp({ })

  app.component('titleComponent', {
    //单节点模板
    template: '<div><p>{{$attrs.content}}</p></div>'
  })
  app.mount('#app')
</script>
```

在<title-component>组件中，模板的<div>元素是根节点，它包含一个子节点<p>元素，因此该模板是单节点模板。

根组件模板中的<title-component>组件渲染后的结果为：

```
<div class="bg-class" content="Hello">
  <p>Hello</p>
</div>
```

由此可见，默认情况下，单节点模板中的根节点继承 non-prop 属性。

7.4.2 在单节点模板中禁止 non-prop 属性的继承

如果不希望单节点模板的根节点自动继承 non-prop 属性，那么可以把组件的 inheritAttrs 选项设为 false。在例程 7-18 中，<title-component>组件禁止了模板中根节点<div>元素对 class 和 content 这两个 non-prop 属性的继承。

例程 7-18　noninherit.html

```
<div id="app">
  <title-component class="bg-class" content="Hello">
  </title-component>
</div>

<script>
  const app=Vue.createApp({ })

  app.component('titleComponent', {
    inheritAttrs: false,        //禁止根节点自动继承 non-prop 属性
    template: `<div>
              <p v-bind="$attrs">{ $attrs.content}}</p>
            </div>`
  })
  app.mount('#app')
</script>
```

在<title-component>组件的模板中，通过 v-bind 指令把 non-prop 属性和<p>元素绑定，代码如下：

```
<p v-bind="$attrs">{{$attrs.content}}</p>
```

根组件模板中的<title-component>组件渲染后的结果为：

```
<div>
  <p class="bg-class" content="Hello">Hello</p>
</div>
```

由此可见，此时根节点<div>元素不再自动继承 non-prop 属性。此外，<p>元素的 v-bind

指令把 class 和 content 这两个 non-prop 属性添加到<p>元素中。

提示：不管是根节点继承了 non-prop 属性，还是由子节点绑定了 non-prop 属性，在任意一个节点中，都可以通过 \$attrs.content 的形式访问 non-prop 属性。

7.4.3　多节点模板中节点与 non-prop 属性的绑定

在多节点模板中，由于不存在根节点，因此就不存在根节点对 non-prop 属性的继承。模板中的某个节点如果需要添加 non-prop 属性，可以通过 v-bind 指令绑定。

在例程 7-19 中，<title-component>组件的模板是多节点模板，它包括 3 个并列的<p>元素。

例程 7-19　multinode.html

```html
<div id="app">
  <title-component class="bg-class" content="Hello">
  </title-component>
</div>

<script>
  const app=Vue.createApp({ })

  app.component('titleComponent', {
    //多节点模板
    template: `<p v-bind="$attrs">{$attrs.class}}</p>
               <p>{$attrs.content}}</p>
               <p v-bind="$attrs">{$attrs.content}}</p>`
  })
  app.mount('#app')
</script>
```

根组件模板中的<title-component>组件渲染后的结果为：

```html
<p class="bg-class" content="Hello">bg-class</p>
<p>Hello</p>
<p class="bg-class" content="Hello">Hello</p>
```

由此可见，多节点模板中的特定节点只有通过 v-bind 指令绑定了 non-prop 属性，这些属性才会被添加到该节点中。

7.5　组件树

许多网站的网页在布局上会有统一的结构。例如，图 7-5 显示了一种网页布局。为了提高网页代码的可重用性和可维护性，可以定义 4 个组件：<header-component>、<content-component>、<sidebar-component>和<footer-component>，它们分别代表网页的不同区域。再定义一个表示网页整体布局的<struct-component>组件，它会包含这 4 个表示网页局部区域的组件。网页的根组件只需要包含<struct-component>组件，就能生成特定的网页。

图 7-5 网页的一种布局

例程 7-20 是按照图 7-5 的布局定义的网页。

例程 7-20　learnvue.html

```html
<div id="app">
  <struct-component :content-template="contentTemplate">
  </struct-component>
</div>

<script >
  //左侧菜单栏的模板
  const sidebarTemplate= `…`

  const structTemplate= `
    <table width="100%" height="100%">
      <tr>
        <!-- 左侧菜单栏部分 -->
        <td width="150" valign="top" align="left" bgcolor="#CCFFCC">
          <sidebar-component></sidebar-component>
        </td>
        <!-- 右边网页主题 -->
        <td height="100%" width="*">
          <table width="100%" height="100%">
            <tr>
              <!-- 头部 -->
              <td valign="top" height="15%">
                <header-component></header-component>
              </td>
            </tr>
            <tr>
              <!-- 主体部分 -->
              <td valign="top" >
                <content-component
                  :content-template="contentTemplate">
                </content-component>
              </td>
            </tr>
            <tr>
              <!-- 尾部 -->
              <td valign="bottom" height="15%">
                <footer-component></footer-component>
              </td>
            </tr>
          </table>
```

```
      </td>
    </tr>
  </table> `
  
  const headerComponent={
    template: '<h2>欢迎光临 JavaThinker.net</h2><hr>'
  }
  
  const footerComponent={
    template: '<hr>联系我们,QQ 学习群：915851077'
  }
  
  const sidebarComponent={
    template: sidebarTemplate
  }
  
  const contentComponent={
    props: ['contentTemplate'],
    template: `<div v-html="contentTemplate"></div>`
  }
  
  const structComponent={
    props: ['contentTemplate'],
    components: {
      'header-component': headerComponent,
      'footer-component': footerComponent,
      'sidebar-component': sidebarComponent,
      'content-component': contentComponent
    },
    template: structTemplate
  }
  
  const app=Vue.createApp({
    data(){
      return {contentTemplate:
              '<p>一起学习《精通 Vue.js：Web 前端开发技术详解》</p>'}
    },
    components: {
      'struct-component': structComponent
    }
  })
  
  const vm=app.mount('#app')
</script>
```

<struct-component>组件以及<content-component>组件都有一个 contentTemplate 属性。此外,根组件也有一个 contentTemplate 变量。它们都表示网页的主体部分的模板内容。根组件的模板会把 contentTemplate 变量与<struct-component>组件的 contentTemplate 属性绑定,<struct-component>组件的模板再把自身的 contentTemplate 属性与<content-component>组件的 contentTemplate 属性绑定,参见图 7-6。

通过浏览器访问 learnvue.html,会得到如图 7-7 所示的网页。

learnvue.html 中组件之间的嵌套关系比较简单,根组件包含了<struct-component>组件,<struct-component>组件又包含了 4 个子组件,参见图 7-8。

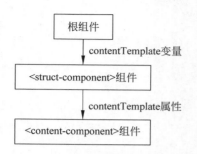

图 7-6 父组件与子组件之间数据的传递

图 7-7 learnvue.html 的网页

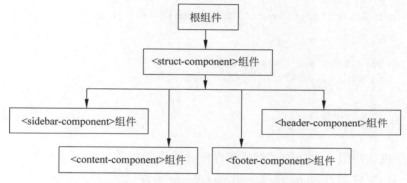

图 7-8 learnvue.html 中组件的嵌套关系

当一个父组件包含了若干子组件,而一个子组件还包含其他子组件,这样层层嵌套下去,就会组成一棵组件树。当组件树非常复杂,为了便于管理组件,以及组件之间的跳转关系,会通过 Vue CLI 脚手架工具创建组件,并通过 Vue Router 插件管理组件的路由,第 10 章和第 11 章将分别对此做出介绍。

7.6 监听子组件的事件

父组件通过子组件的属性向子组件传递数据。反过来,子组件该如何向父组件传递数据呢?答案是可以利用触发事件的方式。在例程 7-21 中有一个 <greet> 组件,它通过触发 greetEvent 事件,把 name 变量传递给根组件。

例程 7-21 emit.html

```
<div id="app">
  <!-- greet-event 采用 lower-kebab-case 命名规则 -->
  <greet @greet-event="sayHello"></greet>
</div>

<script>
  const app=Vue.createApp({
    methods: {
```

```
      sayHello(name){
        alert("Hello,"+name)
      }
    }
  })
  app.component('greet', {
    data() {
      return { name: '' }
    },
    emits: ['greetEvent'],
    methods: {
      doClick(){
        this.$emit('greetEvent',this.name)
      }
    },
    template: ` <input v-model="name" />
        <button @click="doClick">Greet</button>`
  })
  app.mount('#app')
</script>
```

<greet>组件与根组件之间通过触发事件传递数据的步骤如下。

（1）<greet>组件通过 emits 选项声明 greetEvent 事件，代码如下：

```
emits: ['greetEvent']
```

（2）在<greet>组件的 doClick( )方法中，通过 this.$emit( )方法触发 greetEvent 事件，代码如下：

```
doClick(){
  this.$emit('greetEvent',this.name)
}
```

以上 this.$emit( )方法的第 1 个参数指定触发的事件，第 2 个参数是传递给事件处理方法的数据。这里，<greet>组件的 name 变量会传给根组件的事件处理方法 sayHello( )。

如果要传递多个数据，可以把数据放在花括号内，例如：

```
this.$emit('greetEvent', { this.name, this.password })
```

（3）在根组件的模板中指定 greetEvent 事件的处理方法为 sayHello( )，代码如下：

```
<greet @greet-event="sayHello"></greet>
```

在外置模板中，需要按照 lower-kebab-case 命名规则引用 greetEvent 事件。

(4)在根组件中定义 sayHello()方法,代码如下:

```
methods:{
  sayHello(name){
    alert("Hello,"+name)
  }
}
```

以上 sayHello()方法的 name 参数是由<greet>组件触发 greetEvent 事件时传递过来的数据。

通过浏览器访问 emit.html,在<greet>组件的输入框中输入字符串,再单击网页上的 Greet 按钮,就会触发 click 事件,该事件由<greet>组件的 doClick()方法处理。doClick()方法再触发 greetEvent 事件,该事件由根组件的 sayHello()方法处理,sayHello()方法会在提示框中显示由 greetEvent 事件传过来的 name 参数,参见图 7-9。

图 7-9　emit.html 的网页

7.6.1　验证事件

7.3.8 节介绍了对属性的验证,事件也可以进行验证。例程 7-22 与例程 7-21 的代码基本相同,区别在于例程 7-22 对 greetEvent 事件的 name 参数进行了验证。

例程 7-22　emitvalidate.html 的主要代码

```
app.component('greet', {
  data() {
    return { name: '' }
  },
  emits: {
    //验证 name 参数不允许为空
    greetEvent: ( name ) => {
      if (name) {
        return true
      } else {
        alert('Please input name')
        return false
      }
    }
  },
  ...
})
```

通过浏览器访问 emitvalidate.html,在网页上单击 Greet 按钮,当触发 greetEvent 事件时,就会进行事件验证,判断 name 参数是否为空。如果 name 参数为空,就会弹出提示 Please input name 的警告窗口。

以下代码中的<custom-form>组件会触发 click 事件和 submit 事件,对 click 事件无须验证,对 submit 事件需要验证。在验证 submit 事件时,会验证 email 和 password 参数是否为空:

```
app.component('custom-form', {
  ...
  emits: {
    // 无须验证 click 事件
    click: null,

    // 验证 submit 事件
    submit: ({ email, password }) => {
      //验证 email 和 password 参数不允许为空
      if (email && password) {
        return true
      } else {
        console.warn('Invalid submit event! ')
        return false
      }
    }
  },
  methods: {
    submitForm() {
      this.$emit('submit', { this.email, this.password })
    }
  }
})
```

7.6.2　通过 v-model 指令绑定属性

把事件触发机制和 v-model 指令结合,可以实现父组件的变量与子组件的属性之间的双向绑定。在例程 7-23 中,<title-component>组件有一个 currtitle 属性。在根组件的模板中,通过 v-model 指令把根组件的 title 变量与<title-component>组件的 currtitle 属性绑定。

例程 7-23　vmodel.html

```
<div id="app">
  <title-component v-model:currtitle="title"></title-component>
  <p>根组件的 title 变量: {{title}}</p>
</div>

<script>
  const app=Vue.createApp({
```

```
      data(){
        return {title: ''}
      }
    })
    
    app.component('title-component', {
      props: ['currtitle'],
      emits: ['update:currtitle'],
      
      template: `<p>
      <input
         type="text"
         :value="currtitle"
         @input="$emit('update:currtitle', $event.target.value)">
      </p>
      <p>title-component 组件的 currtitle 属性：{{this.currtitle}}</p>`
    })
    
    app.mount('#app')
</script>
```

<title-component>组件的文本输入框会触发 input 事件，该事件的处理方式为触发一个 update:currtitle 事件，代码如下：

```
@input="$emit('update:currtitle', $event.target.value)"
```

以上 \$event.target.value 表示当前文本输入框的输入值，它会传给根组件的处理 update:currtitle 事件的方法。这里，处理 update:currtitle 事件的方法是由 v-model 指令实现的，代码如下：

```
<title-component v-model:currtitle="title"></title-component>
```

以上 v-model 指令会同步更新绑定的根组件的 title 变量和<title-component>组件的 currtitle 属性，即把 update:currtitle 事件传过来的 \$event.target.value 参数赋值给 title 变量和 currtitle 属性。

通过浏览器访问 vmodel.html，在网页的文本输入框中输入字符串，会看到根组件的 title 变量和<title-component>组件的 currtitle 属性发生同步更新，参见图 7-10。

图 7-10　vmodel.html 的网页

7.6.3 通过 v-model 指令绑定多个属性

v-model 指令还可以绑定子组件的多个属性。在例程 7-24 中，<name-component>组件有两个属性：firstName 和 lastName。在根组件的模板中，v-model 指令把这两个属性分别和根组件的 firstName 变量和 lastName 变量绑定。

例程 7-24　multibind.html

```
<div id="app">
  <name-component
    v-model:first-name="firstName"
    v-model:last-name="lastName"></name-component>
  <p>{{firstName+" "+lastName}}</p>
</div>

<script>
  const app=Vue.createApp({
    data(){
      return{
        firstName:'',lastName:''
      }
    }
  })

  app.component('name-component',{
    props:{
      firstName:String,
      lastName:String
    },
    emits:['update:firstName', 'update:lastName'],
    template:`
      <input
        type="text"
        :value="firstName"
        @input="$emit('update:firstName', $event.target.value)">

      <input
        type="text"
        :value="lastName"
        @input="$emit('update:lastName', $event.target.value)">`
  })
  app.mount('#app')
</script>
```

通过浏览器访问 multibind.html，在文本输入框中输入字符串，会看到根组件的 firstName 变量和 lastName 变量做同步更新，参见图 7-11。

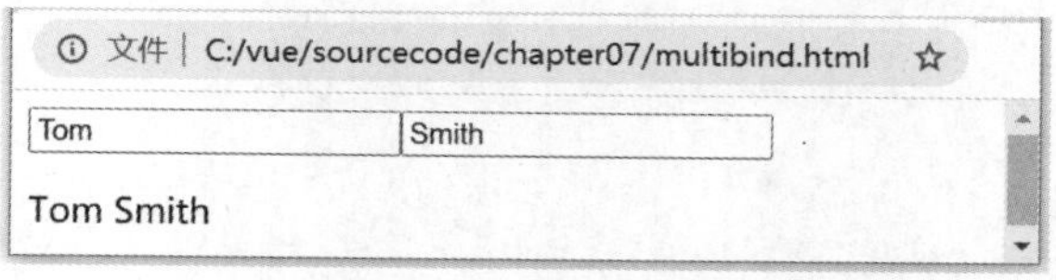

图 7-11 multibind.html 的网页

7.6.4 v-model 指令的自定义修饰符

2.1.2 节介绍 v-model 指令时，已经介绍了它的 trim、number 和 lazy 等内置修饰符的用法。当 v-model 指令用于绑定子组件的属性时，还可以自定义一些修饰符。例程 7-25 为 v-model 指令定义了一个 capitalize 修饰符，它对 v-model 指令的修饰效果是把<my-component>组件的文本输入框的字符串的首字母改为大写，并且同步更新<my-component>组件的 modelValue 属性和根组件的 myText 变量。

例程 7-25 modifier.html

```
<div id="app">
  <my-component v-model.capitalize="myText"></my-component>
  {{ myText }}
</div>

<script>
  const app = Vue.createApp({
    data() {
      return { myText: '' }
    }
  })

  app.component('my-component', {
    props: {
      modelValue: String,
      modelModifiers: {
        default: () => ({})
      }
    },
    emits: ['update:modelValue'],
    methods: {
      emitValue(e) {
        let value = e.target.value

        //如果设置了 capitalize 修饰符
        if (this.modelModifiers.capitalize) {
          //把首字母改为大写
          value = value.charAt(0).toUpperCase() + value.slice(1)
        }
        this.$emit('update:modelValue', value)
```

```
    }
  },
  template: `<input
    type="text"
    :value="modelValue"
    @input="emitValue">`
})
app.mount('#app')
</script>
```

\<my-component\>组件有一个对象类型的属性 modelModifiers，它用来包含 v-model 指令的修饰符，默认值是一个空的对象。在\<my-component\>组件的生命周期中，当 created( )钩子函数被触发，modelModifiers 属性就会包含 captitalize 修饰符。

\<my-component\>组件的 emitValue( )方法用来处理文本输入框的 input 事件。在 emitValue( )方法中，this. modelModifiers. capitalize 表示是否设置了 capitalize 修饰符。如果在根组件的模板中为 v-model 指令设置了 capitalize 修饰符：

```
<my-component v-model.capitalize ="myText">
```

那么 this. modelModifiers. capitalize 的值为 true。如果在根组件的模板中没有为 v-model 指令设置 capitalize 修饰符：

```
<my-component v-model="myText">
```

那么 this. modelModifiers. capitalize 的值为 false。

通过浏览器访问 modifier. html，在文本输入框中输入一些字符串，首字母会立刻改为大写，这就是 capitalize 修饰符的作用，参见图 7-12。

图 7-12　modifier. html 的网页

如果 v-model 指令显式地与子组件的特定属性 xxx 绑定，那么子组件中包含修饰符的 Modifiers 属性的确切名字为 xxxModifiers。在例程 7-26 中，v-model 指令把\<my-component\>组件的 description 属性与根组件的 myText 变量绑定，并且 v-model 指令有一个 lowercase 修饰符，它对 v-model 指令的修饰效果是把\<my-component\>组件的文本输入框的字符串改为小写，并且同步更新\<my-component\>组件的 description 属性以及根组件的 myText 变量。

例程 7-26　modifiername. html

```
<div id="app">
  <my-component v-model:description.lowercase="myText">
  </my-component>
  {{myText}}
```

```
    </div>
    <script>
      const app = Vue.createApp({
        data() {
          return { myText: '' }
        }
      })

      app.component('my-component', {
        props: ['description', 'descriptionModifiers'],
        emits: ['update:description'],
        methods: {
          emitDescription(e) {
            let value = e.target.value

            //如果设置了 lowercase 修饰符
            if (this.descriptionModifiers.lowercase) {
              //把字母改为小写
              value = value.toLowerCase()
            }
            this.$emit('update:description', value)
          }
        },

        template: `<input
          type="text"
          :value="description"
          @input="emitDescription">`,

        created() {
          console.log(this.descriptionModifiers)      // {lowercase: true}
        }
      })
      app.mount('#app')
    </script>
```

<my-component>组件有 description 属性和相应的 descriptionModifiers 属性。通过浏览器访问 modifiername.html,当 Vue 框架执行<my-component>组件的 created()生命周期钩子函数时,this.descriptionModifiers 属性的值为一个对象{lowercase: true},它表示当前 v-model 指令设置了 lowercase 修饰符。v-model 指令处理的事件名为 update:description。

7.6.5 处理子组件中 DOM 元素的原生事件

DOM 元素本身产生的事件称为原生事件,例如<button>元素会产生 click 原生事件,<input>元素会产生 input 原生事件和 focus 原生事件。

父组件可以处理子组件的 DOM 元素的原生事件。例如,例程 7-27 的根组件的模板中,会处理<greet>组件的<button>元素的 click 原生事件。click 原生事件实际上由<greet>组件的根 DOM 元素的原生事件的监听器来监听。

例程 7-27　rawevent.html

```
<div id="app">
  <greet @click="sayHello"></greet>
</div>

<script>
  const app=Vue.createApp({
    methods:{
      sayHello(){
        alert("Hello")
      }
    }
  })

  app.component('greet',{
    template:'<button>Greet</button>'
  })
  app.mount('#app')
</script>
```

通过浏览器访问 rawevent.html,单击网页上的 Greet 按钮,就会触发 click 事件,该事件由<greet>组件模板的<button>元素的原生事件的监听器监听,并且由根组件的 sayHello() 方法处理。

下面对 rawevent.html 做一些修改,使<greet>组件还会触发自定义的 click 事件:

```
app.component('greet',{
  template:`
    <button @click="this.$emit('click')">Greet</button>`
})
```

通过浏览器访问 rawevent.html,单击网页上的 Greet 按钮,会看到根组件的 sayHello() 方法被调用了两次。这是因为 click 事件此时既是<button>元素的原生事件,又是<greet>组件的自定义事件,有两个监听器分别监听到了 click 事件:<greet>组件的根元素<button>的原生事件的监听器和<greet>组件的自定义事件的监听器。

如果不希望<button>元素的原生事件的监听器监听到 click 事件,那么需要在<greet>组件中通过 emits 选项显式声明 click 事件:

```
app.component('greet',{
  emits:['click'],
  template:`
        <button @click="this.$emit('click')">Greet</button>`
})
```

以上 emits 选项的作用是声明 click 是自定义事件,而不是原生事件。再次通过浏览器访问 rawevent.html,单击网页上的 Greet 按钮,会看到根组件的 sayHello( ) 方法只被调用了一次,这是因为只有<greet>组件的自定义事件的监听器监听到了 click 事件。

7.7 综合范例:自定义组件<combobox>

本节介绍一个综合范例。创建一个<combobox>组件,它包含一个<select>下拉列表和<input>输入框。当用户在下拉列表中选择了一个选项,在输入框和父组件中会立即显示这个选项。例程 7-28 为该范例的源代码。

例程 7-28　combobox.html

```
<div id="app">
  <combobox :label="label"
            v-model:country="country"
            :options="options">
  </combobox>
  <p>您所在的国家为: {{ country }}</p>
</div>

<script>
  const app=Vue.createApp({
    data(){
      return{
        options:['China','USA','Japanese','France'],
        country: '',
        label: '国家'
      }
    }
  })

  app.component('combobox', {
    props:['label','country','options'],
    emits:['update:country'],
    template:`
      <table><tr><td>
      {{label}}: <input :value="country"/>
      </td><td>
      <select :value="country"
        @change="$emit('update:country', $event.target.value)">
        <option value="" disabled>请选择</option>
        <option v-for="option in options" :value="option">
          {{ option }}
        </option>
      </select>
      </td></tr></table>`
  })

  const vm=app.mount('#app')
</script>
```

<combobox>组件有 label、country 和 options 属性,根组件有 label、country 和 options 变量。在根组件的模板中,通过 v-bind 指令把根组件的 label 变量和 options 变量与<combobox>组件的相应属性绑定,这种绑定是单向的,把根组件的变量值传给<combobox>组件的相应属性:

```
<combobox : label = "label"
          v-model: country = "country"
          : options = "options">
```

在以上代码中,还通过 v-model 指令把根组件的 country 变量和<combobox>组件的 country 属性进行双向绑定。

在<combobox>组件的模板中,当选择了<select>下拉列表中的一个选项,就会触发 change 事件,该事件的处理方式为触发一个 update:country 事件,代码如下:

```
<select : value = "country"
        @change = "$emit('update:country', $event.target.value)">
```

根组件的模板中的 v-model 指令对 update:country 事件的处理方式为:把<select>下拉列表的选中项赋值给<combobox>组件的 country 属性及根组件的 country 变量。$emit()方法中的$event.target.value 就是<select>下拉列表的选中项。

通过浏览器访问 combobox.html,可得到如图 7-13 所示的网页。在网页的<select>下拉列表中选择一个国家,可以看到输入框及根组件模板的插值表达式{{country}}也会显示同样的国家。

图 7-13　combobox.html 的网页

7.8　小结

Vue 组件可以被重用,它可以像 DOM 元素一样插入其他组件的模板中。组件分为全局组件和局部组件。全局组件可以直接插入其他组件的模板中,而局部组件需要先通过 components 选项在父组件中注册,才能插入父组件的模板中。

父组件通过在模板中为子组件设置属性值向子组件传递数据。在子组件中还可以为属性设定验证条件,从而检验父组件传过来的属性值是否合法。

non-prop 属性是没有在子组件的 props 选项中声明,直接由父组件为子组件提供属性。在子组件的单节点模板中,默认情况下,non-prop 属性被添加到根节点中。此外,无论子组件的模板是单节点模板还是多节点模板,都可以通过 v-bind 指令为特定节点添加 non-prop 属性。

子组件通过触发事件向父组件传递数据。组件的内置 $emit() 方法会触发自定义的事件,并且向父组件的处理事件的方法传递参数。例如,以下子组件中的代码会触发 greetEvent 事件,并且向父组件的处理 greetEvent 事件的方法传递 this.name 变量:

```
this.$emit('greetEvent',this.name)
```

把 v-model 指令与触发事件机制相结合,可以实现父组件的变量与子组件的属性的双向绑定。例如,以下代码在父组件的模板中插入了一个<title-component>组件,v-model 指令把子组件的 xxx 属性与父组件的 title 变量绑定:

```
<title-component v-model:xxx="title"></title-component>
```

当子组件的属性为 xxx,那么 v-model 指令处理的事件为 update:xxx。如果子组件触发了 update:xxx 事件:

```
this.$emit('update:xxx', $event.target.value)
```

那么父组件模板中的 v-model 指令就会同步更新子组件的 xxx 属性与父组件的 title 变量,即把 $event.target.value 参数赋值给它们。

7.9 思考题

1. 以下说法正确的是(　　)。(多选)
   A. 局部组件只能插入全局组件的模板中
   B. 组件的 components 选项用来注册其他的局部组件
   C. 在外置模板中插入一个组件时,建议组件名遵守 lower-kebab-case 命名规则
   D. 全局组件通过 Vue 应用实例的 component() 方法注册
2. 以下代码定义了一个名为 MyComp 的组件:

```
app.component('MyComp', {
  props:['myProp'],
  template:'{{myProp}}'
})
```

父组件有一个变量 var,在父组件的 template 选项中,插入<MyComp>组件是合法的,并且会把变量 var 传给 myProp 属性的是(　　)。(多选)
   A. template:`<MyComp myProp="var"></MyComp>`
   B. template:`<MyComp :myProp="var"></MyComp>`
   C. template:`<my-comp :my-prop="var"></my-comp>`
   D. template:`<MyComp :var="myProp"></MyComp>`
3. <person>组件的 name、age、address 和 isMarried 分别为字符串、数字、对象和布尔类型。父组件把静态数据赋值给<person>组件的(　　)属性时需要通过 v-bind 指令绑定。

（多选）

    A．name   B．age   C．address   D．isMarried

4．<add>组件有一个对象类型的 exp 属性，父组件有一个对象类型的 num 变量，它的取值为{v1:10,v2:20}。在父组件的模板中，把 num 变量与 exp 属性绑定：

```
<add :exp="num"></add>
```

在<add>组件的 methods 选项的方法中，操作（　　）是合法的。（单选）

    A．this.exp={v1：20,v2：30}   B．this.num.v1++

    C．this.exp.v1++   D．console.log(exp)

5．关于 non-prop 属性，以下说法正确的是（　　）。（多选）

    A．non-prop 属性不需要在组件的 props 选项中声明

    B．对于组件的单节点模板，默认情况下，non-prop 属性被添加到根节点中

    C．对于组件的多节点模板，默认情况下，non-prop 属性被添加到所有节点中

    D．假如 title 属性是 non-prop 属性，可通过 this.$attrs.title 访问 title 属性

6．关于组件的事件触发机制，以下说法正确的是（　　）。（多选）

    A．组件的 emits 选项用来声明会触发的事件

    B．父组件触发特定事件，然后由子组件进行处理

    C．子组件触发事件时，还可以把特定数据作为参数，传递给父组件的事件处理方法

    D．组件的 $emit() 方法能够触发事件

第8章 Vue组件开发高级技术

Vue组件不仅具有一定的相对独立性,它还是开放、灵活多变的,可以与其他的组件进行互动,本章将继续介绍组件的以下9个高级开发技术。

(1) 父组件通过子组件的插槽为子组件的模板插入内容。
(2) 动态选择需要插入到模板中的组件。
(3) 利用异步组件实现只有在需要的时候才加载组件。
(4) 利用组件的生命周期钩子函数,在特定的时机完成组件的初始化操作。
(5) 利用混入块提高组件代码的可重用性。
(6) 利用$root、$parent和$refs等组件的内置变量,实现组件之间的互相访问。
(7) 一个组件的模板递归插入自身组件。
(8) 通过text/x-template类型的JavaScript脚本指定组件的模板内容。
(9) 通过<teleport>组件与根组件模板以外的DOM元素通信,向该DOM元素添加特定的内容。

8.1 插槽<slot>

Vue组件可以像DOM元素一样插入到父组件的模板中。许多DOM元素都具有内容,例如,以下<div>元素的内容为Hello:

```
<div>Hello</div>
```

那么,是否可以为Vue组件提供内容呢?答案是肯定的,可以使用Vue的<slot>插槽组件实现。如图8-1所示,<slot>组件的工作机制如下。

(1) 在子组件的模板的特定位置插入<slot>组件,表示此处存在一个插槽。

（2）父组件的模板为子组件模板中的<slot>组件提供内容，子组件模板的<slot>组件读取父组件提供的内容，并把它插入到子组件模板中。

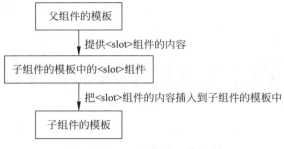

图 8-1　<slot>组件的工作机制

在例程 8-1 中有一个<display>组件，在它的模板中插入了<slot>组件。根组件是<display>组件的父组件。在根组件的模板中，为<slot>组件提供了内容 Hello。<display>组件模板中的<slot>组件能够读取内容 Hello，并把它插入到<display>组件的模板中。

例程 8-1　basic.html

```
<style>
  .pinkbox {
    width: 200px;
    height: 25px;
    background-color: pink;
    text-align: center
  }
</style>

<div id="app">
  <display class="pinkbox">Hello </display>
</div>

<script>
  const app=Vue.createApp({ })
  app.component('display', {
    template: '<div><slot></slot></div>'
  })
  app.mount('#app')
</script>
```

通过浏览器访问 basic.html，可得到如图 8-2 所示的网页。

图 8-2　basic.html 的网页

根组件模板中的<display>组件渲染后的结果为：

```
<div class="pinkbox">Hello</div>
```

由此可见，<display>组件模板中的<slot>组件就像占位标记，它能够把父组件提供的内容插入到子组件模板中<slot>组件所在的位置。

8.1.1 <slot>组件的渲染作用域

由于<slot>组件的内容是由父组件的模板提供的，因此可以把父组件的变量或属性添加到<slot>组件的内容中。在例程 8-2，根组件有一个变量 name。在根组件的模板中，把"Hello,{{name}}"添加到<display>组件模板的<slot>组件的内容中。

例程 8-2　scope.html

```
<div id="app">
  <display class="pinkbox">Hello,{{name}}</display>
</div>

<script>
  const app=Vue.createApp({
    data(){
      return {name：'Tom'}
    }
  })
  app.component('display', {
    template: '<div><slot></slot></div>'
  })
  app.mount('#app')
</script>
```

根组件模板中的<display>组件渲染后的结果为：

```
<div class="pinkbox">Hello,Tom</div>
```

假如根组件中没有定义 name 变量，只是在<display>组件中定义了 name 变量，那么 Vue 框架会无法识别根组件模板中的{{name}}，误认为 name 变量未经过定义。

8.1.2 <slot>组件的默认内容

在子组件的模板中使用<slot>组件时，还可以设定默认的内容。在例程 8-3 中，<display>组件模板中的<slot>组件的默认内容为 Hello。

例程 8-3　default.html

```
<div id="app">
  <display class="pinkbox"></display>
  <display class="pinkbox">Hi</display>
```

```
    </div>

    <script>
      const app=Vue.createApp({ })
      app.component('display', {
        template: '<div><slot>Hello </slot></div>'
      })
      app.mount('#app')
    </script>
```

在 default.html 的根组件的模板中,第 1 个<display>组件没有设置内容,那么会采用<slot>组件的默认内容。第 2 个<display>组件显式设置了内容,那么会替代<slot>组件的默认内容。根组件模板中的<display>组件渲染后的结果为:

```
<div class="pinkbox">Hello </div>
<div class="pinkbox">Hi </div>
```

8.1.3 为<slot>组件命名

如果一个子组件的模板中插入了多个<slot>组件,为了区分这些<slot>组件,可以为它们显式设定名字。在例程 8-4 中,<essay>组件的模板中有 3 个<slot>组件。第 1 个<slot>组件和第 2 个<slot>组件通过 name 属性显式设定名字。第 3 个<slot>组件没有显式设定名字,它的名字为默认值 default。

例程 8-4　named.html

```
<div id="app">
  <essay>
    <template v-slot:title >
      <h1>精通 Vue.js </h1>
    </template>
    <template v-slot:author >
      <h5>作者:孙卫琴</h5>
    </template>
    <template v-slot:default >
      <p>跟我学 Vue 编程!!! </p>
    </template>
  </essay>
</div>

<script>
  const app=Vue.createApp({ })
  app.component('essay', {
    template: `
      <div><slot name="title"></slot></div>
      <div><slot name="author"></slot></div>
```

```
        <div><slot></slot></div>`
    })
    app.mount('#app')
</script>
```

在根组件的模板中,通过<template>元素以及 v-slot 指令为特定的<slot>组件设定内容。例如,以下代码给名为 title 的<slot>组件设定的内容为"<h1>精通 Vue.js </h1>":

```
<template v-slot:title >
    <h1>精通 Vue.js</h1>
</template>
```

以上 v-slot 指令也可以简写为:

```
<template #title >
    <h1>精通 Vue.js </h1>
</template>
```

以下代码给采用默认名字 default 的<slot>组件设定的内容为"<p>跟我学 Vue 编程！！！</p>":

```
<template v-slot:default>
    <p>跟我学 Vue 编程！！！ </p>
</template>
```

当<slot>组件采用默认名字 default,在父组件的模板中还可以省略<template>元素,直接提供<slot>组件的内容。例如,以下两段代码是等价的:

```
<template v-slot:default>
    <p>跟我学 Vue 编程！！！ </p>
</template>
```

等价于:

```
<p>跟我学 Vue 编程！！！ </p>
```

通过浏览器访问 named.html,会得到如图 8-3 所示的网页。

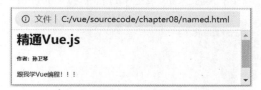

图 8-3　named.html 的网页

根组件模板中的<essay>组件渲染后的结果为：

```
<div><h1>精通 Vue.js </h1></div>
<div><h5>作者：孙卫琴</h5></div>
<div><p>跟我学 Vue 编程！！！ </p></div>
```

8.1.4 <slot>组件的动态名字

在父组件的模板中，还可以通过动态名字指定子组件模板中的特定<slot>组件。在例程 8-5 中，根组件有一个 slotname 变量。

例程 8-5　dynamic.html

```
<div id="app">
  <essay>
    <template v-slot:[slotname]>
        <h1>精通 Vue.js </h1>
    </template>
    <template v-slot:default>
        <p>跟我学 Vue 编程！！！ </p>
    </template>
  </essay>

</div>

<script>
  const app=Vue.createApp({
    data(){
      return {slotname:'title'}
    }
  })
  app.component('essay', {
    template:`
      <div><slot name="title"></slot></div>
      <div><slot></slot></div>`
  })
  app.mount('#app')
</script>
```

在根组件的模板中，以下代码把<slot>组件的名字与 slotname 变量绑定：

```
<template v-slot:[slotname]>
  <h1>精通 Vue.js </h1>
</template>
```

根组件模板中的<essay>组件渲染后的结果为：

```
<div><h1>精通 Vue.js </h1></div>
<div><p>跟我学 Vue 编程!!! </p></div>
```

8.1.5 <slot>组件的自定义属性

<slot>组件的内容由父组件的模板提供,而在父组件的模板中只能访问父组件的变量和属性。那么如何把子组件的变量和属性添加到<slot>组件的内容中呢？答案是利用<slot>组件的自定义属性。

在例程 8-6 的<display>组件的模板中,为<slot>组件设定了一个自定义的属性 nums,它和<display>组件的 exp 变量绑定。

例程 8-6　slotprop.html

```
<div id="app">
  <display class="pinkbox">
    <template v-slot:default="slotProps">
      {{slotProps.nums.v1}}+{{slotProps.nums.v2}}=
      {{slotProps.nums.v1+slotProps.nums.v2}}
    </template>
  </display>
</div>

<script>
  const app=Vue.createApp({ })
  app.component('display', {
    data(){
      return{ exp:{v1:10,v2:20} }
    },
    template: '<div><slot :nums="exp"></slot></div>'
  })
  app.mount('#app')
</script>
```

在根组件的模板中,虽然不能直接访问<display>组件的 exp 变量,但是可以访问<slot>组件的 nums 属性,代码如下：

```
<display class="pinkbox">
  <template v-slot:default="slotProps">
    {{slotProps.nums.v1}}+{{slotProps.nums.v2}}=
    {{slotProps.nums.v1+slotProps.nums.v2}}
  </template>
</display>
```

以上 slotProps 是任意设定的一个变量,它包含了<slot>组件的所有自定义属性。例如,slotProps.nums 表示<slot>组件的 nums 属性,slotProps.nums.v1 表示 nums 对象的 v1 变量。

根组件模板中的<display>组件渲染后的结果为：

```
<div class="pinkbox">10+20=30</div>
```

1. 访问<slot>组件的自定义属性的简化形式

当子组件的模板只有一个<slot>组件,并且<slot>组件的名字为默认值default,那么在父组件的模板中可以省略<template>元素和指定<slot>组件的名字,并且直接在<display>组件中使用v-slot指令。例如,例程8-6的根组件模板中插入<display>组件的代码可以改写为:

```
<display class="pinkbox" v-slot="slotProps">
  {{slotProps.nums.v1}}+{{slotProps.nums.v2}}=
  {{slotProps.nums.v1+slotProps.nums.v2}}
</display>
```

如果浏览器支持ECMAScript 6的语法,那么还可以使用解构语法获取<slot>组件的自定义nums属性。以上代码可以改写为:

```
<display class="pinkbox" v-slot="{nums}">
  {{nums.v1}}+{{nums.v2}}=
  {{nums.v1+nums.v2}}
</display>
```

使用解构语法,还可以为<slot>组件的自定义属性重新命名。以上代码可以改写为:

```
<!-- 把nums重新命名为datas -->
<display class="pinkbox" v-slot="{nums: datas}">
  {{datas.v1}}+{{datas.v2}}=
  {{datas.v1+datas.v2}}
</display>
```

假如<display>组件的模板有多个<slot>组件,那么在根组件模板中就需要通过<template>元素和v-slot指令为特定的<slot>组件指定内容,代码如下:

```
<display class="pinkbox">
  <template v-slot:default="slotProps">…</template>
  <template v-slot:other="otherSlotProps">…</template>
</display>
```

2. 为<slot>组件定义多个自定义属性

在<slot>组件中还可以定义多个自定义属性。在例程8-7中,<display>组件模板中的<slot>组件有两个属性d1和d2。

例程8-7　props.html

```
<div id="app">
  <display class="pinkbox" v-slot="slotProps">
    {{slotProps.d1}},{{slotProps.d2}}
  </display>
```

```
  <display class="pinkbox" v-slot="{d1,d2}">
    {{d1}},{{d2}}
  </display>
</div>

<script>
  const app=Vue.createApp({ })
  app.component('display', {
    data(){
      return{v1:10,v2:20 }
    },
    template: '<div><slot :d1="v1" :d2="v2"></slot></div>'
  })
  app.mount('#app')
</script>
```

在根组件的模板中，会通过 v-slot 指令获取<slot>组件的自定义属性：

```
<display class="pinkbox" v-slot="slotProps">
```

或者：

```
<display class="pinkbox" v-slot="{d1,d2}"> <!-- 采用解构语法 -->
```

根组件模板中的两个<display>组件渲染后的结果相同，内容如下：

```
<div class="pinkbox">10,20</div>
```

8.2 动态组件<component>

Vue 提供了<component>组件，它的作用是动态插入其他组件。例如，在一个模板中，以下代码用于动态插入名为 comment-comp 的组件：

```
<component is="comment-comp" ></component>
```

<component>组件的 is 属性指定需要插入的其他组件。以下代码通过 v-bind 指令把 is 属性与 currentComp 变量绑定，由这个 currentComp 变量指定待插入的组件：

```
<component v-bind:is="currentComp" ></component>
<!-- 简写为： -->
<component :is="currentComp" ></component>
```

例程 8-8 演示了<component>组件的用法，dcomponent.html 能够生成带 3 个标签的网页。这 3 个标签对应 3 个自定义的组件：<intro-comp>、<comment-comp>和<question-comp>。这 3 个标签实际上是由 3 个<button>元素实现的。用户在网页上单击特定的<button>元素，就会显示相应的组件。

例程 8-8 dcomponent.html

```
<style>
  .buttonclass {
      background: #e0e0e0;
  }
  .tabclass{
      width: 400px;
      border: solid 1px #cccc;
      padding: 10px;
  }
</style>

<div id="app">
  <button  v-for="tab in tabs"
           :class="{buttonclass: currentComp === tab.comp}"
           @click="currentComp = tab.comp">
    {{ tab.label }}
  </button>
  <component :is="currentComp" class="tabclass"></component>
</div>

<script>
  const app=Vue.createApp({
    data(){
      return{
        currentComp:'intro-comp',
        tabs:[ {comp:'intro-comp', label:'商品介绍'},
               {comp: 'comment-comp', label:'商品评价'},
               {comp: 'question-comp',label:'常见问答'} ]
      }
    }
  })
  app.component('intro-comp', {
    data(){
      return { name: '医用口罩' }
    },
    template: '<div><input v-model="name"></div>'
  })

  app.component('comment-comp', {
    template: '<div>舒适安全</div>'
  })

  app.component('question-comp', {
    template: '<div>可以防雾霾? </div>'
  })

  app.mount('#app')
</script>
```

通过浏览器访问 dcomponent.html,会得到如图 8-4 所示的网页。

图 8-4 dcomponent.html 的网页

在 dcomponent.html 的网页上单击某个按钮,就会执行 currentComp=tab.comp 语句,从而修改 currentComp 变量,<component>组件就会依据更新后的 currentComp 变量显示相应的组件。

当网页显示与"商品介绍"按钮对应的<intro-comp>组件时,在输入框中输入新的商品名字,如"华为手机"。再单击网页上的其他按钮,切换到其他的组件,然后再单击"商品介绍"按钮,回到<intro-comp>组件,这时会发现刚才在输入框中输入的字符串"华为手机"不见了,输入框仍然显示 name 变量的初始值"医用口罩"。这是因为在默认情况下,<component>组件每次插入<intro-comp>组件时,都会创建一个新的<intro-comp>组件实例,它拥有独立的 name 变量。

如果希望<component>组件能够缓存已经生成的<intro-comp>等组件的实例,避免每次重新创建它们,可以用 Vue 的<keep-alive>组件包裹<component>组件,代码如下:

```
<keep-alive>
  <component :is="currentComp" class="tab-class"></component>
</keep-alive>
```

做了上述修改后,再访问 dcomponent.html 网页,就会发现<intro-comp>组件的输入框中的字符串会被保存下来。这是因为当<component>组件切换显示某个组件时,如果在缓存中已经存在这个组件的实例,就无须重新创建它,直接使用已经存在的组件实例即可。

8.3 异步组件

在大型应用中,会把前端应用分割成一些小的模块,客户端只有在需要访问某个模块时才从服务器加载它,这样可以减轻网络传输的负荷,提高网站的访问性能。Vue 为了避免客户端加载不必要的组件,允许使用异步组件。异步组件通过工厂函数创建。只有当网页需要访问异步组件时,才会触发它的工厂函数。

例程 8-9 定义了一个全局的异步组件<async-comp>。

例程 8-9 globalasync.html

```
<div id="app">
  <async-comp></async-comp>
</div>

<script>
  const app=Vue.createApp({ })
```

```
    const AsyncComp = Vue.defineAsyncComponent(
      () =>
        new Promise((resolve, reject) => {
          resolve({
            template: '<div>我是异步组件！</div>'
          })
        })
    )
    app.component('async-comp', AsyncComp)      //注册为全局异步组件
    app.mount('#app')
</script>
```

异步组件<async-comp>通过 Vue.defineAsyncComponent( )函数创建,对该函数的引用可以采用以下两种方式:

```
const { createApp, defineAsyncComponent } = Vue
const app = createApp({})
const AsyncComp = defineAsyncComponent(…)
```

或者:

```
const app = Vue.createApp({})
const AsyncComp = Vue.defineAsyncComponent(…)
```

Vue.defineAsyncComponent( )函数的参数是一个工厂函数,它创建并返回一个 Promise 对象。Promise 对象的构造方法的参数是一个函数,代码如下:

```
(resolve, reject) => {
  resolve({
    template: '<div>我是异步组件！</div>'
  })
}
```

以上 resolve 参数用于设定异步组件的模板,reject 参数可用来指定当异步组件加载失败时返回的错误。例如,以下这段代码就指定了加载失败时的错误信息:

```
if(加载成功){
  resolve({ template: '<div>我是异步组件！</div>' })
}else{
  reject('加载失败')
}
```

如果加载异步组件失败,以上代码会在浏览器的控制台显示"加载失败"信息。

通过浏览器访问 globalasync.html,会看到网页显示<async-example>异步组件的模板内容,参见图 8-5。

11.14.2 节还会介绍在 Vue CLI 项目中,定义和使用异步组件的范例。

图 8-5 globalasync.html 的网页

8.3.1 异步组件的选项

异步组件可以通过一些选项控制异步加载的行为。在例程 8-10 中，<async-comp>组件具有 loader、loadingComponent、errorComponent、suspensible、delay、timeout 和 onError 选项。程序中的注释对这些选项的作用做了说明。

例程 8-10　asyncstate.html

```
<div id="app">
  <async-comp></async-comp>
</div>

<script>
  const LoadingComponent={
    template: '<div>正在加载</div>'
  }

  const ErrorComponent={
    template: '<div>加载失败</div>'
  }

  const AsyncComp = Vue.defineAsyncComponent({
    //指定异步组件的工厂函数
    loader : () => new Promise((resolve, reject) => {
      resolve({
        template: '<div>我是异步组件！</div>'
      })
    }),

    //异步组件加载过程中使用的组件
    loadingComponent: LoadingComponent,

    //异步组件加载失败时使用的组件
    errorComponent: ErrorComponent,

    //不支持暂停
    suspensible: false,

    //延迟一段时间再加载异步组件。默认值是 200ms
    delay: 200,

    //指定加载的超时时间,以 ms 为单位,默认值是 Infinity
```

```
    //如果加载超时,就使用 errorComponent 选项指定的组件
    timeout: 5000 ,

    //出现错误时再尝试 attempts 次
    onError(error, retry, fail, attempts) {
      if (error.message.match(/fetch/) && attempts <= 3) {
        retry()
      } else {
        fail()
      }
    }
  })

  const app=Vue.createApp({
    components: {'async-comp': AsyncComp}
  })

  app.mount('#app')
</script>
```

默认情况下,Vue 的异步组件的 suspensible 选项的默认值为 true,表示异步组件的加载过程是可以暂停的,这意味着如果一个异步组件的父元素链中有一个<Suspense>组件,那么异步组件的加载状态可以被<Suspense>组件控制,而异步组件自身的 loadingComponent、errorComponent、delay 和 timeout 等选项会被忽略。如果 suspensible 选项为 false,就不会受到父元素链中<Suspense>组件的控制,而始终自行控制其加载状态。

通过浏览器访问 asyncstate.html,会看到网页显示<async-example>异步组件的模板内容。接下来修改<async-comp>组件的 loader 选项的代码,使它在执行 resolve()函数之前等待 8s,从而延长加载该组件的时间:

```
loader : () => new Promise((resolve, reject) => {
  //先等待 8s,再执行 resolve()函数
  //setTimeout()函数是 JavaScript 提供的函数
  //第 1 个参数指定超时后调用的函数,第 2 个参数指定超时的时间,以 ms 为单位
  setTimeout(() =>{
    resolve({
      template: '<div>我是异步组件! </div>'
    })
  }, 8000)
})
```

再通过浏览器访问 asyncstate.html,会看到网页先显示 LoadingComponent 组件的模板内容,接着会出现加载超时错误,这时网页显示 ErrorComponent 组件的模板内容。

8.3.2 局部异步组件

异步组件也可以注册为局部组件。例程 8-11 就在根组件中注册了<async-comp>局部组件。

例程 8-11　localasync.html

```
<div id="app">
  <async-comp></async-comp>
</div>

<script>
  const AsyncComp = Vue.defineAsyncComponent(
    () =>
      new Promise((resolve, reject) => {
        resolve({
          template: '<div>我是异步组件！</div>'
        })
      })
  )

  const app=Vue.createApp({         //注册为局部组件
    components: {'async-comp': AsyncComp}
  })

  app.mount('#app')
</script>
```

8.4 组件的生命周期

1.5 节已经介绍了组件的生命周期。无论是根组件还是普通组件，都拥有同样的生命周期及钩子函数。

例程 8-12 演示了生命周期钩子函数的用法。在 lifecycle.html 中有一个<time-comp>组件。在<time-comp>组件的准备数据的过程中会显示表示"正在获取数据"的 loading.gif 图片，等到获取了数据才会显示数据，这里的数据是指当前时间。

例程 8-12　lifecycle.html

```
<div id = "app">
  <time-comp></time-comp>
</div>
<script>
  //创建<img>元素
  var img=document.createElement("img")

  //设置<img>元素的 src 属性
  img.setAttribute("src","loading.gif")

  const app=Vue.createApp({ })

  app.component('time-comp', {
```

```
    data(){
      return{
        currentTime:'?'
      }
    },
    
    beforeCreate(){
      //在网页中加入<img>元素
      document.body.appendChild(img)
    },
    
    created(){
      //模拟耗时的计算currentTime变量的操作
      //等待5s后移除<img>元素,并设置this.currentTime
      setTimeout(()=>{
        //在网页中移除<img>元素
        document.body.removeChild(img)
        
        //设置待显示的数据
        this.currentTime=new Date().toLocaleTimeString()
      },5000)
    },
    mounted(){
      console.log('mounted')
    },
    template:'<div>当前时间:{{currentTime}}</div>'
  })
  app.mount('#app')
</script>
```

img 变量表示<img>元素。由于在<time-comp>组件的 beforeCreate() 钩子函数中还不能访问到 data 选项中定义的变量,因此把 img 变量直接放在 JavaScript 脚本中定义。

currentTime 变量模拟需要经过很长时间运算才能得到数据,并且需要把获得的数据显示到网页上。currentTime 变量是在<time-comp>组件的 data 选项中定义的变量,初始值为"?"。

在 beforeCreate() 钩子函数中,先把<img>元素加入到网页中,<img>元素会显示 loading.gif 图片。

在 created() 钩子函数中,通过调用 JavaScript 的 setTimeout() 函数模拟数据运算过程,5s 后会从网页上移除<img>元素,并且为 currentTime 变量赋值。

提示:JavaScript 的 setTimeout() 函数是异步执行的函数。当<time-comp>组件的 created() 钩子函数调用了 setTimeout() 函数,<time-comp>组件的生命周期不会被中断,其余的生命周期钩子函数继续被调用。同时,从调用 setTimeout() 函数开始计时,5s 后浏览器会回调 setTimeout() 函数的箭头函数参数。因此在通过浏览器访问 lifecycle.html 时,会先看到 mounted() 钩子函数在控制台输出日志,再看到网页显示当前时间。

通过浏览器访问 lifecycle.html,一开始会显示 loading.gif 图片。5s 后,网页上的

loading.gif 图片被移除,并且会显示当前时间,参见图8-6。

图 8-6　lifecycle.html 的网页

8.5　组件的混入块

组件的混入代码块(简称混入块)有助于提高代码的可重用性。在混入块中可以定义组件的任意选项。组件通过 mixins 选项添加一个或多个混入块。如果一个组件使用了混入块,混入块的内容就会添加到组件中。

在例程 8-13 中,myMixin 变量表示一个混入块。在根组件中通过 mixins 选项添加了这个混入块。

例程 8-13　mixin.html

```
<div id="app">Hello,{{name}}</div>

<script>
  const myMixin = {
    created() {
      this.test()
    },
    data(){
      return {name: 'Tom'}
    }
  }

  const app = Vue.createApp({
    mixins: [myMixin],           //添加 myMixin 混入块
    methods: {
      test() {
        console.log('test from mixin! ')
      }
    }
  })
  app.mount('#app')
</script>
```

myMixin 混入块有 data 选项和 created( )钩子函数,它们会被添加到根组件中。

8.5.1　合并规则

当混入块与组件本身存在同样的选项内容,Vue 会按照特定的规则将它们合并。

1. 合并 data 选项

data 选项合并的规则是优先合并组件本身的 data 选项。在例程 8-14 中，<greet>组件添加了 myMixin 混入块。<greet>组件和 myMixin 混入块都具有 data 选项。

例程 8-14　mergedata.html

```html
<div id="app"><greet></greet></div>

<script>
  const myMixin = {
    data() {
      return {
        message: 'goodbye',
        fruit: 'apple'
      }
    }
  }
  const app = Vue.createApp({})
    app.component('greet',{
      mixins:[myMixin],
      data() {
        return {
          message: 'hello',
          pet: 'dog'
        }
      },
      created() {
        //输出日志：{ message: "hello", fruit: "apple", pet: "dog" }
        console.log(this.$data)
      },
      template: '<div>{{message}}</div>'
    })

  app.mount('#app')
</script>
```

<greet>组件的 data 选项包含 message 变量和 pet 变量，myMixin 混入块的 data 选项包含 message 变量和 fruit 变量。两者合并后，<greet>组件的 data 选项的内容为：

```
{ message: "hello", fruit: "apple", pet: "dog" }
```

由此可见，在<greet>组件中定义的 data 选项的 message 变量具有优先权。

2. 合并钩子函数

钩子函数的合并规则是把同名的函数合并到一个数组中，在组件的生命周期的特定时机依次调用它们，首先调用混入块的函数，再调用组件本身的函数。

在例程 8-15 中，<greet>组件以及 myMixin 混入块都包含 created()钩子函数。

例程 8-15　mergehook.html

```
<div id="app"><greet></greet></div>

<script>
  const myMixin = {
    created() {
      console.log('mixin hook called')
    }
  }

  const app = Vue.createApp({})
  app.component('greet',{
    mixins:[myMixin],
    created() {
      console.log('component hook called')
    },
    template: '<div>Hello</div>'
  })

  app.mount('#app')
</script>
```

通过浏览器访问 mergehook.html，从浏览器的控制台会看到如下日志：

```
mixin hook called
component hook called
```

由此可见，Vue 会先调用混入块的 created( ) 函数，再调用<greet>组件本身的 created( ) 函数。

3. 合并取值为对象类型的选项

组件的 methods、components 和 directives 等选项的取值为对象，合并规则是把它们合并到同一个对象中，并且优先合并组件本身的选项。

在例程 8-16 中，myMixin 混入块的 methods 选项包含 go( )方法和 dance( )方法，根组件包含 jump( )方法和 dance( )方法。

例程 8-16　mergemethod.html

```
<div id="app">
  Hello
</div>

<script>
  const myMixin = {
    methods: {
      go() {
        console.log('go')
      },
      dance(){
```

```
            console.log('dance from mixin')
        }
    }
}

const app = Vue.createApp({
    mixins: [myMixin],
    methods: {
        jump() {
            console.log('jump')
        },
        dance() {
            console.log('dance from self')
        }
    }
})

const vm = app.mount('#app')

vm.go()         // 输出 "go"
vm.jump()       // 输出 "jump"
vm.dance()      // 输出 "dance from self"

</script>
```

通过浏览器访问 mergemethod.html，从浏览器的控制台会看到如下日志：

```
go
jump
dance from self
```

由此可见，添加了 myMixin 混入块后，根组件拥有 go( )方法、jump( )方法和 dance( )方法，并且在根组件中优先合并定义的 dance( )方法。

8.5.2　全局混入块

全局混入块会自动添加到所有的组件中，它具有很高的可重用性。组件不需要通过 mixins 选项显式添加全局混入块。由于全局混入块会影响所有组件，可能会给那些不需要使用混入块的组件带来冲突，因此需要谨慎地使用全局混入块。

全局混入块的一个常见用途是处理自定义选项。在例程 8-17 中，根组件和<greet>组件都有一个 myOption 自定义选项。app.mixin( )方法定义了一个全局混入块，它包含了一个 created( )钩子函数，该函数会访问 myOption 自定义选项。

例程 8-17　globalmixin.html

```
<div id="app"><greet></greet></div>

<script>
```

```
    const app = Vue.createApp({
      //自定义选项
      myOption:'根组件的自定义选项'
    })

    app.mixin({             //定义全局混入块
      created(){
        const myOption=this.$options.myOption
        if(myOption)
          console.log('from created(): '+myOption)
      }
    })
    app.component('greet', {
      //自定义选项
      myOption:'greet 组件的自定义选项',
      template:'<div>{$options.myOption}}</div>'
    })
    const vm = app.mount('#app')
</script>
```

通过浏览器访问 globalmixin.html，从浏览器的控制台会看到如下日志：

```
from created():根组件的自定义选项
from created():greet 组件的自定义选项
```

由此可见，全局混入块分别添加到根组件和<greet>组件中，这两个组件都具有混入块中的 created( )钩子函数。

8.5.3　自定义合并策略

除了对混入块使用默认的合并策略，Vue 还允许自定义合并策略。在例程 8-18 中，根组件及全局混入块都有一个自定义的 myOption 选项。默认的合并规则是优先合并根组件的 myOption 选项。app.config.optionMergeStrategies.myOption 变量重新设定了合并规则，优先合并全局混入块的 myOption 选项。

例程 8-18　strategy. html

```
<div id="app">{$options.myOption}}</div>

<script>
  const app = Vue.createApp({
    myOption:'from Component',
    created() {
      console.log(this.$options.myOption)
    }
  })
```

```
//自定义的合并规则
app.config.optionMergeStrategies.myOption=(toVal, fromVal)=>{
  return toVal || fromVal
}

app.mixin({            //全局混入块
  myOption: 'from mixin',
})
app.mount('#app')
</script>
```

app.config.optionMergeStrategies.myOption 变量用来为 myOption 选项设定合并规则，它的取值是一个函数，代码如下：

```
(toVal, fromVal)=>{
  return toVal || fromVal
}
```

以上函数中的 toVal 参数表示混入块中的 myOption 选项，fromVal 参数表示根组件的 myOption 选项。返回值表明如果存在 toVal，就优先返回 toVal，否则返回 fromVal。

通过浏览器访问 strategy.html，会看到网页上显示{{$options.myOption}}的值为 from mixin。

8.5.4 使用混入块的注意事项

混入块能够把多个组件的共同逻辑抽象出来，放到同一个代码块中，从而提高代码的可重用性。不过这种可重用性存在以下不足。

（1）开发人员必须了解混入块添加到一个组件中的具体合并效果，避免出现不符合实际需求的冲突。

（2）混入块的可重用性是有限的，例如无法向混入块传递参数来灵活改变它的内在逻辑。

为了弥补混入块的不足，Vue 框架又引入了 Composition API（组合 API），它提供了更加灵活地按照可重用的原则组织代码的方式，参见第 12 章。

8.6 组件之间的互相访问

第 7 章已经介绍了组件之间通过属性或触发事件传递数据的方式，本节将介绍嵌套的组件之间如何访问对方的选项。

8.6.1 访问根组件

Vue 组件的内置变量 $root 表示根组件。在例程 8-19 中，根组件具有 data、computed 和

methods 选项。

例程 8-19　rootvisit.html

```
<div id="app"><greet></greet></div>

<script>
  const app=Vue.createApp({
    data(){
      return {name:'Tom'}
    },
    methods:{
      sayHi(){console.log('Hi,'+this.name)}
    },
    computed:{
      markName(){
        return '('+this.name+')'
      }
    }
  })
  app.component('greet',{
    data(){
      return {name:'Mike'}
    },
    created(){
      this.$root.sayHi()    //输出：Hi,Tom
    },
    template:'<div>{{$root.name}},{{$root.markName}}</div>'
  })
  app.mount('#app')
</script>
```

在<greet>组件中，通过以下方式访问根组件的各个选项中的内容：

```
$root.name          //访问根组件的 data 选项中的 name 变量
$root.markName      //访问根组件的 computed 选项中的 markName 计算属性
$root.sayHi()       //访问根组件的 methods 选项中的 sayHi()方法
```

在根组件和<greet>组件的 data 选项中都定义了 name 变量。在<greet>组件的 created()钩子函数中会调用根组件的 sayHi()方法：

```
created(){
  this.$root.sayHi()      //输出：Hi,Tom
}
```

以上 this.$root.sayHi()方法会访问根组件的 name 变量，而不是<greet>组件的 name 变量。

8.6.2 访问父组件

Vue 组件的内置变量 $parent 表示父组件。在例程 8-20 的 parentvisit.html 中，父组件 <parent> 具有 data、computed 和 methods 选项。

例程 8-20　parentvisit.html

```
<div id="app">
  <parent></parent>
</div>

<script>
  const app=Vue.createApp({})
  app.component('parent',{
    data(){
      return {name:'Tom'}
    },
    methods: {
      sayHi(){console.log('Hi,'+this.name)}
    },
    computed: {
      markName(){
        return '('+this.name+')'
      }
    },
    template: '<greet></greet>'
  })

  app.component('greet', {
    data(){
      return {name:'Mike'}
    },
    created(){
      this.$parent.sayHi()    //输出：Hi,Tom
    },
    template: '<div>{{$parent.name}},{{$parent.markName}}</div>'
  })
  app.mount('#app')
</script>
```

在<greet>子组件中，通过以下方式访问<parent>组件的各个选项中的内容：

```
$parent.name         //访问父组件的 data 选项中的 name 变量
$parent.markName     //访问父组件的 computed 选项中的 markName 计算属性
$parent.sayHi()      //访问父组件的 methods 选项中的 sayHi() 方法
```

8.6.3 访问子组件

在父组件的模板中，可以通过 ref 属性为子组件设置一个引用名（例如 greet1），父组件就可以通过 this.\$refs.greet1 的形式访问这个子组件。\$refs 是 Vue 组件的内置变量,包含了所有引用。

在例程 8-21 中,子组件<greet>有一个 name 属性。父组件<parent>的模板中包含两个<greet>组件和一个<input>元素,它们均设置了 ref 属性。在父组件<parent>的 mounted()钩子函数中,通过 this.\$refs.greet1.name 和 this.\$refs.greet2.name 分别访问两个<greet>组件的 name 属性,通过 this.\$refs.inputElement.focus()访问<input>元素的 focus()函数。

例程 8-21　childvisit.html

```
<div id="app"><parent></parent></div>

<script>
  const app=Vue.createApp({})
  app.component('parent',{
    data(){
      return {username: 'Tom'}
    },
    mounted(){
      this.$refs.inputElement.focus()
      console.log(this.$refs.greet1.name )    //输出 Mike
      console.log(this.$refs.greet2.name )    //输出 Tom
    },

    template: `<greet name="Mike" ref="greet1"></greet>
               <greet :name="username" ref="greet2"></greet>
               <input v-model="username" ref="inputElement">`
  })

  app.component('greet', {
    props:['name'],
    template: '<p>Hello,{{name}}</p>'
  })
  app.mount('#app')
</script>
```

通过浏览器访问 childvisit.html,会得到如图 8-7 所示的网页。

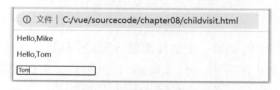

图 8-7　childvisit.html 的网页

值得注意的是,\$refs 变量只有在组件渲染完成后才能生效,它不是响应式的,因此要避免在模板以及计算属性中访问 \$refs 变量。

8.6.4 依赖注入

假定组件<grandpa>包含组件<parent>,组件<parent>包含组件<child>。<parent>是<child>的直接父组件,而<granda>是<child>的间接父组件。<child>可以通过 $parent 访问<parent>的选项。如果<child>要访问<grandpa>的选项,则要通过 $parent.$parent 变量。

在例程 8-22 中,<child>组件在 created() 钩子函数中通过 this.$parent.$parent.name 访问<grandpa>组件的 data 选项中的 name 变量。

例程 8-22 pass.html

```
<div id="app"><grandpa></grandpa></div>

<script>
  const app=Vue.createApp({})
  app.component('grandpa',{
    data(){
      return {name:'Tom'}
    },
    template:'<parent></parent>'
  })

  app.component('parent',{
    template:'<child></child>'
  })

  app.component('child',{
    created(){
      this.name=this.$parent.$parent.name
    },
    data(){
      return {name:''}
    },
    template:'<p>Hello,{{name}}</p>'
  })
  app.mount('#app')
</script>
```

在多层嵌套的组件树中,如果一个组件需要访问某个间接父组件的选项,但是不知道隔了多少层嵌套关系,就无法使用 $parent.$parent... 的形式。而且就算明确知道嵌套的层数(如 4 层),那么 $parent.$parent.$parent.$parent 也是很烦琐的变量,如果嵌套层数发生改变,就得改变这些变量,这增加了维护代码的难度。

为了克服以上不足,Vue 提供了依赖注入(provide/inject)机制:

(1) 在直接或间接的父组件中通过 provide 选项指定可以被子组件访问的内容。

(2) 在子组件中通过 inject 选项注入父组件中由 provide 选项提供的内容。

在例程 8-23 中,<grandpa>组件通过 provide 选项提供了一个 name 变量。在<child>组

件中通过 inject 选项注入 name 变量,这样就能在<child>组件中访问这个 name 变量。

例程 8-23　inject.html

```
<div id="app"><grandpa></grandpa></div>

<script>
  const app=Vue.createApp({})
  app.component('grandpa',{
    provide:{
      name:'Tom'
    },
    template:`<parent></parent>`
  })

  app.component('parent',{
    template:'<child></child>'
  })

  app.component('child',{
    inject:['name'],
    created(){
      console.log(this.name)      //输出 Tom
    },
    template:'<p>Hello,{{name}}</p>'
  })
  app.mount('#app')
</script>
```

1. 使用函数形式的 provide 选项

如果父组件通过 provide 选项提供的变量的取值需要经过计算才能获得,那么需要使用函数形式的 provide 选项。例程 8-24 与例程 8-23 基本相似,区别在于例程 8-24 中的<grandpa>组件使用了函数形式的 provide 选项。

例程 8-24　provide.html 的主要代码

```
app.component('grandpa',{
  data(){
    return {firstname:'Tom',lastname:'Smith'}
  },
  provide(){
    return{
      name:this.firstname+' '+this.lastname
    }
  },
  template:`<parent></parent>
            <input v-model="firstname">`
})
```

第 7 章已经介绍过,父组件可以把共享数据作为属性值向子组件传递,而依赖注入数据可看作是一种大范围的"属性",这种"属性"具有以下两个特点。

（1）父组件无须知道是哪个子组件需要注入这种"属性"。

（2）子组件无须知道需要注入的"属性"是由哪个父组件提供的。

以上特点削弱了组件之间的依赖关系,有利于构建松耦合的组件系统。

2. 响应式的依赖注入

默认情况下,依赖注入数据不是响应式的。例如对于 provide.html,如果在它的网页的输入框中输入新的数据,从而改变<grandpa>组件的 firstname 变量的取值,会看到<child>组件的 name 变量的取值不会发生变化,参见图 8-8。

图 8-8　provide.html 的网页

为了能够获得响应式的依赖注入数据,可以在<grandpa>组件中把 name 变量定义为计算属性,在<child>组件中通过 this.name.value 获得 name 变量的取值,参见例程 8-25。

例程 8-25　reactive.html

```
<div id="app"><grandpa></grandpa></div>

<script>
  const app=Vue.createApp({})
  app.component('grandpa',{
    data(){
      return {firstname:'Tom',lastname:'Smith'}
    },
    provide(){
      return{
        name:Vue.computed(() =>this.firstname+' '+this.lastname)
      }
    },
    template: `<parent></parent>
              <input v-model="firstname">`
  })

  app.component('parent',{
    template: '<child></child>'
  })

  app.component('child',{
    inject:['name'],
    created(){
      console.log(this.name.value)        //输出 Tom
    },
    template: '<p>Hello,{{ name.value }}</p>'
```

```
    })
    app.mount('#app')
</script>
```

在 reactive.html 的网页的输入框中输入新的数据,从而改变<grandpa>组件的 firstname 变量的取值,会看到<child>组件的 name 变量的取值也会发生同步变化,这是因为 name 变量是响应式的数据。

8.7 组件的递归

在一个组件的模板中,还可以嵌套自身组件,这样就构成了组件的递归。为了避免无限递归,需要设置递归的结束条件。在例程 8-26 中,<category>组件的模板会插入自身组件,从而递归遍历访问 list 数组中的所有嵌套的元素。模板中<template v-if="list">的 v-if 指令用来设置递归结束条件,当 list 数组为空,就结束递归。

例程 8-26　recursive.html

```
<div id="app">
  <category :list="items"></category>
</div>

<script>
  const app=Vue.createApp({
    data(){
      return {
        items:[{
          type:'生物',
          subtype:[
            {
              type:'植物',
              subtype:[{type:'树木'},{type:'灌木'},{type:'青草'}]
            },
            {
              type:'动物',
              subtype:[{type:'猫'},
                       {type:'狗'},
                       {type:'鱼',
                        subtype:[{type:'鲤鱼'},{type:'鲨鱼'}]}
                      ]
            }
          ]
        }]
      }
    }
  })

  app.component('category', {
```

```
    props: {
      list: {type: Array}
    },
    template: ` <ul><template v-if="list">
        <li v-for="item in list">
          {{item.type}}
          <category :list="item.subtype"></category>
        </li>
      </template></ul> `
  })
  app.mount('#app')
</script>
```

通过浏览器访问 recursive.html，会得到如图 8-9 所示的网页，list 数组中的嵌套内容会以缩进对齐的方式一层层展示出来。

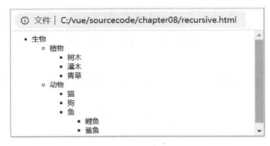

图 8-9　recursive.html 的网页

8.8　定义组件模板的其他方式

组件的模板内容除了可以直接在 template 选项中设置，还可以放在 text/x-template 类型的 JavaScript 脚本中。在实际应用中，如果模板代码很冗长，就可以采用本节介绍的这种方式，这样能提高代码的可读性。

在例程 8-27 中，id 为 greet_tp 的<script>元素包含了<greet>组件的模板。在<greet>组件的 template 选项中，通过#greet_tp 来引用<script>元素中的模板。

例程 8-27　xtemplate.html

```
<div id="app">
  <greet name="Tom"></greet>
</div>

<script id="greet_tp" type="text/x-template">
  <div>hello,{{name}}</div>
</script>

<script>
  const app=Vue.createApp({ })
```

```
app.component('greet', {
  props: ['name'],
  template: '#greet_tp'
})
app.mount('#app')
</script>
```

8.9 <teleport>组件与 DOM 元素的通信

在多数情况下,Vue 框架提倡把视图拆分成一个一个的组件,再把组件嵌套起来形成一棵组件树。有时候一些视图内容从逻辑上看属于特定的组件,但是从技术角度考虑(如为了满足某种 CSS 样式需求),最好把它放在组件以外的某个 DOM 元素中。为了实现这一需求,可以通过 Vue 的<teleport>组件和网页上的 DOM 元素通信。

在例程 8-28 中,<greet>组件嵌套在根组件模板的<div style="color:blue">元素中,因此<greet>组件模板中的<p v-if="isShow">Hello</p>的样式会受<div style="color:blue">元素的影响,<p>元素的 Hello 字符串用蓝色字体显示。

例程 8-28 hello.html

```
<div id="app">
  <div style="color:blue">
    <greet></greet>
  </div>
</div>

<script>
  const app=Vue.createApp({ })
  app.component('greet', {
    data() {
      return { isShow: false }
    },
    template: `
      <button @click="isShow = ! isShow">
        显示/隐藏
      </button>
      <p v-if="isShow"> Hello</p>`
  })
  app.mount('#app')
</script>
```

如果希望<greet>组件模板的<p>元素的样式不受根组件模板的<div style="color:blue">元素的影响,可以用<teleport>组件包裹<p>元素,代码如下:

```
template: `
        <button @click="isShow = ! isShow">
          显示/隐藏
```

```
    </button>
    <teleport to="body">
      <p v-if="isShow"> Hello</p>
    </teleport>`
```

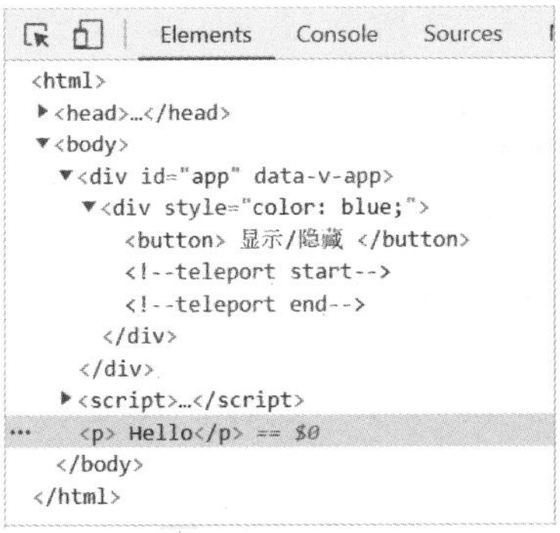

图 8-10 <teleport>组件渲染后的结果

以上<teleport>组件的作用是把它包裹的内容添加到<body>元素中。通过浏览器访问 hello.html，单击网页上的"显示/隐藏"按钮，图 8-10 显示了<teleport>组件渲染后的结果，在<body>元素的末尾添加了<p>元素。

从图 8-10 可以看出，<p>元素不再嵌套在<div style="color: blue">元素中，不会受它的 CSS 样式的影响。

8.9.1　在<teleport>组件中包裹子组件

在例程 8-29 的 telechild.html 中，<parent>父组件的模板通过<teleport>组件包裹<child>子组件。<teleport>组件的作用是把<child>组件的模板内容添加到 id 为 another 的<div>元素中。

例程 8-29　telechild.html

```
<div id="app">
  <div style="color: blue">
    <parent></parent>
  </div>
</div>

<div style="color: red" id="another"></div>

<script>
  const app=Vue.createApp({ })
  app.component('parent', {
    template: `
      <p>Hello from parent </p>

      <teleport to="#another">
        <child></child>
      </teleport>`
  })
  app.component('child', {
    template: 'Hello from child'
  })
  app.mount('#app')
</script>
```

图 8-11 展示了根组件、<parent>组件以及<child>组件的模板渲染后的结果。

值得注意的是，为<teleport>组件的 to 属性设置的 DOM 元素必须在组件挂载之前就已

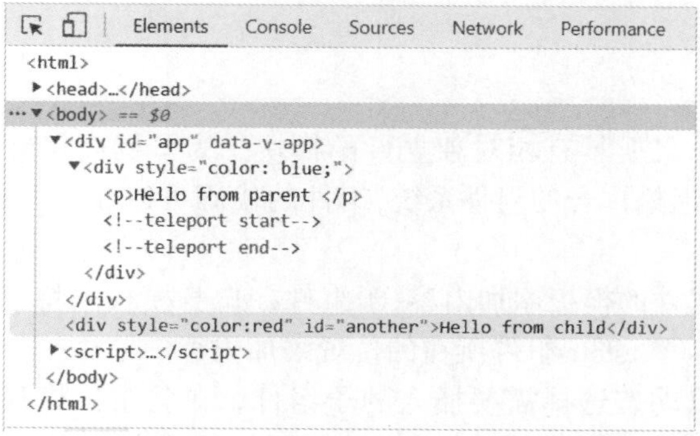

```
<html>
<head>...</head>
▼<body> == $0
    ▼<div id="app" data-v-app>
        ▼<div style="color: blue;">
            <p>Hello from parent </p>
            <!--teleport start-->
            <!--teleport end-->
        </div>
    </div>
    <div style="color:red" id="another">Hello from child</div>
    ▶<script>...</script>
</body>
</html>
```

图 8-11　根组件、<parent>组件以及<child>组件的模板渲染后的结果

经存在，而组件自身是无法渲染目标 DOM 元素的。比较理想的目标 DOM 元素是整个组件树以外的 DOM 元素。例如在 telechild.html 中，假如把 id 为 another 的<div>元素放在与根组件挂载的<div id="app">元素内：

```
<div id="app">
  <div style="color: blue">
    <parent></parent>
  </div>

  <div style="color: red" id="another"></div>
</div>
```

那么 Vue 框架在编译<parent>组件模板中的<teleport>组件时，会认为无法定位 id 为 another 的 DOM 元素。

8.9.2　多个<teleport>组件与同一个 DOM 元素通信

如果多个<teleport>组件的 to 属性值是相同的 DOM 元素，那么这些<teleport>组件包裹的内容会依次添加到这个 DOM 元素中。例如，对于以下模板中的代码：

```
<teleport to="#modals">
  <div>A</div>
</teleport>

<teleport to="#modals">
  <div>B</div>
</teleport>
```

渲染后的结果为：

```
<div id="modals">
  <div>A</div>
  <div>B</div>
</div>
```

8.10 小结

组件是一个逻辑含义上具有相对独立性的模块。为了提高组件的可维护性和可重用性，并且与其他组件构建松耦合的组件系统，组件的代码可以被拆分和组装，还可以访问父组件及子组件的内容。

父组件可以向子组件的模板添加内容，子组件在自身模板的特定位置放入表示插槽的<slot>组件，父组件向这个<slot>组件所在的位置添加内容。

父组件的模板可以动态选择需要插入的子组件。在父组件模板中，通过<component : is = "name">指定待插入的子组件，name 变量表示子组件的名字。

利用混入块可以把组件的内容任意拆分为很多块，再把它们合并到一起。在合并的时候，会遵循 Vue 制定的以下 3 条合并规则。

（1）data 选项合并的规则：优先合并组件本身的 data 选项。

（2）钩子函数的合并规则：把同名的函数合并到一个数组中，在组件的生命周期的特定时机依次调用它们，首先调用混入块的函数，再调用组件本身的函数。

（3）methods、components 和 directives 等选项的合并规则：把它们合并到同一个对象中，并且优先合并组件本身的选项。

组件通过 $root 变量访问根组件的选项，通过 $parent 变量访问父组件的选项，通过 $refs 变量访问子组件的选项。此外，父组件还可以通过 provide 选项提供变量，子组件通过 inject 选项注入变量。

在一个组件的模板中还可以插入自身组件，这样就构成了组件的递归，为了避免无限递归，必须设定结束递归的条件。递归组件可以用来遍历具有多层嵌套关系的数组，当数组为空，就结束递归。

当一个父组件的模板中插入了子组件，那么子组件的模板内容就会嵌套在父组件内。如果子组件希望把部分内容添加到组件树以外的 DOM 元素中，可以使用<teleport to = "#dom_id">组件包裹这部分内容，这里的 to 属性指定特定的 DOM 元素，#dom_id 表示 DOM 元素的 id。

8.11 思考题

1. 以下是 test.html 的主要代码：

```
<div id="app">
  <display>{{name}}</display>
</div>

<script>
  const app=Vue.createApp({
    data(){
      return {name: 'Tom'}
    }
  })
```

```
app.component('display', {
  data(){
    return {name: 'Mike'}
  },
  template: '{{name}},<slot></slot>'
})
app.mount('#app')
</script>
```

通过浏览器访问 test.html,网页会显示(　　)。(单选)

  A. Tom,Mike　　　B. Tom　　　　C. Mike,Tom　　　D. Mike

2. 一个混入块的 data 选项包含变量{name：'Tom',age：18},组件自身的 data 选项包含变量{name：'Mary',gender：'F'},合并后,该组件的 $data 的取值是(　　)。(单选)

  A. {name：'Tom',age：18}

  B. {name：'Mary',gender：'F'}

  C. {name：'Tom',gender：'F',age：18}

  D. {name：'Mary',age：18,gender：'F'}

3. 以下属于 Vue 框架提供的组件的是(　　)。(多选)

  A. <slot>　　　B. <component>　　　C. <template>　　　D. <teleport>

4. 子组件<greet>的 data 选项中定义了一个 name 变量,以下可以作为父组件的合法内容的是(　　)。(多选)

  A.

```
methods: {
  sayHi(){
    console.log(this.$refs.greet1.name)
  }
},
template: `<greet ref="greet1"></greet>
          <button @click="sayHi">Click</button> `
```

  B.

```
mounted(){
  this.$refs.greet1.name='Tom'
  console.log(this.$refs.greet1.name)
},
template: `<greet ref="greet1"></greet>`
```

  C.

```
template: `<greet ref="greet1"></greet>
          {{this.$refs.greet1.name}} `
```

  D.

```
template: `<greet name="Tom" ref="greet1"></greet>`
```

5. 关于 Vue 组件,以下说法正确的是(　　)。(多选)
   A. <component>组件的 is 属性用于指定待插入的组件的名字
   B. <teleport>组件的 to 属性指定目标 DOM 元素,<teleport>组件包裹的内容会被添加到目标 DOM 元素中
   C. app. config. optionMergeStrategies. myOption 变量用来为 myOption 选项重新制定混入块的合并规则,myOption 是一个自定义的组件选项
   D. 为了避免出现死循环,在一个组件的模板中不允许插入自身组件

第9章

render()函数和虚拟DOM

Vue 组件的模板通常通过 template 选项设定。1.6 节已经介绍过，Vue 编译模板的结果是生成 render()渲染函数，这个 render()函数会生成虚拟 DOM。图 9-1 展示了编译一个简单的模板后生成的 render()函数。

视频讲解

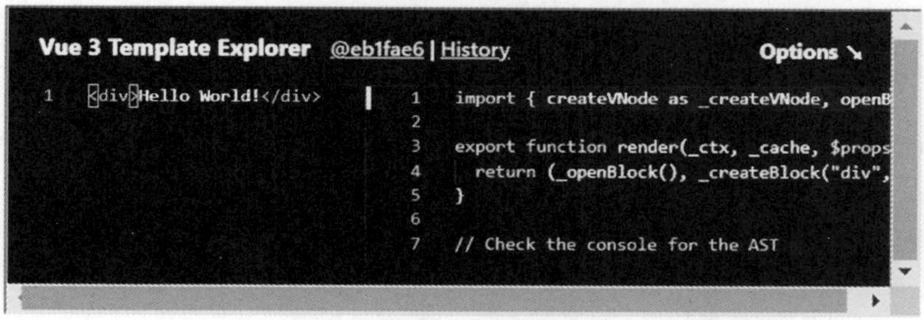

图 9-1　Vue 编译模板生成的 render()函数

在 Vue 组件中，也可以直接提供 render()函数，从而代替 template 选项设定的模板。本章将详细介绍 render()函数生成虚拟 DOM 的原理以及用法。

9.1　render()函数

既然组件的 template 选项及 render()函数的最终目的都是生成组件的 HTML 文档，那么两者在使用场合上有什么区别呢？下面通过例子加以说明。

假定一个 Vue 组件的模板包含以下内容：

```
<h1>1. Vue 简介</h1>
<h2>1.1 MVVM 设计模式</h2>
```

```
<h2>1.2 Vue 的选项</h2>
<h3>1.2.1 data 选项</h3>
<h3>1.2.2 methods 选项</h3>
<h3>1.2.3 watch 选项</h3>
```

为了提高代码的可重用性,可以定义一个 Vue 组件生成<h1>、<h2>和<h3>等标记,参见例程 9-1。

例程 9-1　heading. html

```
<div id="app">
  <div>
    <hh : level="1">1. Vue 简介</hh>
    <hh : level="2">1.1 MVVM 设计模式</hh>
    <hh : level="2">1.2 Vue 的选项</hh>
    <hh : level="3">1.2.1 data 选项</hh>
    <hh : level="3">1.2.2 methods 选项</hh>
    <hh : level="3">1.2.3 watch 选项</hh>
  </div>
</div>

<script>
  const app = Vue.createApp({})
  app.component('hh', {
    template: `
      <h1 v-if="level === 1">
        <slot></slot>
      </h1>
      <h2 v-else-if="level === 2">
        <slot></slot>
      </h2>
      <h3 v-else-if="level === 3">
        <slot></slot>
      </h3>
      <h4 v-else-if="level === 4">
        <slot></slot>
      </h4>
      <h5 v-else-if="level === 5">
        <slot></slot>
      </h5>
      <h6 v-else-if="level === 6">
        <slot></slot>
      </h6> `,
    props: {
      level: {
        type: Number,
        required: true
      }
    }
  })
  app.mount('#app')
</script>
```

以上`<hh>`组件会根据 level 属性的取值生成`<h1>`、`<h2>`或`<h3>`等标记。由于组件的 template 选项的语法主要使用 HTML 语法，因此在流程控制方面显得非常笨拙，例如在`<hh>`组件的模板中，重复使用了大量的 v-else-if 指令。相比之下，在需要通过流程控制决定模板内容的场合，render( )函数用简洁的代码就能实现各种逻辑和流程。

例程 9-2 与例程 9-1 的代码很相似，区别在于例程 9-2 用 render( )函数代替 template 选项。

例程 9-2　hrender.html 的主要代码

```
<script>
  const { createApp, h } = Vue
  const app = createApp({})

  app.component('hh', {
    render() {
      return h(
        'h' + this.level,         //HTML 标记的名字
        {},                        //HTML 标记的属性
        this.$slots.default()     //默认插槽作为子节点
      )
    },

    props: {
      level: {
        type: Number,
        required: true
      }
    }
  })
  app.mount('#app')
</script>
```

以上 render( )函数也能根据 level 属性的取值生成`<h1>`、`<h2>`或`<h3>`等标记。render( )函数会调用 Vue 的内置 h( )函数，该函数会生成表示`<h1>`、`<h2>`或`<h3>`等标记的虚拟节点。本范例中 h( )函数的第 3 个参数为 this.$slots.default( )，表示默认插槽。例如，对于根组件模板中的以下代码：

```
<hh : level="1">1. Vue 简介</hh>
```

h( )函数返回的虚拟节点`<h1>`的子节点的实际内容为文本"1. Vue 简介"。为了帮助读者理解 h( )函数的作用，9.2 节和 9.3 节会分别介绍真实 DOM 和虚拟 DOM，9.4 节再进一步介绍 h( )函数的用法。

通过本节范例可以看出，组件的 render( )函数与 template 选项分别适用于以下两个场合。

（1）template 选项指定模板比较直观，可以用来表示复杂冗长或者有多层嵌套标记的模板。

（2）render()函数的代码在表达模板外观方面很不直观，不过，它可以很灵活地实现各种逻辑和流程控制。

9.2 真实 DOM

浏览器在处理 HTML 文档时，会为该文档生成真实的 DOM（文档对象模型）。例如，对于以下 HTML 文档：

```
<div>
  <h1>My title</h1>
  Hello World!
  <!-- more -->
</div>
```

浏览器会生成如图 9-2 所示的 DOM，它是一棵包含了多层节点的树，HTML 文档中的 HTML 标记、标记的内容以及注释都对应树中的一个节点。父节点可以拥有一个或多个子节点，例如<div>父节点拥有 3 个子节点，<h1>父节点拥有一个子节点。

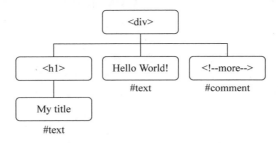

图 9-2　HTML 文档的 DOM 文档对象模型

9.3 虚拟 DOM

普通的 HTML 文档维护起来比较麻烦。例如，假定文档中包含了多处相同的文本内容，手动修改它们是非常麻烦的。

在 Vue 框架中，通过组件的模板生成 HTML 文档，模板中可以包含变量，这样就提高了代码的可维护性和可重用性。例如，以下代码是一个组件的模板：

```
template: '<h1>{{ blogTitle }}</h1>'
```

当 blogTitle 变量发生变化，模板中所有的{{ blogTitle }}插值表达式都会自动更新，这比手动修改 HTML 文档中的多处文本要方便很多。

以上组件的模板也可以直接用 render()函数代替，代码如下：

```
render() {
  return h('h1', {}, this.blogTitle)
}
```

以上 render( ) 函数调用了 Vue 的内置 h( ) 函数,该 h( ) 函数返回的不是真实的 DOM 元素,而是一个 JavaScript 对象,该对象包含了根节点信息,以及所有子节点的描述信息,这样的节点称为虚拟节点(Virtual Node,VNode)。所有虚拟节点构成的树称为虚拟 DOM。例如,以上 h( ) 函数创建了 <h1> 根虚拟节点,它的子节点是 this.blogTitle 变量的值。

提示:本书在不同的场合会采用 "<h1> 标记" "<h1> 元素" 和 "<h1> 节点" 等说法。从 HTML 文档的角度称为 "<h1> 标记",从 DOM 的角度称为 "<h1> 元素" 或 "<h1> 节点"。

9.4　h( ) 函数的用法

h( ) 函数的作用是创建一个虚拟节点,如果把该函数的名字改为 createVNode( ),就更能体现它的作用。因为这个函数会经常使用,所以采用了很简洁的函数名字。

提示:由于 h( ) 函数返回的虚拟节点还可以包含层层嵌套的子节点,因此 h( ) 函数实际上创建了一棵包含父节点以及所有子节点的虚拟 DOM 树。

h( ) 函数具有 3 个参数,表 9-1 对这 3 个参数的用法做了说明。

表 9-1　h( ) 函数的三个参数

参　数	含　义	是否必需	参数类型	参数类型说明
第 1 个参数	表示 HTML 标记的名字或者组件	是	{String | Object | Function}	String 类型的参数表示 HTML 标记的名字;Object 类型的参数表示组件;当参数为 Function 类型并且返回 null,用来渲染注释
第 2 个参数	表示 HTML 标记或组件的属性和事件监听函数	否	{Object}	如果 HTML 标记或组件没有属性,则可以把该参数设为 { } 或 null
第 3 个参数	表示所有的子节点	否	{String | Array | Object}	如果子节点仅仅是文本,那么采用 String 类型的参数;如果包含多个子节点,那么采用 Array 类型的参数;如果子节点是插槽,那么采用 Object 类型的参数

例程 9-3 演示了 h( ) 函数的参数的用法。

例程 9-3　params.html

```
<div id="app">
  <parent></parent>
</div>

<script>
  const { createApp, h, resolveComponent } = Vue
  const app = createApp({})
```

```
app.component('child',{
  props:['someProp'],
  template:'<h2>{{someProp}}</h2>'
})

app.component('parent', {
  render() {
    const child = resolveComponent('child')
    return h(
      'div',                                    //第1个参数：<div>标记
      {},                                       //第2个参数：没有属性
      [                                         //第3个参数：子节点数组
        'Some text comes first.',               //文本子节点
        h('h1', 'A headline'),                  //<h1>子节点
        h(child, {someProp: 'foobar'})          //<child>子节点
      ]
    )
  }
})
app.mount('#app')
</script>
```

在params.html中，<parent>组件直接通过render()函数生成模板的虚拟DOM。render()函数调用了h()函数，该h()函数生成的<div>节点与以下模板的效果相同：

```
<div>
  Some text comes first
  <h1>A headline</h1>
  <child someProp="foobar"></child>
</div>
```

h()函数返回的根虚拟节点为<div>，它有3个子节点，分别为文本子节点、<h1>子节点和<child>子节点。<h1>子节点是由h('h1','A headline')函数生成的，该函数只提供了第1个和第3个参数，第2个参数被省略。<child>子节点是由h(child,{someProp: 'foobar'})函数生成的，该函数只提供了第1个和第2个参数，第3个参数被省略。

一般情况下，Vue框架会聪明地识别到底为h()函数提供了哪几个参数，假如在某些场合，省略了第2个参数会引起混淆，那么可以把第2个参数显式设置为{}或者null。

9.4.1 虚拟DOM中虚拟节点的唯一性

虚拟DOM中的每个虚拟节点必须是唯一的。以下render()函数是不合法的，因为它返回的<div>根节点包括重复的<p>子节点：

```
render(){
  //定义一个虚拟节点 <p>hi</p>
  const myParagraphVNode = h('p', 'hi')
```

```
  return h('div', [
    //不合法,不能包含重复的虚拟节点
    myParagraphVNode, myParagraphVNode
  ])
}
```

如果在一个节点中确实需要包含重复的 DOM 元素或者组件,那么可以采用工厂函数。以下 h( ) 函数利用工厂函数,在<div>节点中包含了 20 个内容相同的<p>节点,这是合法的:

```
render() {
  return h('div',
    Array.from({ length: 20 }).map(() => {
      return h('p', 'hi')
    })
  )
}
```

以上 20 个<p>节点虽然内容相同,但它们都是通过 h( ) 函数生成的,实际上对应 20 个虚拟节点对象,因此每个<p>节点都是唯一的。

以上 h( ) 函数生成的<div>节点与以下模板的效果相同:

```
<div>
  <p>hi</p>
  <p>hi</p>
  <p>hi</p>
  ...
</div>
```

9.4.2　h( )函数的完整范例

例程 9-4 在例程 9-2 的基础上做了改进。本范例中<hh>组件的 render( ) 函数生成的<h1>、<h2>或<h3>等节点还会包含作为锚标记的<a>子节点。<a>节点的 name 属性的值由 getChildrenTextContent(children) 函数生成。

例程 9-4　vnodes. html

```
<div id="app">
  <div>
    <hh : level="1">1. Vue 简介</hh>
    <hh : level="2">1.1 MVVM 设计模式</hh>
    <hh : level="2">1.2 Vue 的选项</hh>
    <hh : level="3">1.2.1 data 选项</hh>
    <hh : level="3">1.2.2 methods 选项</hh>
    <hh : level="3">1.2.3 watch 选项</hh>
  </div>
</div>
```

```
<script>
  const { createApp, h } = Vue
  const app = createApp({})

  /** 递归读取子节点的文本内容 */
  function getChildrenTextContent(children) {
    return children
      .map(node => {                              //遍历访问 children 中的节点
        //如果子节点为文本,就直接返回文本
        //如果子节点为数组,就递归调用 getChildrenTextContent() 函数
        return typeof node.children === 'string'
          ?node.children
          : Array.isArray(node.children)
          ?getChildrenTextContent(node.children)
          : ''
      })
      .join('')
  }

  app.component('hh', {
    render() {
      // 根据子节点的文本内容,创建采用 kebab-case 命名规则的 Id
      const headingId =
            getChildrenTextContent(this.$slots.default())
        .toLowerCase()                    //采用小写
        .replace(/\W+/g, '-')             // 用"-"替换非字母和数字的字符
        .replace(/(^-|-$)/g, '')          //删除开头与结尾的"-"

      return h(
        'h' + this.level,                 //第 1 个参数:元素名
        {},                               //第 2 个参数:属性为空
        [
          h(                              //第 3 个参数,通过 h() 函数生成的<a>节点
            'a',                          //第 1 个参数:元素名<a>
            {                             //第 2 个参数:属性
              name: headingId,
              href: '#' + headingId
            },
            this.$slots.default()         //第 3 个参数
          )
        ]
      )
    },
    props: {
      level: {
        type: Number,
        required: true
      }
    }
  })
```

```
        app.mount('#app')
</script>
```

vnodes.html 的根组件模板中的<hh>组件渲染后的结果为：

```html
<h1>
  <a name="1-vue" href="#1-vue">1. Vue 简介</a>
</h1>
<h2>
  <a name="1-1-mvvm" href="#1-1-mvvm">1.1 MVVM 设计模式</a>
</h2>
<h2>
  <a name="1-2-vue" href="#1-2-vue">1.2 Vue 的选项</a>
</h2>
<h3>
  <a name="1-2-1-data" href="#1-2-1-data">1.2.1 data 选项</a>
</h3>
<h3>
  <a name="1-2-2-methods" href="#1-2-2-methods">1.2.2 methods 选项</a>
</h3>
<h3>
  <a name="1-2-3-watch" href="#1-2-3-watch">1.2.3 watch 选项</a>
</h3>
```

9.4.3 创建组件的虚拟节点

例程 9-3 演示了创建组件的虚拟节点的过程，在<parent>组件的 render( )函数中，通过 h(child,{ someProp：'foobar' })函数创建了<child>组件的虚拟节点。本节将进一步介绍创建组件的虚拟节点的细节。

为组件创建虚拟节点时，传给 h( )函数的第 1 个参数是组件本身的实例。例如，以下 h(mybutton)函数中的 mybutton 参数表示一个组件实例：

```
render() {
  return h(mybutton)
}
```

如果需要通过组件的名字获得组件实例，可以调用 Vue 的内置 resolveComponent( )函数，代码如下：

```
const { h, resolveComponent } = Vue

render() {
  const mybutton = resolveComponent('ButtonComponent')
  return h(mybutton)
}
```

Vue 框架的内部实现在解析模板中的组件名时,也是通过 resolveComponent() 函数根据组件名获得对应的组件实例。

在 render() 函数中,通常只有全局组件才需要通过 resolveComponent() 函数解析组件名。而对于局部组件,h() 函数能够把组件的注册和解析合并到一起,例如,对于以下常规代码:

```
components: {
  ButtonComponent
},
render() {
  return h(resolveComponent('ButtonComponent'))
}
```

可以简写为:

```
render() {
  return h(ButtonComponent)
}
```

在例程 9-5 中,<parent>组件的 render() 函数生成了 ButtonComponent 局部组件的虚拟节点。

例程 9-5 local.html

```
<div id="app">
  <parent></parent>
</div>

<script>
  const ButtonComponent = {           //局部组件
    data() {
      return { count: 0 }
    },
    template: `<button @click="count++">
                 {{ count }} 次</button>`
  }

  const { createApp, h } = Vue
  const app = createApp({})

  app.component('parent', {
    render() {
      return h(ButtonComponent)
    }
  })
  app.mount('#app')
</script>
```

9.5 用 render( ) 函数实现模板的一些功能

在组件的模板中,可以使用 v-if 和 v-model 等 Vue 指令,还可以使用事件修饰符、表示插槽的<slot>组件,以及动态组件<component>等,而 render( ) 函数是通过 JavaScript 脚本实现的,它是否能提供同样的功能呢?答案是肯定的,本节将介绍在 render( ) 函数和 h( ) 函数中实现这些功能的方法。

9.5.1 实现 v-if 和 v-for 指令的流程控制功能

在模板中,可以通过 v-if 指令进行条件判断,通过 v-for 指令来遍历数组,例如:

```
<ul v-if="items.length">
  <li v-for="item in items">{{ item.name }}</li>
</ul>
<p v-else>No items found.</p>
```

在 render( ) 函数中,可以通过 if-else 语句代替 v-if 指令,通过 map( ) 函数代替 v-for 指令。以上代码可以改写为:

```
props: ['items'],
render() {
  if (this.items.length) {
    return h('ul', this.items.map((item) => {
      return h('li', item.name)
    }))
  } else {
    return h('p', 'No items found.')
  }
}
```

值得注意的是,在模板中,可以通过<template>元素使用 v-if 或 v-for 指令,从而为一组 DOM 元素设定同样的判断条件或循环条件。而在 render( ) 函数中,<template>元素没有用武之地,因为 render( ) 函数通过 if-else 语句以及 map( ) 函数就可以灵活地控制生成一个或多个虚拟节点的流程。

9.5.2 实现 v-model 指令的数据绑定功能

7.6.2 节介绍过,v-model 指令能够把父组件的模型变量与子组件的属性进行双向绑定。如果子组件是由 render( ) 函数生成虚拟 DOM,那么在 render( ) 函数中,也能实现 v-model 指令的双向绑定功能。

在例程 9-6 中,<greet>组件作为根组件的子组件具有 name 属性,并且能触发 update: name 事件。

例程 9-6　vmodel.html

```
<div id="app">
  <greet v-model:name="currname"></greet>
  <p>Hello,{{currname}}</p>
</div>

<script>
  const { createApp, h } = Vue

  const app=createApp({
    data(){return {currname: 'Tom'} }
  })

  app.component('greet', {
    props: ['name'],
    emits: ['update:name'],
    render() {
      return h('input', {
        type: 'text',
        value: this.name,
        'onInput': event =>
            { this.$emit('update:name', event.target.value)}
      })
    }
  })

  app.mount('#app')
</script>
```

在根组件的模板中，根组件的 currname 变量与<greet>组件的 name 属性绑定。在<greet>组件的 render() 函数中，通过 h() 函数生成了一个<input>节点，该节点与以下模板的效果相同：

```
<input
        type="text"
        :value="name"
        @input="$emit('update:name', $event.target.value)">
```

通过浏览器访问 vmodel.html，会得到如图 9-3 所示的网页，在<greet>组件的文本框中输入新的文本，会看到根组件模板中的插值表达式{{currname}}也会发生同步更新。

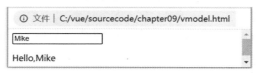

图 9-3　vmodel.html 的网页

9.5.3 实现 v-on 指令的监听事件功能

在例程 9-6 的 render( ) 函数中,会监听输入框的 input 事件:

```
return h('input', {
  type: 'text',
  value: this.name,
  'onInput': event =>
            { this.$emit('update:name', event.target.value) }
})
```

从以上代码可以看出,onInput 和 type、value 一样,它们都是<input>元素的属性,只不过 type 属性和 value 属性的取值为字符串,而 onInput 属性的取值是一个函数,它表示处理 input 事件的具体操作,此处的操作为继续触发 update:name 事件。

以下 render( ) 函数生成<button>节点,并且会监听由<button>节点触发的 click 事件:

```
render() {
  return h('button',
    { onClick: event => console.log('clicked', event.target) }
    'Click Me'
  )
}
```

以上 h( ) 函数生成的<button>节点与以下模板的效果相同:

```
<button onclick="console.log('clicked', event.target)">
  Click Me
</button>
```

9.5.4 实现事件修饰符和按键修饰符的功能

2.1.7 节介绍了事件的各种修饰符,如 passive、capture 和 once 等。在 render( ) 函数中,可以按照 camel-case 的命名规则指定事件及事件修饰符,例如:

```
render() {
  return h('input', {
    onClickCapture: this.doInCapturingMode(),
    onKeyupOnce: this.doOnce(),
    onMouseoverOnceCapture: this.doOnceInCapturingMode()
  })
},
methods: {
  doInCapturingMode(){console.log('capture')},
  doOnce(){console.log('once')},
  doOnceInCapturingMode(){console.log('mouseover')}
}
```

在 render( )函数中,还可以通过 event 变量的特定函数或程序代码替代事件的一些修饰符,参见表 9-2。

表 9-2 事件修饰符的替代函数或程序代码

事件修饰符	在 render( )函数中的替代函数或程序代码
stop	event.stopPropagation( )
prevent	event.preventDefault( )
self	if（event.target !== event.currentTarget）return

例如,以下 render( )函数生成的<button>节点会监听 click 事件,并且提供了 self 修饰符的功能:

```
render() {
  return h('button', {
    onClick: event => {
      if (event.target !== event.currentTarget)
        return
      else
        this.doClick()
    }
  }, 'Click Me')
}
```

以上 render( )函数的 h( )函数生成的<button>节点与以下模板的效果相同:

```
<button @click.self ="doClick">
  Click Me
</button>
```

对于普通按键修饰符,在 render( )函数中可以通过 if（event.key === '按键名'）判断是否为特定的按键。例如,以下 render( )函数生成一个<input>节点,并且会监听按 Enter 键的 keyup 事件:

```
render() {
  return h('input', {
    onKeyup: event => {
      if (event.key==='Enter')
        this.doCheck()
    }
  })
}
```

以上 render( )函数的 h( )函数生成的<input>节点与以下模板的效果相同:

```
<input v-on:keyup.enter="doCheck" >
```

系统按键 Ctrl、Alt、Shift 和 meta 分别对应 event.ctrlKey、event.altKey、event.shiftKey 和

event.metaKey。例如，以下 render( ) 函数会生成<button>节点，并且会监听 click 事件，在处理该事件时，会判断只有当同时按 Ctrl 键时，才会调用 doClick( ) 方法。

```
render() {
  return h('button', {
    onClick: event => {
      if (event.ctrlKey)
        this.doClick()
    }
  }, 'Click Me')
}
```

以上 render( ) 函数的 h( ) 函数生成的<button>节点与以下模板的效果相同：

```
<!-- 单击按钮并且按 Ctrl 键会调用 doClick ()方法 -->
<button @click.ctrl="doClick">Click Me</button>
```

以下代码演示了各种事件修饰符以及按键修饰符在 render( ) 函数中的实现方式：

```
render() {
  return h('input', {
    onKeyUp: event => {
      // 替代 self 事件修饰符
      if (event.target !== event.currentTarget) return
      // 如果没有按 Shift 键或者 Enter 键，那么就返回
      if (!event.shiftKey || event.key !== 'Enter') return
      // 替代 stop 事件修饰符
      event.stopPropagation()
      //替代 prevent 事件修饰符
      event.preventDefault()
      //…
    }
  })
}
```

9.5.5　实现插槽功能

在 render( ) 函数中，$slots.default( ) 表示默认的插槽。例如，对于以下 render( ) 函数：

```
render() {
  return h('div', this.$slots.default())
}
```

以上 h( ) 函数指定<div>节点的子节点是默认插槽，因此 h( ) 函数生成的<div>节点与以下模板的效果相同：

```
<div><slot></slot></div>
```

在例程9-7中，<greet>组件的render()函数生成的<h1>节点有一个默认插槽，该插槽有一个自定义的text属性。

例程9-7　customerprop.html

```
<div id="app">
  <greet message="Hello" v-slot="slotProps">
    {{slotProps.text }}
  </greet>
</div>

<script>
  const { createApp, h } = Vue
  const app=createApp({})

  app.component('greet', {
    render() {
      return h(
        'h1',
        this.$slots.default({ text: this.message })
      )
    },
    props: ['message']
  })
  app.mount('#app')
</script>
```

<greet>组件的render()函数会生成包含一个默认插槽的<h1>节点，并且插槽有一个自定义的text属性。render()函数生成的<h1>节点与以下模板的效果相同：

```
<h1><slot :text="message"></slot></h1>
```

1. 插槽内容中包含插槽的属性

在例程9-8中，<parent>组件的render()函数生成一个<div>节点。

例程9-8　visitprop.html

```
<div id="app">
  <parent></parent>
</div>

<script>
  const { createApp, h,resolveComponent } = Vue
  const app=createApp({})

  app.component('parent', {
```

```
    render() {
      return h('div',[
        h(resolveComponent('greet'),
          { message: 'Hello'},
          // 指定<greet>节点的默认插槽的内容
          // 函数的返回类型为 VNode 或者 Array<VNode>
          { default: (slotProps) => h('span', slotProps.text)}
         )
      ])
    }
  })

  app.component('greet', {
    template: `<div><slot :text="message"></slot></div>`,
    props: ['message'],
  })
  app.mount('#app')
</script>
```

以上<div>节点与以下模板的效果相同：

```
<div>
  <greet v-slot="slotProps">
    <span>{{ slotProps.text }}</span>
  </greet>
</div>
```

这个<div>节点有一个<greet>子节点，<greet>节点的子节点是默认插槽，默认插槽的内容为{{ slotProps.text }}。{{slotProps.text}}用于输出默认插槽的自定义 text 属性。

2. 插槽内容中包含组件

在例程 9-9 中，<parent>组件的 render( )函数生成一个<div>节点。

例程 9-9　inslot.html

```
<div id="app">
   <parent></parent>
</div>

<script>
  const { createApp, h,resolveComponent } = Vue
  const app=createApp({})

  app.component('parent', {
    render() {
      const greet=resolveComponent('greet')
      const display=resolveComponent('display')
```

```
      return h('div',[
        h(greet,
          { message: 'Hello'},
            // 指定<greet>节点的默认插槽的内容,为<display>节点
            // 函数的返回类型为：VNode 或者 Array<VNode>
          { default: (slotProps) => h(display, slotProps.text) }
        )
      ])
    }
  })

  app.component('display',{
    template: `<span style="color: blue"><slot></slot></span>`
  })

  app.component('greet', {
    template: `<div><slot : text="message"></slot></div>`,
    props: ['message'],
  })
  app.mount('#app')
</script>
```

这个<div>节点与以下模板的效果相同：

```
<div>
  <greet v-slot="slotProps">
    <display>{{ slotProps.text }}</display>
  </greet>
</div>
```

以上<div>节点有一个<greet>子节点,<greet>节点的子节点是默认插槽,默认插槽的内容为<display>节点,而<display>节点的子节点也是默认插槽,该默认插槽的内容为{{slotProps.text}}。

9.5.6 生成动态组件的节点

在组件的模板中,可以通过<component>组件指定动态组件,例如：

```
<component : is="name"></component>
```

以上<component>组件的 is 属性指定要插入到模板中的实际组件的名字,此处是 name 变量。在 render()函数中,可以通过 Vue 的内置 resolveDynamicComponent()函数实现同样的功能,代码如下：

```
const { h, resolveDynamicComponent } = Vue

render() {
```

```
  const Component = resolveDynamicComponent(this.name)
  return h(Component)
}
```

以上resolveDynamicComponent(this.name)函数根据name参数生成相应的组件实例。在例程9-10中，<parent>组件的render()函数会生成一个<div>节点，<div>节点包含了<greet>节点。<greet>组件的实例是通过resolveDynamicComponent(this.name)函数生成的。

例程9-10　com.html

```
<div id="app">
  <parent></parent>
</div>

<script>
  const { createApp, h, resolveDynamicComponent } = Vue
  const app=createApp({})

  app.component('parent', {
    data(){
      return {name: 'greet' }
    },
    render() {
      const Component = resolveDynamicComponent(this.name)
      return h('div', [ h(Component) ])
    }
  })

  app.component('greet', {
    template: `<div>Hello</div>`
  })
  app.mount('#app')
</script>
```

resolveDynamicComponent(name)函数的name参数可以是组件的名字、HTML标记的名字或者是组件的选项对象。不过，通常只有当name参数为组件名字时，才通过resolveDynamicComponent(name)函数解析生成动态组件。如果虚拟节点是HTML标记，那么可以直接把标记的名字传给h()函数。例如，以下两段代码的作用是等价的：

```
template: `<component :is="bold ?'strong' : 'em'"></component>`
```

或者：

```
render() {
  return h(this.bold ?'strong' : 'em')
}
```

在模板中，<template>和<component>都是语法上的逻辑处理标记，在render()函数中不会生成这两个标记的虚拟节点,而是会根据它们的语义,生成实际的组件或 DOM 元素的虚拟节点。

9.5.7 自定义指令

在虚拟节点中,也可以加入自定义指令。Vue 的内置 resolveDirective(name) 函数根据 name 参数给定的指令名,生成指令对象。Vue 的内置 withDirectives() 函数会为 h() 函数返回的虚拟节点增加指令。

在例程 9-11 中,定义了一个 v-pin 指令。在<greet>组件的 render() 函数中,会为<div>节点设置 v-pin 指令。

例程 9-11　pin.html

```
<div id="app">
  <greet>Hello</greet>
</div>

<script>
  const { createApp, h, resolveDirective, withDirectives} = Vue
  const app=createApp({})

  app.directive('pin', {
    mounted(el, binding) {
      el.style.position = 'fixed'
      //指定距顶端的像素
      el.style.top = binding.value + 'px'
    }
  })

  app.component('greet', {
    render() {
      const pin = resolveDirective('pin')
      return withDirectives (h('div', this.$slots.default() ),
                            [ [pin, 100, 'top'] ])
    }
  })
  app.mount('#app')
</script>
```

pin.html 的<greet>组件的 render() 函数生成的<div>节点和以下模板的效果相同:

```
<div v-pin:top ="100"></div>
```

9.6　在 render() 函数中使用 JSX 语法

render() 函数通过 h() 函数生成模板的一个缺点是表达网页的外观很不直观。例如,

以下h()函数用于生成<hh>组件的虚拟节点,在该节点中还嵌套了<span>子节点和文本world!子节点:

```
h(
  resolveComponent('hh'),
  {
    level: 1
  },
  {
    default: () => [h('span', 'Hello'), ' world! ']
  }
)
```

相比之下,如果直接使用模板,就非常简洁明了:

```
<hh : level="1"> <span>Hello</span> world! </hh>
```

为了克服render()函数的这个缺点,可以使用Babel插件,它支持在Vue框架中使用JSX语法。JSX是一种结合JavaScript和XML的语法,这种语法既能发挥JavaScript脚本的编程特长,又能发挥XML的直观表达网页外观的特长。

例程9-12是通过Vue CLI脚手架工具开发的Vue组件,它的源代码位于本书配套源代码包的chapter11/helloworld/src/components目录下。Container.vue定义了一个<Container>组件,它嵌套了一个<ButtonCounter>组件,这两个组件的模板都是通过render()函数生成的,在render()函数中通过JSX语法指定虚拟节点。

例程9-12　Container.vue

```
<script>
const ButtonCounter = {
  props: ["count"],
  methods: {
    onClick() {
      this.$emit("change", this.count + 1)
    }
  },
  render() {
    return (              //采用JSX语法
      < button onClick={this.onClick}>
        You clicked me {this.count} times.
      </button>
    )
  }
}

export default {
  name: "Container",
  data() {
```

```
      return {
        count: 0
      }
    },
    methods: {
      onChange(val) {
        this.count = val
      }
    },
    render() {
      const { count, onChange } = this
      return (    //采用 JSX 语法
        <div>
          <span>Hello</span> world!
          <br/>
          <ButtonCounter
            style={{ marginTop: "10px" }}
            count={count}
            type="button"
            onChange={onChange}
          />
        </div>
      )
    }
  }
</script>
```

Container.vue 的创建以及运行建立在第 10 章和第 11 章的基础上，本节只做简单的介绍。<Container>组件的访问路径为 http://localhost:8080/#/container，它的页面如图 9-4 所示。

图 9-4　<Container>组件的页面

9.7　综合范例：博客帖子列表

本节介绍如何利用组件的 render( ) 函数创建如图 9-5 所示的博客的帖子列表。

图 9-5　博客的帖子列表

例程9-13是本范例的源代码。整个帖子列表由<post-list>组件生成,帖子列表中的每一项都由<post-item>组件生成。

例程 9-13　post.html

```
<div id="app">
  <post-list></post-list>
</div>

<script>
  const { createApp, resolveComponent,h} = Vue
  const app=createApp({})

  app.component('post-list', {                    // 父组件
    data() {
      return {
        posts:[
          {id:1, title:'如何创建自定义指令', author:'Tom',vote:0},
          {id:2, title:'Vue 入门教程', author:'Mary',vote:0},
          {id:3, title:'Vue 的组件用法详解', author:'Mike',vote:0}
        ]
      }
    },
    methods: {
      // 自定义的 voteEvent 事件的处理方法
      handleVote(id){
        this.posts.map(post => {
          if(post.id === id) ++post.vote        //点赞数递增 1
        })
      }
    },
    render(){
      let postNodes = [];
      // 循环遍历 posts,创建子组件<post-item>的虚拟节点
      this.posts.map(post => {
        let node = h(resolveComponent('post-item'), {
          post: post,
          //处理 voteEvent 事件
          onVoteEvent: event => this.handleVote(post.id)
        })
        postNodes.push(node);
      })

      return h('div', [h('ul',[postNodes])] )
    }
  })

  app.component('post-item', {                    // 子组件
    emits:['voteEvent'],
    props: {
```

```
      post: {
        type: Object,
        default: () => {},
        required: true
      }
    },
    render(){
      return h('li', [
        h('p', [
          h('span',
            //<span>元素的内容
            ' 标题: ' + this.post.title
            + ' | 发帖人: ' + this.post.author
            + ' | 点赞数: ' + this.post.vote
          ),
          h('button',
            //触发 voteEvent 事件
            { onClick: event => this.$emit('voteEvent') },
            '点赞'
          )
        ])
      ])
    }
  })
  app.mount('#app')
</script>
```

在 <post-list> 组件的 render( ) 函数中，会遍历 posts 数组变量，posts 数组中的每一个元素对应一个 <post-item> 组件的虚拟节点。在 <post-item> 组件的 render( ) 函数中，"点赞"按钮会触发 click 事件。在处理该 click 事件的方法中，会继续触发 voteEvent 事件，该事件由 <post-list> 组件处理，把 post.vote 变量递增 1，该变量表示当前帖子的点赞数。

9.8 小结

render( ) 函数通过 h( ) 函数生成模板的虚拟 DOM，虚拟 DOM 由层层嵌套的虚拟节点组成。h( ) 函数有 3 个参数，第 1 个参数指定 HTML 标记的名字或者组件实例，第 2 个参数指定 HTML 标记或组件的属性，第 3 个参数指定子节点。

在虚拟节点中也能实现一些模板中的功能，如实现 v-if 指令、v-for 指令、v-model 指令和 v-on 指令的功能，还可以设定插槽、自定义指令等。

9.9 思考题

1. 以下是一个 h( ) 函数：

```
h('div',
  {style: 'color: blue'},
  ['Hello', h('h1', 'Tom')]
)
```

以上 h( )函数生成的<div>节点与选项(　　)的模板的效果相同。(单选)

A. <div>Hello<h1>Tom</h1></div>

B. Hello<h1>Tom</h1>

C. <h1>Hello Tom</h1>

D. Hello <h1>Tom</h1>

2. 以下属于 Vue 的内置函数的是(　　)。(多选)

A. h( )

B. resolveComponent( )

C. withDirectives( )

D. resolveDirective( )

3. 对于以下 h( )函数：

```
const greet=Vue.resolveComponent('greet')

return h('div',
  Array.from({ length: 3 }).map(() => {
    return h(greet)
  })
)
```

下面说法正确的是(　　)。(单选)

A. 编译出错，<div>节点不允许包含同样的<greet>子节点

B. 生成一个<div>节点，包含一个<greet>子节点

C. 生成一个<div>节点，包含三个<greet>子节点

D. 生成一个数组，包含一个<div>节点和三个<greet>节点

4. 以下是一个组件的模板：

```
<button @click="count++"> {{ count }} 次</button>
```

下面 render( )函数生成的<button>节点与上面的模板的效果相同的是(　　)。(多选)

A.

```
render() {
  return h('button', {onClick: event =>this.count++},'{{count}}次' )
}
```

B.

```
render() {
  return h('button', { @click: 'this.count++' }, this.count+'次')
}
```

C.

```
render() {
  return h('button',
    { onClick: event =>this.count++},
    { default: ()=>this.count+'次' }
  )
}
```

D.

```
render() {
  return h('button',{onClick: event =>this.count++},this.count+'次')
}
```

第10章 Vue CLI脚手架工具

前面章节的范例是在一个 HTML 文件中包含所有组件的信息,而实际的 Vue 项目(即采用 Vue 框架的前端 Web 应用)会包含多个模块,这些模块放在不同的文件中,还会使用第三方的插件。为了便于快速开发和管理 Vue 项目,Vue CLI(后文有时简称 CLI)脚手架工具应运而生。CLI 主要提供了以下功能。

(1)为项目提供统一的架构风格。
(2)为项目提供预配置信息。
(3)支持单文件组件。
(4)提供用于创建和管理项目的命令行工具。

视频讲解

本章将介绍 CLI 的安装,以及用它创建 Vue 项目的过程,还会介绍 Visual Studio Code 开发工具的用法,它为编辑、编译、运行和调试 Vue 项目提供了集成开发环境。最后还介绍了正式发布 Vue 项目的方法。后面章节的范例都利用 CLI 工具开发。

10.1 Vue CLI 简介以及安装

Vue CLI 包含以下 3 部分内容。

(1) CLI(@ vue/cli):全局安装的 npm 包,提供基于终端命令行的 vue 命令,如 vue create、vue serve 和 vue ui 等。

(2) CLI 服务(@ vue/cli-service):Vue 项目的开发环境依赖包,它作为局部安装的 npm 包,会安装到每个用 CLI 创建的 Vue 项目中。CLI 服务建立在打包工具 webpack 和 webpack-dev-server 的基础上,它为 Vue 项目提供以下 3 种服务。

- 加载其他 CLI 插件。
- 提供适合绝大部分 Vue 项目的优化过的内部 webpack 配置。
- 提供 Vue 项目内部的 vue-cli-service 服务命令,如 serve 命令、build 命令和 inspect 命令。

（3）CLI 插件：为 Vue 项目提供的可选的 npm 包，如 Babel/TypeScript 转译插件、ESLint 插件、单元测试插件和 End-to-End 测试插件等。Vue CLI 插件的名字以@vue/cli-plugin-（用于内置插件）和 vue-cli-plugin-（用于社区插件）开头，很容易使用。当在项目内部运行 vue-cli-service 服务命令时，会自动解析并加载项目的 package.json 中列出的所有 CLI 插件。

1.9.1 节已经介绍了 NPM 工具的用法。CLI 也通过 NPM 工具安装。在 DOS 命令行输入以下命令就会安装 CLI：

```
npm install -g @vue/cli
```

```
C:\Users\Administrator> vue --version
@vue/cli 4.5.12
```

图 10-1　查看 CLI 的版本

安装完成以后，可以通过以下命令查看 CLI 的版本，同时也验证了 CLI 是否安装成功，如图 10-1 所示。

```
vue --version
```

10.2　创建 Vue 项目

利用 CLI 创建 Vue 项目有以下两种方式。
（1）通过 vue create <项目名>命令，以基于命令行交互的方式创建项目。
（2）通过 vue ui 命令启动图形用户界面创建项目。

10.2.1　vue create 命令的用法

通过 vue create 命令创建 Vue 项目的步骤如下。

（1）打开 DOS 命令行窗口，假设当前目录为 C:\chapter10。输入命令 vue create helloworld，该命令将创建一个名为 helloworld 的项目。CLI 规定项目名中不能包含大写字母，但是可以包含"-"。例如 HelloWorld 是不合法的项目名，helloworld 或者 hello-world 是合法的项目名。

（2）选择对项目进行预配置的方式，如图 10-2 所示，有 3 个可选项：默认的基于 Vue 2 版本的配置、默认的基于 Vue 3 版本的配置，以及手动配置。通过键盘的上下方向键可以把光标移动到特定的配置方式，再按 Enter 键，就会选中该配置方式。

图 10-2　选择对 Vue 项目进行预配置的方式

假定选择了手动配置方式，会出现具体的预配置项，参见图 10-3。
在图 10-3 中，通过键盘的上下方向键把光标移动到特定的预配置项，接着按空格键，就

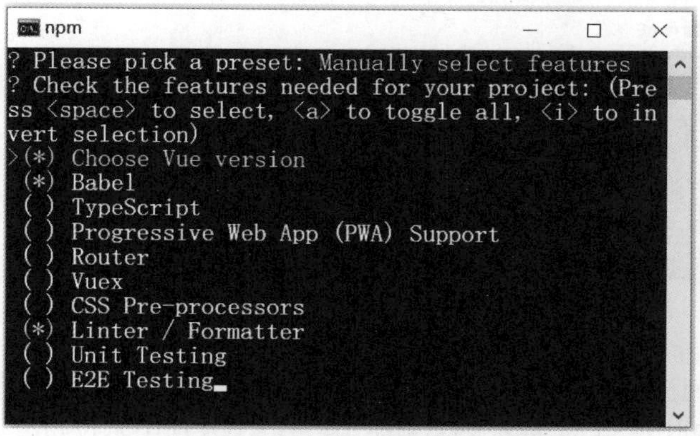

第10章 Vue CLI 脚手架工具

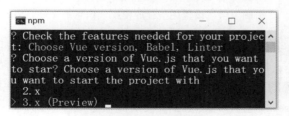

图 10-3　具体的预配置项

会选中该配置项,再按空格键,就会取消选中的配置项。表 10-1 介绍了各个预配置项的功能。如果选择了某个配置项,就表示当前创建的 Vue 项目支持该功能。

表 10-1　各个预配置项的功能

配置项	说明
Babel	转码器,把高版本的脚本代码转换为低版本的脚本代码,从而在只支持低版本的脚本语言的环境中运行
TypeScript	TypeScript 是一个 JavaScript 的超集,可以编译成 JavaScript,编译出来的 JavaScript 脚本能够运行在任何浏览器上
Progressive Web App(PWA) Support	支持渐进式 Web 应用程序
Router	Vue 的路由管理器,参见第 11 章
Vuex	Vue 的状态管理插件,参见第 14 章
CSS Pre-processors	CSS 预处理器(如 Less 和 Sass),主要解决 CSS 样式对浏览器的兼容和简化 CSS 代码等问题
Linter/Formatter	代码规范和格式的校验(如 ESLint 插件)
Unit Testing	单元测试
E2E Testing	End to End(点到点)测试

采用图 10-3 中的默认选中项:Choose Vue version、Babel 和 Linter/Formatter。

(3)对这三个选中项进行进一步的配置。首先是设置 Vue 的版本,此处选中 Vue 3.x 版本,参见图 10-4。接着设置代码规范校验插件,参见图 10-5。

图 10-4　设置 Vue 的版本

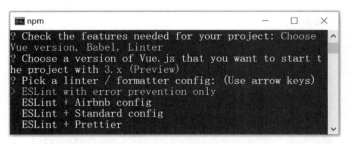

图 10-5　设置代码规范校验插件

在图 10-5 中，列出了 4 个可选项，每一个选项中都包含 ESLint，它是代码规范校验插件。第 1 项表示仅利用 ESLint 进行错误预防，其余三个选项中不仅包含 ESLint，还包含具体的代码规范，如 Airbnb、Standard 和 Prettier。具体使用哪种代码规范，取决于个人的喜好或软件开发团队的要求。

接下来选择代码规范校验的时机，参见图 10-6，共有两个可选项。第 1 个选项是在保存文档时进行代码规范校验。第 2 个选项是在提交 Git 时进行代码规范校验，并且自动修正代码。Git 是一个开源的分布式的版本控制软件。

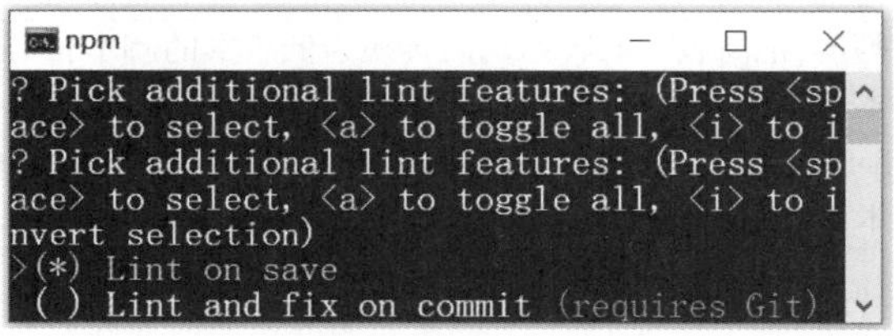

图 10-6　设置代码规范校验的时机

（4）选择把预配置信息放在哪个文件中，参见图 10-7。第 1 个选项表示专门的配置文件，例如 ESLint 的配置文件为 helloworld 根目录中的 eslintrc.js 文件。第 2 个选项表示默认的 package.json 文件，它位于 helloworld 项目的根目录中。

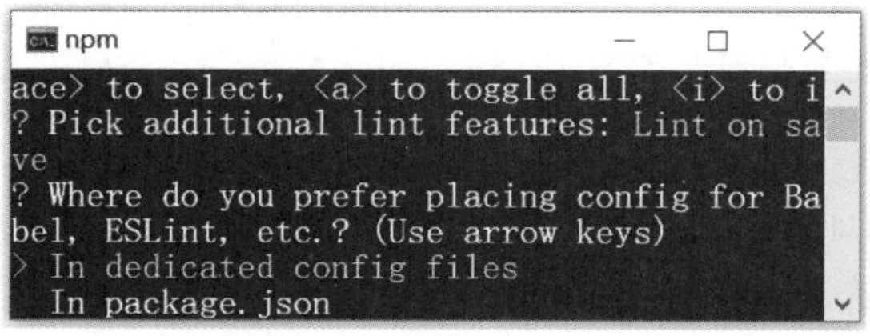

图 10-7　设置用于存放预配置信息的文件

选择第 2 个选项，会询问当前的预配置是否适用于将来的其他项目，参见图 10-8。
在图 10-8 中输入 y，按 Enter 键，会提示输入预配置的名字，参见图 10-9。
CLI 会在操作系统的用户目录下创建一个 .vuerc 文件，在该文件中存放适用于将来项目的预配置，如 mypreset 预配置。10.2.2 节会对此做进一步解释。

（5）项目创建成功后，会出现如图 10-10 所示的提示信息。helloworld 项目位于 C:\chapter10\helloworld。

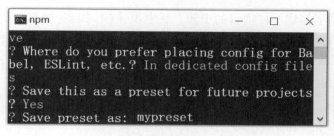

图 10-8　指定当前的预配置是否适用于将来的其他项目

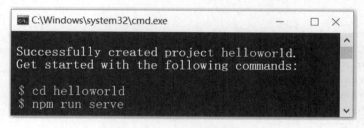

图 10-9　指定预配置的名字为 mypreset

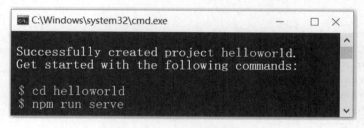

图 10-10　Vue 项目创建成功的提示信息

vue create 命令本身还包含一些命令选项，可通过 vue create --help 命令查看。表 10-2 对所有命令选项做了说明。

表 10-2　vue create 命令的命令选项的作用

命令选项	说　　明
-p, --preset <presetName>	省略提示信息，使用已经保存的或者远程的预配置信息
-d, --default	省略提示信息，使用默认的预配置信息
-i, --inlinePreset <json>	省略提示信息，使用内联的 JSON 文本作为预配置信息
-m, --packageManager	在安装依赖包时，使用指定的 npm 客户端
-r, --registry <url>	在安装依赖包时，使用指定的 npm registry
-g, --git [message]	强制进行 Git 的初始化，并提供可选的初始化提交信息
-n, --no-git	省略 Git 的初始化
-f, --force	如果目标目录存在，就覆盖它
--merge	如果目标目录存在，就把新建的项目与原先的项目合并

续表

命令选项	说 明
-c, --clone	利用 Git clone 获取远程的预配置信息
-b, --bare	省略新手指导信息
--skipGetStarted	省略显示 Get Started 入门指导信息

10.2.2 删除预配置

10.2.1 节介绍了创建 Vue 项目的步骤。其中步骤(4)提到，如果预配置信息适用于将来的项目，并且预配置的名字为 mypreset，那么会在操作系统的用户目录下的 .vuerc 文件中增加 mypreset 预配置信息，代码如下：

```
{
  "useTaobaoRegistry": false,
  "presets": {
    "otherpreset":{
      "useConfigFiles": false,
      ...
    },
    "mypreset": {
      "useConfigFiles": false,
      "plugins": {
        "@vue/cli-plugin-babel": {},
        "@vue/cli-plugin-eslint": {
          "config": "base",
          "lintOn": [
            "save"
          ]
        }
      },
      "vueVersion": "3"
    }
  }
}
```

以上代码包含两个预配置：mypreset 和 otherpreset。mypreset 是本项目的预配置，otherpreset 是原先其他项目的预配置。如果日后不再需要用到 mypreset 预配置，只要在 .vuerc 文件中删除它的相关代码即可。

10.2.3 vue ui 命令的用法

在 DOS 命令行窗口中输入 vue ui 命令，就会在浏览器中打开 CLI 的图形用户界面，参见图 10-11。在这个图形界面中，可以新建项目、管理项目、配置插件和项目依赖，还可以对项目进行预配置和执行任务。

图 10-11　CLI 的图形用户界面

10.3　Vue 项目的结构

通过 CLI 生成的 Vue 项目具有统一的目录结构。表 10-3 对 helloworld 项目的各个目录和文件的用途做了说明。

表 10-3　helloworld 项目的各个目录和文件的用途

目录和文件	说　　明
node_modules 目录	存放项目的依赖文件
public 目录	被公开访问的目录。该目录中的文件不会被 webpack 编译以及进行压缩处理
public/favicon.ico 文件	图标文件
public/index.html 文件	项目的主页
src 目录	存放项目的源代码
src/assets 目录	存放项目的静态资源，如图片和 CSS 文件等
src/assets/logo.png 文件	logo 图片
src/components 目录	存放组件的文件
src/components/HelloWorld.vue 文件	HelloWorld 组件的文件
src/App.vue 文件	根组件的文件
src/main.js 文件	程序入口 JavaScript 文件，加载各种公共组件以及需要用到的插件
.gitignore 文件	配置 Git 提交项目时忽略哪些文件和文件夹
babel.config.js 文件	Babel 的配置文件
eslintrc.js 文件	ESLint 的配置文件。通过 vue create 命令创建项目，当预配置存放在专门的配置文件中，而不是默认的 package.json 文件，会产生此文件
package.json 文件	项目依赖的插件的配置以及运行和测试等环境的配置
package-lock.json 文件	用于锁定项目实际安装的各个 npm 包的具体来源和版本号

10.3.1　单文件组件

helloworld/src 目录下的 App.vue 文件定义了项目的根组件，例程 10-1 列出了它的源代码。

例程 10-1　App.vue

```
<template>
  <img alt="Vue logo" src="./assets/logo.png">
  <HelloWorld msg="Welcome to Your Vue.js App"/>
</template>

<script>
  import HelloWorld from './components/HelloWorld.vue'

  export default {
    name: 'App',
    components: {
      HelloWorld
    }
  }
</script>

<style>
  #app {
    font-family: Avenir, Helvetica, Arial, sans-serif;
    -webkit-font-smoothing: antialiased;
    -moz-osx-font-smoothing: grayscale;
    text-align: center;
    color: #2c3e50;
    margin-top: 60px;
  }
</style>
```

根组件的代码位于单独的 App.vue 文件中，这样的组件称作单文件组件，它具有以下 3 个特征。

（1）用<template>元素指定组件的模板。

（2）在 JavaScript 脚本中，通过 import 语句导入其他组件文件；通过 export default 语句导出当前组件的代码。export default 代码块中的 name 属性指定组件的名字，如果没有设定 name 属性，那么文件名字就是组件的名字。

（3）通过<style>元素设定 CSS 样式。

App.vue 的根组件的模板插入了<HelloWorld>组件，<HelloWorld>也是一个单文件组件，例程 10-2 是这个组件的文件。

例程 10-2　HelloWorld.vue

```
<template>
  <div class="hello">
    <h1>{{ msg }}</h1>
    ...
  </div>
```

```
</template>

<script>
export default {
  name: 'HelloWorld',          //组件的名字
  props: {
    msg: String                //组件的属性
  }
}
</script>

<!-- scoped 属性指定该 CSS 样式的作用域为当前组件 -->
<style scoped>
  h3 {
    margin: 40px 0 0;
  }
  ul {
    list-style-type: none;
    padding: 0;
  }
  li {
    display: inline-block;
    margin: 0 10px;
  }
  a {
    color: #42b983;
  }
</style>
```

10.3.2 程序入口 main.js 文件

main.js 文件作为程序入口,用于加载公共组件、项目需要的各种插件,以及创建 Vue 的根组件。例程 10-3 会创建根组件实例,并且和 index.html 页面中 id 属性为 app 的 <div> 元素挂载。

例程 10-3　main.js

```
import { createApp } from 'vue'
import App from './App.vue'

createApp(App).mount('#app')
```

10.3.3 项目的 index.html 文件和 SPA 单页应用

例程 10-4 是 helloworld 项目的唯一的 HTML 文件,它有一个 id 属性为 app 的 <div> 元素,根组件实例将会与该 <div> 元素挂载。

例程 10-4　index.html

```html
<!DOCTYPE html>
<html lang="">
  <head>
    <meta charset="utf-8">
    <meta http-equiv="X-UA-Compatible" content="IE=edge">
    <meta name="viewport"
          content="width=device-width,initial-scale=1.0">
    <link rel="icon" href="<%= BASE_URL %>favicon.ico">
    <title><%= htmlWebpackPlugin.options.title %></title>
  </head>
  <body>
    <noscript>
      ...
    </noscript>
    <div id="app"></div>
    <!-- built files will be auto injected -->
  </body>
</html>
```

helloworld 项目的 HTML 文件只有一个 index.html，这样的 Web 应用也称作单页面应用（Single Page Application，SPA）。

提示：尽管单页面应用只有一个 index.html 文件，但是实际上通过动态插入特定的组件，可以生成很多页面。所以本书在叙述方式上，对于单页面应用，也会提及应用的多个页面，这是指由不同组件生成的页面。

10.3.4　运行项目

在 DOS 命令行转到 C:\chapter10\helloworld 目录，运行命令 npm run serve，就会启动一个 Web 服务器。helloworld 项目就发布在这个 Web 服务器上，通过浏览器访问 http://localhost:8080，就会出现 helloworld 项目的主页，参见图 10-12。

图 10-12　helloworld 项目的主页

10.4 安装和配置 Visual Studio Code

Visual Studio Code(本书简称为 VSCode)为 Vue 项目提供了集成开发环境,可用来编辑、编译和运行 Vue 项目。VSCode 的下载网址为:

```
https://code.visualstudio.com/
```

访问以上网址,会出现如图 10-13 所示的页面,选择页面上的下载链接,就可以下载 VSCode 的软件安装包。

图 10-13　VSCode 的下载页面

运行 VSCode 的软件安装包安装 VSCode。安装好以后,打开 VSCode 程序,它的初始界面采用英文。在 VSCode 的主界面中,按 Ctrl+Shift+P 键,再输入 config,就会出现各种配置选项,选择 Configure Display Language,参见图 10-14。

选择中文,并单击 Install 按钮,就会安装中文语言,参见图 10-15。

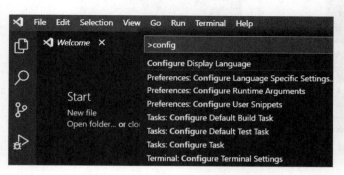

图 10-14　VSCode 的各个配置选项

图 10-15　安装中文语言

10.4.1 安装 Vetur 和 ESLint 插件

Vetur 插件能够对组件的.vue 文件进行语法高亮显示。ESLint 插件则提供了代码规范校验的功能。安装 Vetur 插件的步骤如下。

(1) 在 VSCode 的主界面选择"管理"图标,再选择"扩展"菜单项,参见图 10-16。

图 10-16　选择"管理"图标,再选择"扩展"菜单项

(2) 在"扩展"窗口的搜索框中输入 Vetur,然后选中插件列表中的第 1 个选项,单击"安装"按钮,就会安装 Vetur 插件,参见图 10-17。

安装好 Vetur 插件以后,再按照同样的方式安装 ESLint 插件。两个插件均安装成功后,在"扩展"窗口会显示已经安装的插件,参见图 10-18。

图 10-17　安装 Vetur 插件

图 10-18　在"扩展"窗口显示已经安装的插件

10.4.2 在 VSCode 中打开 helloworld 项目

在 VSCode 的主界面选择"文件"→"打开文件夹"菜单项,选择 C:\chapter10\

helloworld 目录,就会打开 helloworld 项目。图 10-19 是 VSCode 显示的 helloworld 项目的目录结构。

10.4.3 在 VSCode 中运行 helloworld 项目

在 VSCode 中选择"终端"→"新终端"菜单项,在打开的终端中输入命令 npm run serve,就会启动发布了 helloworld 项目的 Web 服务器,参见图 10-20。

图 10-19　VSCode 显示的 helloworld 项目的目录结构

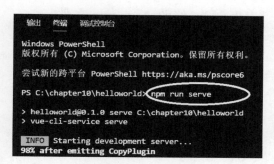

图 10-20　在 VSCode 的终端中运行 npm run serve 命令

Web 服务器启动后,就可以通过浏览器访问 helloworld 项目的主页,网址为 http://localhost:8080,浏览器显示的主页参见图 10-12。

10.5　创建单文件组件<Hello>

本节将创建一个单文件组件<Hello>,它位于 Hello.vue 文件中,还会修改 App.vue 文件,在根组件的模板中插入<Hello>组件。

10.5.1　创建 Hello.vue 文件

在 VSCode 中选择"文件"→"新建文件"菜单项,创建 Hello.vue 文件,参见例程 10-5。

例程 10-5　Hello.vue

```
<template>
  <p>{{message}}</p>
</template>

<script>
```

```
export default{
  data(){
    return {
      message: 'Hello,Vue! '
    }
  }
}
</script>
```

Hello.vue 文件位于 helloworld/src/components 目录下。Hello.vue 定义的组件采用默认名，即文件名 Hello。该组件有一个 message 变量，在模板中会通过插值表达式{{message}}显示 message 变量的值。

10.5.2　修改 App.vue 文件

修改 App.vue 文件，把文件中的<HelloWorld>组件改为<Hello>组件。例程 10-6 是修改后的代码。

例程 10-6　App.vue

```
<template>
  <Hello />
</template>

<script>
  import Hello from './components/Hello.vue'

  export default {
    name: 'App',
    components: {
      Hello
    }
  }
</script>
<style>…</style>
```

以上 App.vue 在根组件的模板中插入了<Hello>组件。值得注意的是，在通过 vue create 命令创建 helloworld 项目时，如果在预配置中指定了特定的代码规范，如 prettier 或者 airbnb，那么 VSCode 会对.vue 文件进行严格的代码规范校验。有的代码规范要求模板中插入的<Hello>组件必须采用<Hello />的形式，"/>"与前面的字符串必须以空格隔开。如果不熟悉代码规范，为了避免频繁出现编译错误，在项目的预配置中可以选择 ESLint with error prevention only 选项。

10.5.3　运行修改后的 helloworld 项目

按照 10.4.3 节介绍的步骤再次在 VSCode 中运行 helloworld 项目，会出现如图 10-21 所示的主页。

图 10-21　helloworld 项目的主页

10.6　创建正式产品

　　用 CLI 的 vue create 命令创建的 helloworld 项目中包含了在开发和调试阶段使用的各种插件，所以项目非常庞大。到了产品发布阶段，需要对 helloworld 项目进行精简压缩，仅把与项目运行有关的代码和插件包含到正式产品中。正式产品可以在所有标准的 Web 服务器中运行。

　　提示：事实上，只有通过 npm run server 命令启动的 Web 服务器才能运行原始 helloworld 项目，因为该服务器是为 Vue CLI 项目量身定做的。如果把 helloworld 项目复制到标准的 Web 服务器（如 Tomcat）中，会发现 Tomcat 不能正确解析该项目。例如，通过浏览器访问 http://localhost:8080/helloworld/public/index.html，不会显示正确的页面。

　　在开发阶段，会在项目的 JavaScript 脚本中加入一些 console.log( ) 语句和 alert( ) 语句，用于调试和跟踪程序。对于正式产品，为了提高程序的运行性能，给用户带来更友好的体验，应该删除这些调试语句。

　　手动删除代码中的调试语句会非常烦琐。为了简化这一操作，可以在项目的 terserOptions.js 文件中进行配置，该文件位于项目的 node_modules/@vue/cli-service/lib/config 目录下。以下代码是 terserOptions.js 文件的部分内容，粗体字部分是新增的内容，指定在压缩项目时，去除 console.log( ) 语句和 alert( ) 语句：

```
module.exports = options => ({
  terserOptions: {
    compress: {
      ...
      warnings: false,
      drop_console: true,
      drop_debugger: true,
      pure_funcs: ['console.log','alert']
    },
    ...
  },
  ...
})
```

　　接下来，在 DOS 命令行转到 helloworld 目录下，运行如下命令创建正式产品：

```
npm run build
```

以上命令会在 helloworld 根目录下创建一个 dist 目录,它是正式产品的目录。dist 目录非常精简,大小不到 100KB。在 dist/js 目录下包含了.js 文件和.map 文件。.map 文件用于定位运行时发生错误的具体代码位置。正式产品中的代码都进行了压缩,如果运行时发生了错误,则无法直接定位产生错误的代码的位置,而.map 文件像一张参考地图,可以提供错误发生在特定行、特定列的具体代码信息。

不过,对于终端用户来说,如果在运行中出现了错误,让用户看到产生错误的源代码信息是毫无意义的,并且不太友好。所以可以在正式产品中去除.map 文件,这需要在 helloworld 根目录下创建一个 vue.config.js 文件,它的内容如下:

```
module.exports = {
  //在正式产品中去除.map 文件
  productionSourceMap: process.env.NODE_ENV==='production'
                      ?false : true,
}
```

假如一个项目中已经存在了 vue.config.js 文件,那么只要在该文件中加入上述 productionSourceMap 属性即可。

再次运行 npm run build 命令,生成的正式产品中就不会包含.map 文件。

10.7 在 Tomcat 中发布正式产品

CLI 的 vue create 命令创建的项目自带 Web 服务器,它仅用来调试和测试原始 Vue 项目,该 Web 服务器的功能非常有限。对于 Vue 项目的正式产品,需要把它发布到专业的 Web 服务器中。本节介绍如何把正式产品发布到 Tomcat 服务器中。

10.7.1 安装 Tomcat

首先需要安装 Java 语言的开发工具包 JDK。JDK 的下载网址为:

```
https://www.oracle.com/java/technologies/javase-downloads.html
```

接下来,从 Apache 开源软件组织的官网下载 Tomcat,网址如下:

```
http://tomcat.apache.org
```

解压 Tomcat 的安装文件 apache-tomcat-X.zip。解压的过程就相当于安装的过程。随后,需要设定以下两个系统环境变量。

(1) JAVA_HOME:JDK 的安装根目录,例如 C:\jdk。

(2) CATALINA_HOME:Tomcat 的安装根目录,例如 C:\tomcat。

Tomcat 的 bin/startup.bat 批处理文件用于启动 Tomcat 服务器。Tomcat 服务器启动后,就可以通过浏览器访问如下 URL:

```
http://localhost:8080/
```

如果浏览器正常显示 Tomcat 的主页,就表示 Tomcat 安装成功了。

10.7.2　把 helloworld 正式产品发布到 Tomcat 中

为了确保 helloworld 正式产品在 Tomcat 中正常运行,还需要对 helloworld 项目做一些配置。修改 helloworld 根目录下的 vue.config.js 文件,设置 publicPath 属性,代码如下:

```
module.exports = {
  //其他配置
  //…
  publicPath: './'           //设置公开访问路径
}
```

如果不存在 vue.config.js 文件,就创建该文件。

接下来通过 npm run build 命令生成 helloworld 项目的正式产品,它位于 helloworld 根目录的 dist 目录下。把 dist 目录复制到 Tomcat 的 webapps 目录下,启动 Tomcat 服务器,通过浏览器访问如下 URL,就会显示项目的主页:

```
http://localhost:8080/dist
```

10.8　小结

本章主要介绍了 Vue CLI 和 Visual Studio Code 的用法。Vue CLI 脚手架工具为 Vue 项目提供了统一的框架以及丰富的插件支持。Vue 项目中的组件为单文件组件,以 .vue 作为扩展名。Visual Studio Code 为开发 Vue 项目提供了便捷的集成开发环境,能够编辑、编译并运行 Vue 项目。

10.9　思考题

1. 用 Vue CLI 创建 Vue 项目,以下属于合法的 Vue 项目的名字的是(　　)。(多选)
   　A. myproject　　　B. My-Project　　　C. my-project　　　D. MyProject
2. 以下用于校验代码规范的插件是(　　)。(单选)
   　A. npm　　　　　B. Vetur　　　　　C. Babel　　　　　D. ESLint
3. 在 Greet.vue 文件中定义了单文件组件<Greet>,在 App.vue 文件中用(　　)引入 Geet.vue。(单选)
   　A. export Greet from './components/Greet.vue'
   　B. import Greet from './components/Greet.vue'
   　C. import Greet

D. import './components/Greet.vue'
4. vue create 命令是由(　　)提供的。(单选)
   A. NPM
   B. Visual Studio Code
   C. Vue CLI
   D. Git
5. 在helloworld项目中,在(　　)文件中定义了根组件的模板。(单选)
   A. src/App.vue
   B. src/main.js
   C. src/components/HelloWorld.vue
   D. public/index.html

第11章

Vue Router路由管理器

DOM 中的<a>元素用来设定 URL 链接，它的 href 属性指定具体的 URL 链接，例如：

```
<a href="http://www.javathinker.net">JavaThinker.net</a>
```

视频讲解

当用户选择以上链接，浏览器会向 Web 服务器发出一个 HTTP 请求，Web 服务器再把相应的网页返回到浏览器端。

在 HTML 中，如果<a>元素的 href 属性的值以符号#开头，那么浏览器不会向 Web 服务器发出 HTTP 请求，而是在网页中定位匹配的 DOM 元素。匹配的条件是<a>元素的 href 属性与这个 DOM 元素的 id 属性一致，或者与另一个<a>元素的 name 属性一致。本书把以符号#开头的链接称为锚链接。例如，以下代码包含两个锚链接#link1 和#link2：

```
<a href="#link1">链接 1</a>
<a href="#link2">链接 2</a>
...
<div id="link1">第 1 章</div>
<a name="link2">第 2 章</a>
```

当用户在网页上选择"链接 1"，浏览器就会跳转到当前网页中 id 为 link1 的<div>元素；当用户在网页上选择"链接 2"，浏览器就会跳转到当前网页中 name 属性为 link2 的<a>元素。

基于 Vue 框架的单页 Web 应用的网页中会包含若干个锚链接。当用户在网页上选择了一个锚链接，Vue 框架就会渲染相应的组件，从而达到在单页 Web 应用中也可以动态生成多种界面的效果。

Vue 把 URL 链接(也称为路径)与组件的对应关系称作路由。为了便于管理路由，Vue 社区提供了专门的路由管理器插件 Vue Router。本章将介绍通过 Vue Router 管理单页 Web

应用的路由的方法。

11.1 简单的路由管理

对于简单的 Web 应用，如果路由非常简单，可以通过 render( ) 渲染函数动态渲染组件实现路由管理。在例程 11-1 中，有三个组件：HomeComponent、AboutComponent 和 NotFoundComponent。

例程 11-1　simple.html

```html
<div id="app"></div>

<script>
  const { createApp, h } = Vue
  const link =`<ul>
              <li><a href="#/">主页</a></li>
              <li><a href="#/about">关于我们</a></li>
            </ul>`
  const NotFoundComponent = { template: link+'<p>页面不存在</p>' }
  const HomeComponent = { template: link+'<p>这是主页</p>' }
  const AboutComponent = { template: link+'<p>这是我们的介绍</p>' }

  const routes = {                          //指定路由，即组件和 URL 链接的对应关系
    '/': HomeComponent,
    '/about': AboutComponent
  }

  const app=createApp({
    data(){
      return {currentRoute: '/' }           //currentRoute 变量表示当前路由
    },
    computed: {
      CurrentComponent () {
        //根据当前路由返回相应的组件
        //如果不存在相应的组件，就返回 NotFoundComponent 组件
        return routes[this.currentRoute] || NotFoundComponent
      }
    },
    render() {                              //渲染当前组件
      return h(this.CurrentComponent)
    },
    created () {
      //当选择了网页中的链接，会触发 popstate 事件
      window.addEventListener('popstate', () => {
        //获得链接中符号#后面的内容
        this.currentRoute = window.location.hash.substring(1)
        console.log('currentRoute: '+this.currentRoute)
      })
    }
```

```
  })
  app.mount('#app')
</script>
```

在 routes 变量中指定了组件的路由,代码如下:

```
const routes = {        //指定组件的路由,即组件和 URL 链接的对应关系
  '/': HomeComponent,
  '/about': AboutComponent
}
```

在网页中提供了访问组件的锚链接,代码如下:

```
<ul>
  <li><a href="#/">主页</a></li>
  <li><a href="#/about">关于我们</a></li>
</ul>
```

在根组件的 created() 钩子函数中,设置了监听 popstate 事件的操作,代码如下:

```
window.addEventListener('popstate', () => {
  //获得链接中符号#后面的内容
  this.currentRoute = window.location.hash.substring(1)
  console.log('currentRoute: '+this.currentRoute)
})
```

如果用户首先访问应用的主页,接着在网页上选择了"关于我们"链接,这时会触发 popstate 事件。popstate 事件的监听器会获取当前 URL 中#后面的内容,把它赋值给 currentRoute 变量。此时 window.location.hash 的值为#/about,window.location.hash.substring(1) 的值为/about,因此 currentRoute 变量的值为/about。

由于 popstate 事件的监听器改变了 currentRoute 变量的值,Vue 框架的响应式机制会重新渲染根组件,在 render() 函数中会渲染与当前 currentRoute 变量相应的 AboutComponent 组件。

通过浏览器访问 simple.html,会得到如图 11-1 所示的网页。

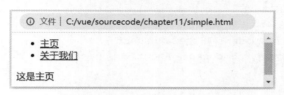

图 11-1　simple.html 的网页

在 simple.html 网页上选择"主页"链接或"关于我们"链接,就会显示 HomeComponent 组件或 AboutComponent 组件。

11.2 路由管理器的基本用法

11.1节介绍的范例simple.html是由程序本身实现路由管理的,并没有使用Vue Router插件。对于路由很复杂的应用,使用Vue Router可以简化对路由的管理,让源代码更加简洁、逻辑分明,而且容易进行模块化的开发。

在例程11-2中,引入了Vue Router插件。myroute.html通过Router路由管理器管理路由,为HomeComponent组件和AboutComponent组件设定了路由。当用户在网页上选择特定的链接,路由管理器就会显示相应的组件。

例程11-2　myroute.html

```html
<script src="https://unpkg.com/vue@3"></script>
<script src="https://unpkg.com/vue-router@4"></script>

<!-- 或者使用下载到本地的 JavaScript 文件
<script src="vue.js"></script>
<script src="vue-router.js"></script>
-->

<div id="app">
  <p>
    <!-- 设置导航链接 -->
    <router-link to="/">主页</router-link> |
    <router-link to="/about">关于我们</router-link>
  </p>

  <!-- 插入与路由匹配的组件 -->
  <router-view></router-view>
</div>

<script>
  //定义组件
  const HomeComponent = { template: '<div>这是主页</div>' }
  const AboutComponent = { template: '<div>这是我们的介绍</div>' }

  // 定义组件的路由
  const myroutes = [
    { path: '/', component: HomeComponent },
    { path: '/about', component: AboutComponent },
  ]

  //创建路由管理器 router 实例
  const router = VueRouter.createRouter({
    //设置 hash 路由模式
    history: VueRouter.createWebHashHistory(),
    //设置路由
    routes: myroutes
```

```
    })
    const app = Vue.createApp({})
    app.use(router)            //使用路由管理器
    app.mount('#app')
</script>
```

在myroute.html中,根组件模板中的<router-link>组件和<router-view>组件都来自Router路由管理器。<router-link>组件用来生成导航链接,代码如下:

```
<router-link to="/">主页</router-link>|
<router-link to="/about">关于我们</router-link>
```

以上代码渲染后的结果为:

```
<a href="#/" >主页</a>|
<a href="#/about" >关于我们</a>
```

根组件模板中的<router-view>组件会根据当前的路由显示相应的组件。假如用户访问的URL为myroute.html#/about,那么<router-view>组件就会显示相应的AboutComponent组件。<router-view>组件可以放置在模板的任意位置,它相当于一个占位标记,实际要显示的组件会被插入到<router-view>组件所在的位置。

在myroute.html的JavaScript脚本中创建了一个路由管理器实例router,代码如下:

```
const router = VueRouter.createRouter({
  //设置hash路由模式
  history: VueRouter.createWebHashHistory(),
  //设置路由
  routes: myroutes
})
```

路由管理器的history属性指定路由模式,11.4节会进一步介绍路由模式的概念。路由管理器的routes属性指定路由,即网页中待显示的各个组件和链接的对应关系。

Vue应用实例的use(router)函数使路由管理器会对应用进行路由管理,代码如下:

```
const app = Vue.createApp({})
app.use(router)            //使用路由管理器
app.mount('#app')
```

通过浏览器访问myroute.html,会得到如图11-2所示的网页。

图11-2 myroute.html的网页

在 myroute.html 网页上选择"主页"链接或"关于我们"链接，路由管理器就会根据它的 routes 属性设定的路由，显示相应的 HomeComponent 组件或 AboutComponent 组件。

11.3 在 Vue 项目中使用路由管理器

例程 11-2 是一个独立的 HTML 文件，它展示了路由管理器的完整用法：
（1）在组件模板中用<router-link>组件生成导航链接。
（2）在组件模板中用<router-view>组件显示与当前路由对应的组件。
（3）在 JavaScript 脚本中创建 Router 路由管理器的实例。
（4）在 JavaScript 脚本中通过 Vue 的应用实例的 use( ) 函数使用路由管理器。

本节在第 10 章的 helloworld 项目的基础上进行扩充，介绍由 Vue CLI 创建的项目使用路由管理器的过程。首先需要安装路由管理器插件。在 DOS 命令行，转到 helloworld 根目录下，运行如下命令：

```
npm install vue-router@4
```

以上命令会在 helloworld 项目中安装路由管理器插件，安装完成后，在 helloworld 根目录下会出现 node_modules/vue-router 目录，它就是该插件的模块。在 helloworld/package.json 文件的 dependencies 项中会增加 vue-router 的如下信息：

```
"dependencies": {
  "core-js": "^3.6.5",
  "vue": "^3.0.0",
  "vue-router": "^4.0.5"
}
```

接下来，在 helloworld 项目中新建或修改以下 4 个文件。
（1）在 src/components 目录下新建 Home.vue 和 About.vue，分别定义 HomeComponent 组件和 AboutComponent 组件。
（2）新建 router/index.js 文件，在该文件中创建路由管理器的实例。
（3）修改 src/main.js 文件，使 Vue 的应用实例使用路由管理器。
（4）修改 src/App.vue 文件，在根组件模板中插入<router-link>组件和<router-view>组件。

11.3.1 创建 Home.vue 和 About.vue 组件文件

在 src/components 目录中新建 Home.vue 和 About.vue，分别定义 HomeComponent 组件和 AboutComponent 组件，参见例程 11-3 和例程 11-4。

例程 11-3 Home.vue

```
<template>
  <p>这是主页</p>
```

```
</template>

<script>
  export default {
    name: 'HomeComponent'
  }
</script>
```

例程 11-4　About. vue

```
<template>
  <p>这是我们的介绍</p>
</template>

<script>
  export default {
    name: 'AboutComponent'
  }
</script>
```

11.3.2　在组件中加入图片

helloworld 项目的 src/assets 目录用来存放静态资源，图片文件可以放在 assets 目录或者其子目录下。例程 11-5 会在模板中显示 assets/logo.png 图片文件。

例程 11-5　Home. vue

```
<template>
  <p><img :src="logo" width=30> 这是主页</p>
</template>

<script>
  export default {
    name: 'HomeComponent',
    data(){
      return {logo: require("@/assets/logo.png")}
    }
  }
</script>
```

在 HomeComponent 组件的 data 选项中定义了 logo 变量，它的取值为 require("@/assets/logo.png")。require()函数会动态加载 assets/logo.png 文件。@/assets/logo.png 中的@ 相当于 helloworld 项目的 src 目录。在模板中，把<img>元素的 src 属性与 logo 变量动态绑定。

11.3.3　在 index. js 中创建路由管理器实例

在 src 目录下新建 router 子目录，并在 router 子目录下新建 index. js 文件，参见例程 11-6。

例程 11-6　index.js

```javascript
import { createRouter, createWebHashHistory } from 'vue-router'
import HomeComponent from '../components/Home.vue'
import AboutComponent from '../components/About.vue'

const routerHistory = createWebHashHistory()

//创建路由管理器 router 实例
const router = createRouter({
  history: routerHistory,
  routes: [
    {
      path: '/',
      component: HomeComponent
    },
    {
      path: '/about',
      component: AboutComponent
    }
  ]
})

export default router
```

在 index.js 文件中，通过 import 语句导入了 Home.vue 和 About.vue 文件中的 HomeComponent 组件和 AboutComponent 组件，接着创建路由管理器实例 router，并且通过 export 语句将其导出。

11.3.4　在 main.js 中使用路由管理器

修改 src/main.js 文件，使 Vue 的应用实例使用由 index.js 创建的 router 实例，参见例程 11-7。

例程 11-7　main.js

```javascript
import { createApp } from 'vue'
import App from './App.vue'
import router from './router'

const app = createApp(App)
app.use(router)          //使用路由管理器
app.mount('#app')
```

11.3.5 在 App.vue 中加入<router-link>组件和<router-view>组件

修改 src/App.vue 文件,在根组件的模板中通过<router-link>组件生成导航链接,通过<router-view>组件显示与当前路由对应的组件,参见例程 11-8。

例程 11-8　App.vue

```
<template>
  <p>
    <!-- 设置导航链接 -->
    <router-link to="/">主页</router-link>|
    <router-link to="/about">关于我们</router-link>
  </p>

  <!-- 插入与当前路由对应的组件 -->
  <router-view></router-view>
</template>

<script>
  export default {
    name: 'App'
  }
</script>
```

11.3.6 运行 helloworld 项目

在 helloworld 根目录下运行命令 npm run serve,启动 Web 服务器。然后通过浏览器访问 http://localhost:8080,会出现 helloworld 项目的主页,参见图 11-3。

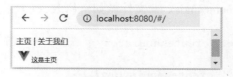

图 11-3　helloworld 项目的主页

在图 11-3 的网页上选择"主页"链接或者"关于我们"链接,路由管理器就会导航到 HomeComponent 组件或者 AboutComponent 组件。

11.4　路由模式

11.2 节已经介绍过,Router 路由管理器的 history 属性用来设定路由模式,它有两个可选值:VueRouter.createWebHashHistory()和 VueRouter.createWebHistory()。第 1 个可选值表示 hash 模式,第 2 个可选值表示 history 模式:

```
history: VueRouter.createWebHashHistory()    //设置 hash 路由模式
```

或者：

```
history: VueRouter.createWebHistory()    //设置 history 路由模式
```

在 hash 模式下，路由管理器的<router-link>组件会生成以符号#开头的锚链接。对于根组件模板中的以下代码：

```
<router-link to="/about">关于我们</router-link>
```

渲染结果为：

```
<a href="#/about" >关于我们</a>
```

如果觉得在链接中出现符号#很难看，为了去除链接中的符号#，可以采用 history 模式。它是 HTML 5 支持的一种路由模式，利用历史记录栈实现 URL 跳转，无须重新到服务器端加载页面。

在 history 模式下，对于根组件模板中的以下代码：

```
<router-link to="/about">关于我们</router-link>
```

渲染结果为：

```
<a href="/about" >关于我们</a>
```

尽管 history 模式可以使 URL 链接看上去更加优雅，但是它也存在不足，如果通过浏览器的刷新功能浏览页面，就会出现错误。下面以 11.3 节的 helloworld 项目为例，解释 history 模式的不足之处。对 src/router/index.js 文件做如下修改，改为采用 history 模式：

```
import { createRouter, createWebHistory } from 'vue-router'
...
const routerHistory = createWebHistory()
```

按照 10.7 节介绍的步骤，把 helloworld 项目的正式产品发布到 Tomcat 服务器中，通过浏览器访问 http://localhost:8080/dist。接下来单击网页中的导航链接"主页"或者"关于我们"，会看到显示正常的网页。这是因为在 history 模式下，路由管理器会监听到用户单击导航链接的事件，然后修改浏览器地址栏中的路径，并且显示相应的组件，在这个过程中，浏览器不会向服务器端发出 HTTP 请求。图 11-4 是单击"关于我们"链接后返回的页面。

在图 11-4 的页面上继续选择"主页"链接或"关于我们"链接，仍然可以正常访问相应的组件。由此可见，在 history 路由模式下，通过网页上的导航链接可以正常导航。但是这时地址栏中的 URL 路径为 http://localhost:8080/about，与当前页面的真实路径是不符合的。如果刷新当前页面，浏览器会向服务器端发出 HTTP 请求，从服务器端返回 404 错误，提示"请求的资源不可用",参见图11-5。

图11-4 单击"关于我们"链接后返回的页面

图11-5 服务器端返回404错误

为了更友好地处理404错误,可以为Web应用设置出现404错误时显示的网页。如果把helloworld项目的正式产品发布到Tomcat中,就需要在helloworld项目的dist目录下创建一个WEB-INF子目录,在该目录下新建一个web.xml配置文件,内容如下:

```xml
<?xml version="1.0" encoding="UTF-8"?>
<web-app>
  <error-page>
    <error-code>404<error-code>
    <location>/index.html</location>
  </error-page>
</web-app>
```

以上代码表明,如果出现404错误,服务器端就返回项目的主页。

11.5 动态链接

在实际需求中,有时会出现以下3种多个URL链接对应同一个组件的情况。

(1) 链接中包含路径参数,例如链接/item/1和/item/2都对应表示商品的Item组件。链接中的1和2是id路径参数的值,表示商品的具体id。当id路径参数为1,Item组件就显示id为1的商品信息;当id路径参数为2,Item组件就显示id为2的商品信息。

(2) 链接中包含查询参数(也称为请求参数),例如链接/item?id=1和/item?id=2都对应表示商品的Item组件。链接中的id是查询参数,表示商品的id。当id查询参数为1,Item组件就是显示id为1的商品信息;当id查询参数为2,Item组件就显示id为2的商品信息。

(3) 链接符合特定的通配符匹配规则,例如凡是以item开头的链接都对应ItemUnKnown组件。

本节将介绍路由管理器在以上3种情况下管理路由的方法,还会介绍如何在组件中获取链接中的路径参数值或者查询参数值。

11.5.1 链接中包含路径参数

在src/components目录下新建ItemA.vue文件,参见例程11-9。ItemA.vue文件定义了表示商品的ItemA组件,它会显示id为1或者2的商品信息。在ItemA组件的模板中,

$route 表示当前的路由对象,$route.params.id 表示当前链接中的 id 路径参数的值。例如，如果当前链接为/itemA/1,那么 $route.params.id 的值为 1。

例程 11-9　ItemA.vue

```
<template>
  <p>商品 ID：{{$route.params.id}}</p>
  <p>商品名字：{{ items[$route.params.id] }} </p>
</template>

<script>
  export default {
    name: 'ItemA',
    data(){
      return{
        items: {1: '华为手机',2: '小米手机'}
      }
    }
  }
</script>
```

在 src/router/index.js 文件中,加入 ItemA 组件的路由：

```
routes: [
  ...
  {
    path: '/itemA/:id',
    component: ItemA
  }
]
```

以上代码中的 path 属性指定的 URL 路径中定义了一个 id 路径参数。对于 URL 链接/itemA/1,id 路径参数的值为 1。

在 src/App.vue 文件中,通过<router-link>组件加入对 ItemA 组件的导航链接：

```
<template>
  ...
  <p>
    链接中包含路径参数：
    <router-link to="/itemA/1">第 1 个商品</router-link>|
    <router-link to="/itemA/2">第 2 个商品</router-link>
  </p>
</template>
```

以上<router-link>组件渲染后的结果为：

```
<a href="#/itemA/1">第 1 个商品</a>
<a href="#/itemA/2">第 2 个商品</a>
```

以上两个链接都对应 ItemA 组件。通过浏览器访问 helloworld 项目,选择页面上的"第1 个商品"链接,就会由 ItemA 组件显示 id 为 1 的商品信息,参见图 11-6。

图 11-6　ItemA 组件显示 id 为 1 的商品信息

提示：如果书中未作特别说明,都是通过 npm run serve 命令运行 helloworld 项目,然后再通过浏览器访问 helloworld 项目。

在 URL 链接中还可以包含多个路径参数,参见表 11-1。

表 11-1　URL 链接中包含多个路径参数

路由的 path 属性	匹配的 URL 链接	$route.params 的取值
/itemA/：id	/itemA/1	{id:'1'}
/itemA/：type/hot/：id	/itemA/cellphone/hot/1	{type:'cellphone',id:'1'}

11.5.2　链接中包含查询参数

在 src/components 目录下新建 ItemB.vue 文件,参见例程 11-10。ItemB.vue 文件定义了表示商品的 ItemB 组件,它会显示 id 为 1 或者 2 的商品信息。在 ItemB 组件的模板中,$route.query.id 表示当前链接中的 id 查询参数的值。例如,如果当前链接为/itemB？id=1,那么 $route.query.id 的值为 1。

例程 11-10　ItemB.vue

```
<template>
  <p>商品 ID：{{ $route.query.id }}</p>
  <p>商品名字：{{ items[$route.query.id] }} </p>
</template>

<script>
  export default {
    name: 'ItemB',
    data(){
      return{
        items:{1:'华硕电脑',2:'联想电脑'}
      }
    }
  }
</script>
```

在 src/router/index.js 文件中,加入 ItemB 组件的路由：

```
routes:[
  ...
  {
    path: '/itemB',
    component: ItemB
  }
]
```

在 src/App.vue 文件中,通过<router-link>组件加入对 ItemB 组件的导航链接:

```
<template>
  ...
  <p>
    链接中包含查询参数:
    <router-link to="/itemB?id=1">第 1 个商品</router-link> |
    <router-link to="/itemB?id=2">第 2 个商品</router-link>
  </p>
</template>
```

以上<router-link>组件渲染后的结果为:

```
<a href="#/itemB?id=1" >第 1 个商品</a>
<a href="#/itemB?id=2" >第 2 个商品</a>
```

以上两个链接都对应 ItemB 组件。通过浏览器访问 helloworld 项目,选择页面上的"第 1 个商品"链接,就会由 ItemB 组件显示 id 为 1 的商品信息,参见图 11-7。

图 11-7 ItemB 组件显示 id 为 1 的商品信息

11.5.3 链接与通配符匹配

在 src/components 目录下新建 ItemUnKnown.vue 文件,参见例程 11-11。ItemUnknown.vue 文件定义了表示未知商品的 ItemUnKnown 组件。

例程 11-11 ItemUnKnown.vue

```
<template>
  <p>未知商品</p>
</template>

<script>
  export default {
```

```
    name: 'ItemUnKnown'
  }
</script>
```

在 src/components 目录下新建 NotFound.vue 文件,参见例程 11-12。NotFound.vue 文件定义了表示页面不存在的 NotFoundComponent 组件。

例程 11-12　NotFound.vue

```
<template>
  <p>页面不存在</p>
</template>

<script>
  export default {
    name: 'NotFoundComponent'
  }
</script>
```

在 src/router/index.js 文件中,加入 ItemUnKnown 组件和 NotFoundComponent 组件的路由,代码如下:

```
routes: [
  ...
  {
    path: '/item:pathMatch(.*)*',
    component: ItemUnKnown
  },
  {
    path: '/:pathMatch(.*)*',
    component: NotFoundComponent
  }
]
```

与 ItemUnKnown 组件匹配的链接为/item＊,即以 item 开头的链接。与 NotFoundComponent 组件匹配的链接为/＊,即所有的链接。这里的符号＊是通配符。

在 index.js 文件中添加了上述路由后,路由管理器为特定链接进行路由匹配的逻辑如下。

（1）对于链接/itemB,路由管理器在 routes 属性中寻找完全匹配的路由,对应 ItemB 组件。

（2）对于链接/itemBalaBala,路由管理器首先在 routes 属性中寻找完全匹配的路由,没有找到,再继续找包含通配符的路由,发现最匹配的是/item:pathMatch(.＊)＊,因此链接 /itemBalaBala 与 ItemUnKnown 组件对应。

（3）对于链接/strange,路由管理器首先在 routes 属性中寻找完全匹配的路由,没有找到,再继续找包含通配符的路由,发现最匹配的是/:pathMatch(.＊)＊,因此链接/strange 与 NotFoundComponent 组件对应。

在 src/App.vue 文件中,通过<router-link>组件加入对 ItemUnKnown 组件和 NotFoundComponent 的导航链接,代码如下:

```
<template>
  ...
  <p>
    与包含通配符的路由匹配:
    <router-link to="/itemBalaBala">未知商品</router-link>|
    <router-link to="/strange">未知页面</router-link>
  </p>
</template>
```

以上<router-link>组件渲染后的结果为:

```
<a href="#/itemBalaBala">未知商品</a>
<a href="#/strange">未知页面</a>
```

以上"未知商品"链接对应 ItemUnKnown 组件,"未知页面"链接对应 NotFoundComponent 组件。

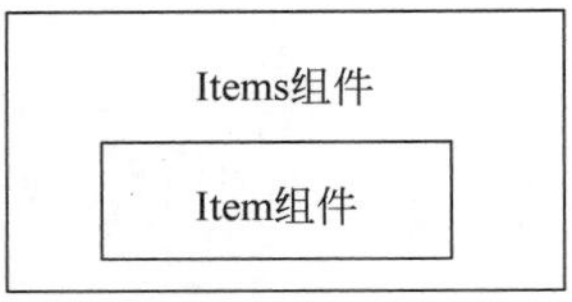

图 11-8 Items 组件中嵌套了 Item 组件

11.6 嵌套的路由

在实际需求中,会出现一个组件的界面嵌套另一个组件的情况。例如在图 11-8 中,Items 组件会列出所有商品的导航链接,当用户选择了某个商品的链接,就会在 Items 组件的界面上插入 Item 组件,由 Item 组件显示特定商品的详细信息。

如果不使用路由管理器,在模板中父组件嵌套子组件的代码如下:

```
<Items> <Item></Item></Items>
```

如果使用路由管理器,就需要为 Items 组件和 Item 组件设定路由,Items 组件的路径为 /items,Item 组件的路径为 /items/item/:id。

11.6.1 创建 Items 父组件的文件 Items.vue

src/components/Items.vue 文件定义了 Items 组件,参见例程 11-13。

例程 11-13 Items.vue

```
<template>
  <div>
    <h3>商品清单</h3>

    <ul>
      <li v-for="item in items" :key="item.id">
```

```
          <router-link : to=" '/items/item/' + item.id" >
            {{item.title}}
          </router-link>
        </li>
      </ul>

    </div>

    <!-- 显示 Item 组件 -->
    <router-view></router-view>
</template>

<script>
  import Items from '@/assets/items'

  export default {
    name: 'Items',
    data(){
      return{
        items: Items
      }
    }
  }
</script>
```

Items 组件有一个数组变量 items，它包含了所有的商品信息。items 变量的数据来自 src/assets/items.js 文件，参见例程 11-14。

例程 11-14　items.js

```
export default [
  { id: 1, title: '华为手机', desc: '品质卓越'},
  { id: 2, title: '小米手机', desc: '轻便时尚'},
  { id: 3, title: '三星手机', desc: '经久畅销'}
]
```

在实际应用中，商品数据通常是通过 Ajax 请求从服务器端发送到客户端。本范例做了简化，直接在客户端的 items.js 文件中准备了商品数据。

在 Items 组件的模板中，会遍历 items 数组变量，通过<router-link>组件为每个商品生成导航链接。例如，id 为 1 的 Item 组件的链接为/items/item/1。Items 组件的模板中<ul>元素的渲染结果为：

```
<ul>
  <li><a href="#/items/item/1">华为手机</a></li>
  <li><a href="#/items/item/2">小米手机</a></li>
  <li><a href="#/items/item/3">三星手机</a></li>
</ul>
```

在 Items 组件的模板中，<router-view>组件会根据用户选择的商品导航链接显示 Item 组件。例如，当用户选择的链接为/items/item/1，那么<router-view>就会显示 Item 组件，由这个 Item 组件显示 id 为 1 的商品的详细信息。

11.6.2 创建 Item 子组件的文件 Item.vue

src/components/Item.vue 文件定义了 Item 组件，Item 组件根据商品 id 显示该商品的详细信息，参见例程 11-15。

例程 11-15 Item.vue

```
<template>
  <p>商品 ID：{{item.id}}</p>
  <p>商品名字：{{item.title}} </p>
  <p>商品描述：{{item.desc}}</p>
</template>

<script>
  import Items from '@/assets/items'
  export default {
    name: 'Item',
    data(){
      return{
        item: {}
      }
    },
    created(){
      this.item=Items.find(
        (item)=>item.id==this.$route.params.id
      )
    },
    watch: {
      '$route' (to){         //监听 $route 变量
        this.item=Items.find(
          (item)=>item.id==to.params.id
        )
      }
    }
  }
</script>
```

Item 组件的 item 变量表示当前商品。当 Vue 框架创建 Item 组件实例时，created()钩子函数会为这个 item 变量赋值，即从 Items 数组中找到匹配的商品对象，代码如下：

```
this.item=Items.find(
  (item)=>item.id==this.$route.params.id
)
```

假如当前 Item 组件的链接为/items/item/1,那么 $route.params.id 的值为 1,因此 item 变量表示 id 为 1 的商品对象。

1. 监听 $route 变量

Vue 框架创建了 Item 组件实例后,会重用该组件实例。如果用户首先浏览链接/items/item/1,接着在 Items 组件显示的商品清单中选择其他商品的链接,如/items/item/2,那么 Item 组件的数据监听器会监听到 $route 变量发生变化,就会执行'$route'(to)函数更新 item 变量,使它引用 id 为 2 的商品对象。item 变量更新后,Vue 框架的响应式机制会重新渲染 Item 组件,显示 id 为 2 的商品的详细信息。

'$route'(to)函数中的参数 to 表示更新后的 $route 变量。如果函数的形式为'$route'(to,from),那么参数 from 表示更新前的 $route 变量,参数 to 表示更新后的 $route 变量。

2. 在 watch 选项中使用 immediate 属性

3.2.5 节介绍了 watch 选项中 immediate 属性的作用。如果希望在 Item 组件的初始化阶段,Vue 框架就会调用一次 watch 选项中的 handler()函数为 item 变量赋值,那么可以把 watch 选项的 immediate 属性设为 true。下面对 Item.vue 文件做如下修改,增加 immediate: true 语句:

```
watch:{
  '$route':{
   handler(to){
     this.item=Items.find(
       (item)=>item.id==to.params.id
     )
   },
   immediate: true
  }
}
```

增加了 immediate: true 语句后,就不再需要通过 created()钩子函数初始化 item 变量,可以删除 Item.vue 文件中的 created()钩子函数。

3. 使用 beforeRouteUpdate()导航守卫函数

路由管理器还提供了一个 beforeRouteUpdate()导航守卫函数,它相当于针对路由导航的钩子函数,当 $route 变量发生更新,就会调用该函数,因此可以用该函数替代 watch 选项对 $route 变量的监听。

对于 Item.vue 文件,可以用以下 beforeRouteUpdate()函数替代 watch 选项:

```
beforeRouteUpdate(to,from,next){
  this.item=Items.find(
    (item)=>item.id==to.params.id
  )
  next()
}
```

beforeRouteUpdate()函数的 to 参数表示更新后的 $route 变量。from 参数表示更新前的 $route 变量。next 参数表示接下来要执行的操作,它有以下 4 个可选的取值。

(1) next():执行管道中的下一个导航守卫钩子函数。如果没有剩余的钩子函数,就按照更新后的路由进行导航,显示相应的组件。

(2) next(false):中断导航。如果改变了浏览器的 URL(可能是用户手动修改了浏览器的地址栏,或者通过"后退"按钮更改了地址栏),那么浏览器的 URL 会重置为 from 参数对应的链接。

(3) next('/')或者 next({ path: '/' }):当前的导航被中断,重定向到 next() 的参数指定的链接。

(4) next(error):当前的导航被终止。error 参数表示一个错误实例,通过 router.onError()函数注册的回调函数处理该错误。

11.6.3 在 index.js 中设置父组件和子组件的路由

在 src/router/index.js 文件中,以下代码设置了 Items 父组件和 Item 子组件的路由:

```
{
  path: '/items',
  component: Items,
  children: [
    {
      path: 'item/:id',
      component: Item
    }
  ]
}
```

在 Items 组件的路由中,children 属性中包含了 Item 组件的路由。值得注意的是,Item 组件的路由的 path 属性为 item/:id。该属性没有以/开头,表示相对路径,它的绝对路径应该为/items/item/:id。因此 id 为 1 的商品的链接为/items/item/1。假如 Item 组件的路由的 path 属性为/item/:id,那么就表示绝对路径。因此 id 为 1 的商品的链接为/item/1。

11.6.4 在根组件的模板中加入 Items 父组件的导航链接

在 src/App.vue 文件的根组件的模板中加入 Items 组件的导航链接,代码如下:

```
<template>
  <p>
    <router-link to="/items">商品清单</router-link>
  </p>

  <!-- 插入与当前路由对应的组件 -->
  <router-view></router-view>
</template>
```

通过浏览器访问 helloworld 项目的主页，单击"商品清单"链接，会看到 Items 组件显示商品清单。选择商品清单中的"华为手机"链接，就会由 Item 组件显示该商品的详细信息，参见图 11-9。

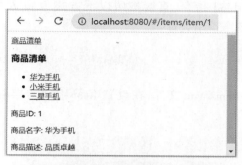

图 11-9　Items 组件中嵌套了 Item 组件

11.7　命名路由

路由可以通过 name 属性设置名字，这样便于在其他场合引用路由。对于 11.6 节的范例，可以修改 src/router/index.js 文件，为 Items 组件以及 Item 组件的路由分别设定名字 items 和 item，代码如下：

```
{
  path: '/items',
  name: 'items',
  alias: '/products',
  component: Items,
  children: [
    {
      path: 'item/:id',
      name: 'item',
      component: Item
    }
  ]
},
{
  path: '/list',
  redirect: {         //重定向
    name: 'items'
  }
}
```

修改 src/App.vue 文件，在设置 Items 组件的导航链接时通过名字指定路由，代码如下：

```
<router-link v-bind:to="{ name: 'items'}">商品清单</router-link>
```

简写为：

```
<router-link : to="{ name: 'items'}">商品清单</router-link>
```

由于上述<router-link>组件的to属性是一个对象表达式,所以需要通过v-bind指令为to属性赋值。如果不使用v-bind指令,直接按照以下方式为to属性赋值,就会把"{ name: 'items'}"当作一个普通的字符串处理:

```
<router-link to="{ name: 'items'}">商品清单</router-link>
```

修改 src/components/Items.vue 文件,在设置 Item 组件的导航链接时通过名字指定路由,代码如下:

```
<ul>
  <li v-for="item in items" :key="item.id">
    <router-link :to="{name: 'item', params: {id: item.id}}" >
      {{item.title}}
    </router-link>
  </li>
</ul>
```

以上<router-link>组件的 to 属性的取值为{name: 'item', params: {id: item.id}},params 属性用来为路径中的 id 路径参数赋值。

做了上述修改后,再次运行 helloworld 项目,会发现通过路由的名字也能在网页上正确地导航到 Items 组件和 Item 组件。

11.7.1 重定向

修改后的 index.js 中还增加了一个路由,用于把/list 重定向到名字为 items 的路由:

```
{
  path: '/list',
  redirect: {
    name: 'items'
  }
}
```

通过浏览器访问:

```
http://localhost:8080/#/list
```

会看到浏览器的地址栏中的 URL 会重定向到以下链接:

```
http://localhost:8080/#/items
```

11.7.2 使用别名

修改后的 index.js 中还为 Items 组件的路由设定了别名/products,代码如下：

```
{
  path: '/items',
  name: 'items',
  alias: '/products',
  component: Items,
  ...
}
```

通过浏览器访问：

```
http://localhost:8080/#/products
```

会看到浏览器显示的网页与以下链接相同：

```
http://localhost:8080/#/items
```

不过,在浏览器的地址栏仍然保持 URL 为 http://localhost:8080/#/products,不会像重定向一样,把地址栏的 URL 改为重定向后的链接。

11.8 命名视图

在实际需求中,有时候在一个界面中会同时显示多个组件,这些组件并不是嵌套关系,而是按照特定的布局出现在同一个界面上。为了实现这一需求,路由管理器允许为一个路由设定多个组件,每个组件有一个视图名字。例如：

```
{
  path: 'detail',
  components: {
    title: Title,
    default: Content
  }
}
```

以上路由表明,当链接为相对路径 detail,会同时对应 Title 组件和 Content 组件。可通过视图名字决定模板中的<router-view>组件显示的组件。在以上代码中,Title 组件的视图名字为 title,Content 组件的视图名字为默认的 default。

在模板中,<router-view>组件通过 name 属性指定视图的名字,代码如下：

```
<router-view name="title"></router-view>
<router-view></router-view>
```

第 1 个<router-view>组件显示视图名字为 title 的 Title 组件,第 2 个<router-view>组件显示视图名字为 default 的 Content 组件,这样就实现了在同一个界面上同级显示两个组件的效果。

下面介绍一个完整的范例,创建 3 个组件:Essay 组件、Title 组件和 Content 组件,它们的关系如图 11-10 所示。Essay 组件中嵌套了 Title 组件和 Content 组件,Title 组件和 Content 组件是并列关系。

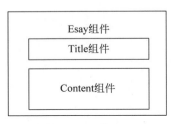

图 11-10　Essay 组件、Title 组件和 Content 组件的关系

首先创建包含静态文章数据的 src/assets/essay.js 文件,内容如下:

```
export default {
  title: 'Vue 教程',
  content: '跟我学 Vue 开发……'
}
```

在 src/components 目录下创建例程 11-16、例程 11-17 和例程 11-18,这些文件分别定义了 Title 组件、Content 组件和 Essay 组件。

例程 11-16　Title. vue

```
<template>
  <h3>文章标题:{{essay.title}}</h3>
</template>

<script>
  import Essay from '@/assets/essay'
  export default {
    name: 'Title',
    data(){
      return {essay: Essay}
    }
  }
</script>
```

例程 11-17　Content. vue

```
<template>
  <p>文章正文:{{essay.content}}</p>
</template>

<script>
```

```
import Essay from '@/assets/essay'
export default {
  name: 'Content',
  data(){
    return {essay: Essay}
  }
}
</script>
```

例程 11-18　Essay.vue

```
<template>
  <p>
    <router-link to="/essay/detail">文章详情</router-link>
  </p>
  <router-view name="title"></router-view>
  <router-view></router-view>
</template>

<script>
  export default {
    name: 'Essay'
  }
</script>
```

在 Essay 组件的模板中，有两个<router-view>组件，分别用来显示 Title 组件和 Content 组件。

修改 src/router/index.js 文件，为 Essay 组件、Title 组件和 Content 组件设定路由，代码如下：

```
{
path: '/essay',
component: Essay,
children: [
    {
      path: 'detail',
      components: {
        title: Title,
        default: Content
      }
    }
  ]
}
```

从以上代码可以看出，Essay 组件的链接为/essay，Title 组件和 Content 组件的链接都是/essay/detail。不过 Title 组件和 Content 组件的视图名字不一样，分别为 title 和 default。

修改 src/App.vue 文件，在根组件的模板中加入 Essay 组件的导航链接，代码如下：

```
<p>
  <router-link to="/essay">查看文章</router-link>
</p>
```

通过浏览器访问 helloworld 项目的主页,选择网页上的"查看文章"链接,就会显示 Essay 组件。再选择"文章详情"链接,就会在 Essay 组件的界面上同时显示 Title 组件和 Content 组件,参见图 11-11。

图 11-11　Essay 组件的界面上同时显示 Title 组件和 Content 组件

11.9　向路由的组件传递属性

在 11.5.1 节的范例中,ItemA 组件的链接(如/itemA/1)中会包含 id 路径参数值,可通过 $route.params.id 的形式获取 id 路径参数值,代码如下:

```
<!-- ItemA.vue 文件中 ItemA 组件的模板 -->
<template>
  <p>商品 ID：{{ $route.params.id }}</p>
  <p>商品名字：{{ items[$route.params.id] }} </p>
</template>

//index.js 中 ItemA 组件的路由
{
  path: '/itemA/:id',
  component: ItemA
}
```

在 ItemA 组件的代码中,为了获取链接中的参数路径值,必须引用表示路由的 $route 变量,使组件和路由耦合在一起,削弱了组件和路由的相对独立性。为了使组件与路由解耦,并且简化访问链接中的路径参数的方式,可以为 ItemA 组件定义一个 id 属性,参见例程 11-19。

例程 11-19　ItemA.vue

```
<template>
  <p>商品 ID：{{id}}</p>
  <p>商品名字：{{ items[id] }} </p>
</template>

<script>
```

```
    export default {
      name: 'ItemA',
      props:['id'],
      data(){
        return{
          items:{1:'华为手机',2:'小米手机'}
        }
      }
    }
</script>
```

在 ItemA 组件的模板中,可以直接通过{{id}}访问 ItemA 组件的 id 属性。在 index.js 中,为 ItemA 组件的路由增加一个 props 属性,取值为 true,代码如下:

```
{
  path:'/itemA/:id',
  component:ItemA,
  props:true
}
```

当 props 属性为 true,路由管理器就会自动把链接中的 id 路径参数值赋值给 ItemA 组件的 id 属性。例如,当用户访问的链接为/itemA/1,那么 ItemA 组件的 id 属性的值为 1。

11.9.1　向命名视图的组件传递属性

对于 11.8 节介绍的命名视图,一个路由会包含多个组件,这时需要在路由中为每个组件的视图设置 props 属性,例如:

```
{
  path:'detail/:text',
  components:{
    title:Title,
    default:Content
  },
  props:{
    title:false,      //不需要传递属性
    default:true      //把链接中的 text 变量值赋值给 Content 组件的 text 属性
  }
}
```

以上代码表明,链接中的 text 变量值需要赋值给 Content 组件的 text 属性,但是不需要赋值给 Title 组件的相关属性。

11.9.2　通过函数传递属性

如果在链接中包含查询参数,为了把查询参数传给组件的属性,可以把路由的 props 属

性设为函数。例如，以下是 ItemB 组件的路由，它的 props 属性指定把链接中的 id 查询参数赋值给 ItemB 组件的 id 属性：

```
{
  path: '/itemB',
  component: ItemB,
  props: route => ({ id: route.query.id })
}
```

在 ItemB 组件中，定义了 id 属性，参见例程 11-20。

例程 11-20　ItemB.vue

```
<template>
  <p>商品 ID: {{id}}</p>
  <p>商品名字: {{ items[id] }} </p>
</template>

<script>
  export default {
    name: 'ItemB',
    data(){
      return{
        items: {1: '华硕电脑', 2: '联想电脑'}
      }
    },
    props:['id']
  }
</script>
```

当用户访问的链接为/itemB?id=1，那么 ItemB 组件的 id 属性的值为 1。

11.10　编程式导航

在模板中，通过<router-link>组件可以生成组件的导航链接。此外，还可以通过编程的方式进行导航。Router 路由管理器提供了导航到特定 URL 的 push()函数。push()函数的声明如下：

```
push(location,onComplete?,onAbort?)
```

location 参数表示目标地址，它可以是字符串类型的链接，也可以是表示地址的对象。onComplete 和 onAbort 是可选的参数，onComplete 表示导航成功时的回调函数，onAbort 表示导航意外终止时的回调函数。发生导航意外终止有两种情况：当前的路由与目标地址相同；最终导航到了与目标地址不同的路由。

如果导航成功，push()函数会在浏览器的历史记录栈保存 location 参数指定的地址。因此当用户浏览了其他网页后，再单击浏览器中的"后退"按钮，可以返回到 location 参数指定的地址。

实际上，当用户单击网页中由<router-link>组件生成的导航链接时，Vue 框架会自动调用 router.push() 函数进行导航。因此，<router-link to="..." >和 router.push(...) 的效果是等同的。

push() 函数有多种调用形式，示例如下：

```
//字符串形式的链接
router.push('/items')

//对象类型的地址
router.push({ path: '/items' })

//对象类型的地址,指定路由的名字,以及链接中的 id 路径参数值
router.push({ name: 'item', params: { id: 1 }})

//对象类型的地址,链接中包括查询参数 id=1
router.push({ path: '/itemB', query: { id: 1 }})})})
```

值得注意的是，如果对象类型的地址中包含了 path 属性，那么 params 属性会被忽略，例如，以下代码中的 params 属性是无效的：

```
router.push({ path: '/items/item', params: { id: 1 }})
```

正确的做法是改为提供路由的名字，或者提供带路径参数值的完整路径：

```
router.push({ name: 'item', params: { id: 1 }})    //指定路由的名字
```

或者：

```
router.push({ path: '/items/item/1'})    //提供带路径参数值的完整路径
```

下面对 src/components/Items.vue 做一些修改，用 router.push() 函数替代<router-link>组件，参见例程 11-21。

例程 11-21　Items.vue

```
<template>
  <div>
    <h3>商品清单</h3>

    <ul>
      <li v-for="item in items" :key="item.id">
        <a href="#" @click.prevent=
            "toRoute({name: 'item',params: {id: item.id} })">
          {{item.title}}
        </a>
      </li>
    </ul>
```

```
      </div>

      <!-- 显示 Item 组件 -->
      <router-view></router-view>
</template>

<script>
  import Items from '@/assets/items'

  export default {
    name: 'Items',
    data(){
      return{
        items: Items
      }
    },
    methods: {
      toRoute(location){
       if(location.params.id != this.$route.params.id )
          this.$router.push(location)
      }
    }
  }
</script>
```

在 Items 组件的模板中，<a>元素的@click.prevent 中 prevent 修饰符的作用是阻止默认的处理单击链接事件的行为，改为执行 toRoute( )方法。

在 toRoute( )方法中，$route 表示当前的路由实例，$router 表示路由管理器实例。只有当 location 目标地址中的 id 路径参数值与当前路由中的 id 路径参数值不同时，才会通过 $router. push(location)函数导航到目标地址对应的组件。例如，假定当前正在访问的路由的链接为/items/item/1，如果目标地址也是/items/item/1，那么就没有必要通过 $router. push(location)函数进行导航。

路由管理器 Router 不仅提供了 push( )导航函数，还提供了 replace( )等导航函数，表 11-2 对这些导航函数做了说明。

表 11-2　路由管理器的导航函数

导航函数	说　　明
push(location,onComplete?,onAbort?)	导航到 location 目标地址，把目标地址添加到历史记录栈中
replace(location,onComplete?,onAbort?)	导航到 location 目标地址，不会把目标地址添加到历史记录栈中，而是用目标地址替换历史记录栈中的当前地址
forward( )	相当于浏览器的前进功能，导航到历史记录栈中的下一个地址
back( )	相当于浏览器的后退功能，导航到历史记录栈中的上一个地址
go(n)	前进或后退 n 步。假定当前地址在历史记录栈中的索引为 index，那么 go(2)导航到历史记录栈中索引为 index+2 的地址，go(-2)导航到历史记录栈中索引为 index-2 的地址

11.11 导航守卫函数

当用户在网页上通过导航链接从一个路由导航到另一个路由时,路由管理器会在导航的特定时机调用相关的导航守卫函数,这些函数可以看作是针对路由导航的钩子函数。导航守卫函数分为以下 3 类。

(1) 全局导航守卫函数:作用于所有的路由,包括 beforeEach( ) 函数、beforeResolve( ) 函数和 afterEach( ) 函数。可通过路由管理器实例调用这些函数。

(2) 特定路由的导航守卫函数:作用于特定的路由,包括 beforeEnter( ) 函数。在配置特定路由时可以定义 beforeEnter( ) 函数。

(3) 组件内的导航守卫函数:作用于特定的组件,包括 beforeRouteEnter( ) 函数、beforeRouteUpdate( ) 函数和 beforeRouteLeave( ) 函数。在定义组件时可以加入这些函数。

以上导航守卫函数都具有可选的 to 参数和 from 参数,分别表示目标路由和原先的路由。此外,还有一个可选的 next 参数,它用来指定接下来的操作。11.6.2 节在介绍 beforeRouteUpdate( ) 函数时已经介绍了这些参数的用法。值得注意的是,在未来新的 Vue 版本中,会废弃 next 参数,从而简化对导航守卫函数的调用。

在从组件 A 导航到组件 B 的过程中,路由管理器的完整的导航流程如下。

(1) 导航被触发。
(2) 调用即将离开的组件 A 的 beforeRouteLeave( ) 函数。
(3) 调用全局的 beforeEach( ) 函数。
(4) 如果组件 B 的实例已经存在,本次导航会重用该组件实例,调用组件 B 的 beforeRouteUpdate( ) 函数。例如,在 11.6.2 节的范例中,当路由从 /items/item/1 变为 /items/item/2 时,会重用 Item 组件,在这种情况下会调用 beforeRouteUpdate( ) 函数。
(5) 调用组件 B 的路由配置中的 beforeEnter( ) 函数。
(6) 解析异步路由的组件。11.14 节会介绍异步路由的概念。
(7) 如果组件 B 的实例尚不存在,会调用组件 B 的 beforeRouteEnter( ) 函数。
(8) 调用全局的 beforeResolve( ) 函数。
(9) 导航被确认。
(10) 调用全局的 afterEach( ) 函数。
(11) 触发 DOM 更新。
(12) 调用组件 B 的 beforeRouteEnter( ) 函数中传给 next 参数的回调函数。11.11.6 节会对此做进一步介绍。

默认情况下,导航守卫函数返回 true,表示会按照正常的流程导航,如果返回 false,就会取消本次导航,例如:

```
router.beforeEach((to, from) => {
  //…

  if(hasError)
    return false                        //取消本次导航
```

```
    if(! isLogin)
      return {path: '/login'}          //跳转到/login
    else
      return true                      //按照正常流程导航到目标路由
})
```

例程 11-22 会调用 router.beforeEach()等全局导航守卫函数, 在 ItemComponent 组件中定义了针对该组件的 beforeRouteEnter()等导航守卫函数, 在/item/:id 的路由中定义了针对该路由的 beforeEnter()导航守卫函数。

例程 11-22　guard.html

```
<div id="app">
  <p>
    <!-- 设置导航链接 -->
    <router-link to="/">主页</router-link>|
    <router-link to="/item/1">商品 1</router-link>|
    <router-link to="/item/2">商品 2</router-link>
  </p>

  <!-- 插入与路由匹配的组件 -->
  <router-view></router-view>
</div>

<script>
  function log(method_name,to,from){
    console.log(method_name+'to='+to.fullPath
            +',from='+from.fullPath)
  }
  //定义组件
  const HomeComponent = { template: '<div>这是主页</div>' }
  const ItemComponent = {
    template: `
      <p>商品 ID: {{$route.params.id}}</p>
      <p>商品名字: {{ items[$route.params.id] }} </p> `,
    data(){
      return{
        items:{1:'华为手机',2:'小米手机'}
      }
    },
    created(){
      console.log('ItemComponent is created')
    },
    //组件内的导航守卫函数
    beforeRouteEnter: (to,from) =>{
      log('beforeRouteEnter: ',to,from)
    },
    beforeRouteUpdate: (to,from) =>{
      log('beforeRouteUpdate: ',to,from)
```

```
      },
      beforeRouteLeave:(to,from)=>{
        log('beforeRouteLeave:',to,from)
      }
}

    //定义组件的路由
    const myroutes = [
      { path: '/', component: HomeComponent },
      { path: '/item/:id',
        component: ItemComponent,
        //特定路由的导航守卫函数
        beforeEnter:(to,from)=>{
          log('beforeEnter:',to,from)
        }
      }
    ]

    //创建路由管理器 router 实例
    const router = VueRouter.createRouter({
      //设置hash路由模式
      history:VueRouter.createWebHashHistory(),
      //设置路由
      routes:myroutes
    })

    //全局导航守卫函数
    router.beforeEach(
      (to,from)=>{
        log('beforeEach:',to,from)
      }
    )

    router.beforeResolve(
      (to,from)=>{
        log('beforeResolve:',to,from)
      }
    )

    router.afterEach(
      (to,from)=>{
        log('afterEach:',to,from)
      }
    )
    const app = Vue.createApp({})
    app.use(router)            //使用路由管理器
    app.mount('#app')
</script>
```

通过浏览器访问 guard.html，会显示如图 11-12 所示的网页。

图 11-12　guard.html 的网页

在网页上依次选择不同的导航链接,在每次导航到新的路由的各个阶段,导航守卫函数会向浏览器的控制台输出日志,由此可以观察这些导航守卫函数被调用的时机。表 11-3 列出了按照"主页"→"商品 1"→"商品 2"→"主页"的链接顺序进行导航时的输出日志。

表 11-3　在 guard.html 页面上导航的输出日志

导航链接	浏览器的控制台的输出日志
主页	beforeEach：to=/,from=/ beforeResolve：to=/,from=/ afterEach：to=/,from=/
商品 1	beforeEach：to=/item/1,from=/ beforeEnter：to=/item/1,from=/ beforeRouteEnter：to=/item/1,from=/ beforeResolve：to=/item/1,from=/ afterEach：to=/item/1,from=/ ItemComponent is created
商品 2	beforeEach：to=/item/2,from=/item/1 beforeRouteUpdate：to=/item/2,from=/item/1 beforeResolve：to=/item/2,from=/item/1 afterEach：to=/item/2,from=/item/1
主页	beforeRouteLeave：to=/,from=/item/2 beforeEach：to=/,from=/item/2 beforeResolve：to=/,from=/item/2 afterEach：to=/,from=/item/2

11.11.1　全局导航守卫函数

全局导航守卫函数对所有的路由起作用,它包括以下 3 个函数。

(1) beforeEach()：开始导航前调用。

(2) beforeResolve()：在导航确认之前,并且组件内的导航守卫以及异步路由的组件被解析后调用。

(3) afterEach()：导航被确认之后调用。在该函数中不能使用 next 参数,不能再改变导航路由。

接下来,11.11.2～11.11.4 节分别举了 3 个实用的范例,演示全局导航守卫函数的用法。

11.11.2 验证用户是否登录

有些实际应用需要验证用户的身份,在访问这种应用中的任意一个链接(如/essay)时,会按照如图 11-13 所示的流程进行页面的自动跳转。

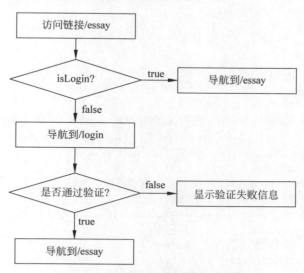

图 11-13 验证用户是否登录的流程

在 helloworld 项目中增加一个负责用户登录的 Login 组件,参见例程 11-23,它位于 src/components 目录下。

例程 11-23 Login. vue

```
<template>
  <div>
    <p style="color: red">{{ message }}</p>
    <table>
      <tr>
        <td>用户名:</td>
        <td><input v-model.trim="username"/></td>
      </tr>
      <tr>
        <td>口令:</td>
        <td><input v-model.trim="password" type="password" /></td>
      </tr>
      <tr>
        <td cols="2">
          <input type="submit" value="登录" @click.prevent="login"/>
        </td>
      </tr>
    </table>
  </div>
```

```
</template>

<script>
  export default {
    data(){
      return {
        username: "",
        password: "",
        message: ""
      }
    },
    methods: {
      login() {
        //进行登录验证。在实际应用中,应该通过Ajax请求由服务器端进行验证
        if("Tom" == this.username && "123456" == this.password){
          sessionStorage.setItem("isLogin", true)
          this.message = ""
          if(this.$route.query.originalPath){
            //跳转至进入登录页前的路由
            this.$router.replace( this.$route.query.originalPath)
          }else{
            //否则跳转至主页
            this.$router.replace('/')
          }
        }else{   //如果验证失败
          sessionStorage.setItem("isLogin", false)
          this.password = ""
          this.message = "用户名或口令不正确"
        }
      }
    }
  }
</script>
```

以上 Login 组件提供了登录表单,当用户提交表单,由 login( )方法进行用户身份验证。这里对验证逻辑做了简化,假定只有当用户名为 Tom,且口令为 123456,才能通过验证。验证成功后,如果路由中存在查询参数 originalPath,就跳转至该路由,否则就跳转至主页。originalPath 表示自动转到登录页面之前用户本来要访问的路径。如果验证失败,就会在 Login 组件的界面上显示错误信息,参见图 11-14。

图 11-14　显示验证失败的错误信息

修改 src/router/index.js，增加 Login 组件的路由，并且调用 router.beforeEach( ) 函数，在导航到任意一个路由之前，先验证用户是否已经登录。修改后的代码参见例程 11-24。

例程 11-24　index.js 的修改代码

```javascript
//创建路由管理器 router 实例
const router = createRouter({
  history: routerHistory,
  routes: [
    {
      path: '/login',
      name: 'login',
      component: Login
    },
    ...
  ]
})

router.beforeEach((to) => {
  // 判断目标路由是不是/login,如果为 true,就导航到目标路由
  if(to.path == '/login'){
    return true
  }else{
    // 否则判断用户是否已经登录,如果为 true,就导航到目标路由
    if(sessionStorage.isLogin ){
      return true
    }
    // 如果用户没有登录,则跳转到登录页面
    // 并将目标路由的完整路径作为 originalPath 查询参数传给 Login 组件
    // 以便登录成功后再跳转到目标路由对应的页面
    else{
      return {              //返回值表示要跳转的目标路由
        path: '/login',
        query: {originalPath: to.fullPath}
      }
    }
  }
})
```

以上 beforeEach( ) 函数先判断目标路由是否为/login,如果为 true,就显示 Login 组件,否则再判断用户是否已经登录。如果 sessionStorage.isLogin 为 true,就显示目标路由对应的组件,否则就显示 Login 组件。sessionStorage 是 JavaScript 提供的变量,用来存储会话范围内的数据。在 Login.vue 的 login( ) 方法中,会调用 sessionStorage.setItem( ) 函数,向会话范围存入 isLogin 变量,代码如下：

```
sessionStorage.setItem("isLogin", true)     //登录成功
```

或者：

```
sessionStorage.setItem("isLogin", false)      //登录失败
```

11.11.3 设置受保护资源

例程11-24中的beforeEach()函数会对所有的路由都先判断用户是否已经登录。假如实际应用仅要求对部分路由先判断用户是否已经登录,而其余的路由允许未登录的用户也能访问,该如何实现呢?答案是可以利用路由的meta属性。meta属性用于设置路由的元数据。

假定路径/essay为受保护资源,只有已经登录的用户才能访问该路径。在index.js中,为/essay的路由设置meta属性,在该meta属性中加入一个元数据isProtected。

在beforeEach()函数中,通过to.matched.some()函数判断目标路由是否为受保护资源,代码如下:

```
if (to.matched.some(record => record.meta.isProtected)){
  //验证用户是否登录
  ...
}
```

例程11-25是修改代码,它为/essay的路由设置了isProtected元数据,意味着该路由是受保护的资源。如果还有其他路由也是受保护资源,只要在其路由配置中加入isProtected元数据即可。isProtected变量的名字是根据实际需要任意设定的。

例程11-25   index.js的修改代码

```
//创建路由管理器router实例
const router = createRouter({
  history: routerHistory,
  routes: [
    {
      path: '/essay',
      component: Essay,
      meta: {
        isProtected: true
      },
      children: [...]
    }
    ...
  ]
})

router.beforeEach((to) => {
  // 判断目标路由是否为受保护资源
  if (to.matched.some(record => record.meta.isProtected)){
    if(sessionStorage.isLogin){
      return true
    }else{
```

```
      return{
        path: '/login',
        query: {originalPath: to.fullPath}
      }
    }
  }else
    return true
})
```

做了上述修改后,通过浏览器访问 helloworld 项目,如果访问链接/essay,那么必须先登录才能访问,而访问其余链接时,不登录也能访问。

11.11.4 在单页面应用中设置目标路由的页面标题

helloworld 项目是单页面应用,网页的标题是在 public/index.html 文件中通过<title>标记设定的,切换路由时页面的标题不会发生变化。如果希望为特定的路由设置和页面内容相符的标题,可以通过路由的 meta 属性设置。

在 index.js 中,为 Essay 组件的路由再增加一个表示页面标题的 title 元数据。在 afterEach() 函数中,判断如果存在 to.meta.title 变量,就把它作为页面的标题。例程 11-26 是修改代码。

例程 11-26　index.js 的修改代码

```
//创建路由管理器 router 实例
const router = createRouter({
  history: routerHistory,
  routes: [
    {
      path: '/essay',
      component: Essay,
      meta: {
        isProtected: true,
        title: 'essay'
      },
      children: [...]
    }
    ...
  ]
})

router.afterEach((to) => {
  if(to.meta.title)
    document.title = to.meta.title          //把 title 元数据作为页面标题
  else
    document.title = 'helloworld'
})
```

再次通过浏览器访问 helloworld 项目，如果访问链接/essay，页面的标题为 essay；如果访问其他链接，页面的标题为 helloworld。

11.11.5 特定路由的导航守卫函数

在配置路由时，可以设定 beforeEnter()导航守卫函数，它只对当前路由起作用。当路由管理器调用了全局导航守卫函数 beforeEach()之后，在调用组件内的导航守卫函数之前，会调用 beforeEnter()函数。

例如，在例程 11-22 中，为/item/: id 的路由定义了如下 beforeEnter()函数：

```
{ path: '/item/: id',
  component: ItemComponent,
  //特定路由的导航守卫函数
  beforeEnter: (to,from) =>{
    log('beforeEnter: ',to,from)
  }
}
```

11.11.6 组件内的导航守卫函数

组件内的导航守卫函数只对当前组件有效，它包括以下 3 个函数。

（1）beforeRouteEnter()：在组件实例尚未创建，并且组件的路由被确认之前调用。在该函数中不能通过 this 关键字访问组件实例。

（2）beforeRouteUpdate()：当组件实例被重用时调用。例如，当路由从/item/1 变为/item/2 时，会重用 Item 组件，在这种情况下会调用 beforeRouteUpdate()函数。在该函数中可以通过 this 访问当前组件实例。

（3）beforeRouteLeave()：将要离开当前组件的路由，即将导航到其他组件的路由前调用。在该函数中可以通过 this 关键字访问当前组件实例。

beforeRouteEnter()函数的 next 参数有一个特殊功能，它可用来设置回调函数，其他导航守卫函数的 next 参数都不具备这一功能。当导航被确认后，路由管理器会调用回调函数。此时，组件的实例已经创建，路由管理器会把组件实例作为 vm 参数传给回调函数，因此，在回调函数中可以通过参数 vm 访问组件实例。

对于例程 11-15，可以用 beforeRouteEnter()函数代替 created()钩子函数，为 Item 组件的 item 变量赋值，代码如下：

```
beforeRouteEnter(to,from,next){
  let item=Items.find(
    (item)=>item.id==to.params.id
  )
  next( vm=>vm.item=item )
}
```

以上 next 参数的回调函数通过 vm.item 的形式引用 Item 组件的 item 变量。直接在 beforeRouteEnter() 函数中执行语句 this.item = item 是不合法的,因为这时候 Item 组件的实例还不存在,代码如下：

```
beforeRouteEnter(to,from,next){
  let item=Items.find(
    (item)=>item.id==to.params.id
  )
  this.item=item          //不合法
}
```

由于导航守卫函数的 next 参数会在将来的 Vue Router 版本中被废弃,因此也可以在 beforeRouteEnter() 函数中直接通过 return 语句返回一个回调函数,代码如下：

```
beforeRouteEnter(to){
  let item=Items.find(
    (item)=>item.id==to.params.id
  )
  //与 next(vm=>vm.item=item) 等价
  return vm=>vm.item=item
}
```

beforeRouteLeave() 函数可用来防止用户尚未保存修改过的数据时就离开页面,例如：

```
beforeRouteLeave () {
  const answer = window.confirm('数据尚未保存,确定要离开本页面吗？')
  if (! answer) return false    //停留在本页面
}
```

beforeRouteLeave() 函数可以包含 to 参数、from 参数和 next 参数,假如函数体内不需要访问这些参数,则可以省略声明这些参数,在例程 11-15 中再增加一个 beforeRouteLeave() 函数,代码如下：

```
beforeRouteLeave () {
  const answer = window.confirm('确定要离开本页面吗？')
  if (! answer) return false
}
```

通过浏览器访问 http://localhost:8080/#/items/item/1,在网页上选择会离开 Item 组件的其他导航链接,这时会弹出一个提示窗口,参见图 11-15。如果单击"确定"按钮,就会导航到新的链接；如果单击"取消"按钮,就会停留在当前页面,取消导航。

图 11-15　确认是否离开本页面的提示窗口

11.12 数据抓取

当用户在浏览器端进行路由导航时，有些目标路由的组件需要从服务器端抓取数据，再把这些数据显示到网页上。抓取数据有以下两种方式。

（1）导航后抓取：导航完成后，在目标路由的组件的生命周期函数中抓取数据。在抓取的过程中，可以在网页上显示"正在加载中..."的提示信息。

（2）导航前抓取：先在导航守卫函数 beforeRouteEnter()和 beforeRouteUpdate()中抓取数据，接下来再进行导航。

以上两种方式都能完成抓取任务，到底选用哪一种取决于开发人员的喜好以及开发团队的要求。

11.12.1 导航后抓取

例程 11-27 定义了 ItemPostFetch 组件，在它的 created()钩子函数中，调用 $watch()函数监听 $route.params 变量，如果该变量发生更新，就会执行 fetchData()方法。该 $watch()函数的第 3 个参数{immediate：true}确保在 ItemPostFetch 组件的初始化阶段也会执行一次 fetchData()方法。fetchData()方法负责抓取数据，在实际应用中，会通过 Ajax 请求到服务器端抓取数据。本方法做了简化，通过 setTimeOut()函数模拟耗时的抓取数据的行为。

例程 11-27　ItemPostFetch.vue

```
<template>
  <div>
    <div v-if="isLoading" >商品数据加载中...</div>
    <div v-if="isError" >商品数据加载失败</div>
    <div v-if="isReady">
      <p>商品 ID：{{item.id}}</p>
      <p>商品名字：{{item.title }} </p>
      <p>商品描述：{{item.desc}}</p>
    </div>
  </div>
</template>

<script>
  import Items from '@/assets/items'    //引入 Item 数据
  export default {
    data() {
      return {
        item: {},
        isLoading: false,
        isReady: null,
        isError: null
      }
    },
```

```js
    created() {
      //监听$route.params,如果发生更新,就调用fetchData()方法
      this.$watch(
        () => this.$route.params,
        () => {
          this.fetchData()
        },
        //确保在初始化组件时也调用一次fetchData()方法
        { immediate: true }
      )
    },
    methods: {
      fetchData() {
        this.isReady = null
        this.isError=null
        this.isLoading = true
        //模拟耗时的抓取数据行为,在实际应用中会到服务器端抓取数据
        setTimeout(
          () =>{
            this.item=Items.find(
              (item)=>item.id==this.$route.params.id
            )
            if(this.item){
              //如果存在与id匹配的商品数据,就显示商品数据
              this.isLoading=false
              this.isReady=true
            }else{
              //如果不存在与id匹配的商品书,就显示错误信息
              this.isLoading=false
              this.isError=true
            }
          },2000)     //延迟2s后执行数据抓取
      }
    }
  }
</script>
```

在 index.js 中,为 ItemPostFetch 组件设置如下路由:

```js
{
  path: '/postfetch/:id',
  component: ItemPostFetch
}
```

通过浏览器访问 http://localhost:8080/#/postfetch/1,会看到网页上首先显示"商品数据加载中...",接下来再显示 id 为 1 的商品信息;通过浏览器访问 http://localhost:8080/#/postfetch/5,会看到网页上首先显示"商品数据加载中...",接下来再显示"商品数据加载失败"。

11.12.2 导航前抓取

在例程 11-28 中定义了 ItemPreFetch 组件。在 beforeRouteEnter()和 beforeRouteUpdate()导航守卫函数中都通过 fetchData()函数抓取数据。fetchData()是一个独立的函数,它不属于 ItemPreFetch 组件。fetchData()函数有一个作为回调函数的 callback 参数,当数据抓取完毕后,callback 回调函数会把 item 变量和 isError 变量赋值给 ItemPreFetch 组件的 item 变量和 isError 变量。由于在 beforeRouteEnter()函数中不能通过 this 关键字访问 ItemPreFetch 组件,因此通过 next()函数为 ItemPreFetch 组件的 item 变量和 isError 变量赋值。11.11.6 节已经介绍了 beforeRouteEnter()函数的 next 参数的特殊用法。

例程 11-28　ItemPreFetch.vue

```
<template>
  <div>
    <div v-if="isError" >商品数据加载失败</div>
    <div v-if="!isError">
      <p>商品 ID：{{item.id}}</p>
      <p>商品名字：{{item.title }} </p>
      <p>商品描述：{{item.desc}}</p>
    </div>
  </div>
</template>

<script>
  import Items from '@/assets/items'          //引入 Item 数据

  function fetchData(id,callback) {
    let isError=null
    let item=null
    //模拟耗时的抓取数据行为,在实际应用中会到服务器端抓取数据
    setTimeout(
      ()=>{
        item=Items.find(
          (item)=>item.id==id
        )
        if(item){
          isError=false
        }else{
          isError=true
        }
        callback(item,isError)
      },2000)                                  //延迟 2s 后执行数据抓取
  }

  export default {
    data() {
      return {
```

```
      item: {},
      isError: null
    }
  },
  beforeRouteEnter(to, from, next) {
    fetchData(to.params.id,
      (item, isError) => {
        next(vm => {
          vm.item=item
          vm.isError=isError
        })
      }
    )
  },
  beforeRouteUpdate(to) {
    fetchData(to.params.id,
      (item, isError) => {
        this.item=item
        this.isError=isError
      }
    )
  }
}
</script>
```

beforeRouteEnter( )函数如果不使用 next 参数，还可以改写为：

```
beforeRouteEnter(to) {
  fetchData(to.params.id,
    (item, isError) => {
      return vm => {
        vm.item=item
        vm.isError=isError
      }
    }
  )
}
```

在 index.js 中，为 ItemPreFetch 组件设置如下路由：

```
{
  path: '/prefetch/:id',
  component: ItemPreFetch
}
```

通过浏览器访问 http://localhost:8080/#/prefetch/1，会看到网页首先停留在原来的页面，接下来再显示 id 为 1 的商品信息；通过浏览器访问 http://localhost:8080/#/prefetch/5，会看到网页首先停留在原来的页面，接下来再显示"商品数据加载失败"。

11.13 设置页面的滚动行为

当用户在浏览器端进行路由导航时,有可能从页面 A 导航到页面 B,又从页面 B 导航到页面 A,在浏览每个页面时,还会移动浏览器中的滚动条。每次当路由管理器导航到一个页面时,可通过路由管理器的 scrollBehavior(to,from,savedPosition) 函数设置初始的滚动行为,代码如下:

```
const router = createRouter({
  history: createWebHashHistory(),
  routes: [...],
  scrollBehavior (to, from, savedPosition) {
    // 设置滚动行为
    ...
  }
})
```

scrollBehavior() 具有可选的 to 参数和 from 参数,它们的作用与导航守卫函数的 to 参数和 from 参数相同,分别表示目标路由和原先的路由。第 3 个可选的 savedPosition 参数表示原先保存的滚动位置,该参数只有在通过浏览器的"前进/后退"按钮触发导航时才可用。

11.13.1 scrollBehavior() 函数的返回值

scrollBehavior() 函数会返回一个指定滚动行为的对象,代码如下:

```
scrollBehavior() {
  // 页面滚动至顶端
  return { top: 0 }
}
```

还可以通过 el 属性指定一个 DOM 元素或 CSS 选择器,再通过 top 和 left 属性设置相对于 el 属性的滚动行为,例如:

```
scrollBehavior() {
  // 页面滚动至#app 元素的上方 10px 处
  return {
    //或者: el: document.getElementById('app'),
    el: '#app',
    top: -10
  }
}
```

当页面向上滚动时,在浏览器界面上,滚动条向下运动,并且浏览器会展示页面下端的内容。如果 scrollBehavior() 函数返回 false 或者一个空对象,就不会发生滚动行为。

当通过浏览器的"前进/后退"按钮进行导航时,如果返回 savedPosition 对象,就表示返

回到上次访问同样的页面时的滚动位置,代码如下:

```
scrollBehavior(to, from, savedPosition) {
  if (savedPosition) {
    return savedPosition
  } else {
    return { top: 0 }
  }
}
```

以上函数的滚动行为是,如果通过页面中的导航链接进行导航,那么目标路由的页面会滚动到顶端;如果通过浏览器的"前进/后退"按钮进行导航,那么目标路由的页面会滚动到原先同样页面保存的滚动位置。

还可以指定滚动到目标路由的页面中的锚标记,代码如下:

```
scrollBehavior(to) {
  if (to.hash) {
    return {
      el: to.hash,
      //以平滑的方式进行滚动,如果浏览器不支持该行为,则无效
      behavior: 'smooth'
    }
  }
}
```

11.13.2 延迟滚动

有时为了增加用户浏览当前界面上内容的时间,或者等待特定交易完成,会延迟一段时间再进行页面滚动。在这种情况下,scrollBehavior( )函数可以返回一个Promise对象,指定延迟特定时间后的滚动行为。

例如,以下scrollBehavior( )函数指定延迟500ms后,页面在水平方向滚动到最左端,垂直方向滚动到最顶端:

```
scrollBehavior() {
  return new Promise((resolve, reject) => {
    setTimeout(() => {
      resolve({ left: 0, top: 0 })
    }, 500)
  })
}
```

11.14 延迟加载路由

10.6节介绍了通过npm run build命令为项目生成正式产品的方法,该命令会通过

webpack 工具为项目打包。webpack 把 helloworld 项目中的 src 目录下的所有 JavaScript 脚本打包成一个文件,该文件位于 dist/js 目录下,文件名以 app 开头,如 app.b9d8eb58.js。当项目很庞大时,这个 app.*.js 文件会非常大,客户端加载这样的文件很耗时。为了提高客户端访问项目的效率,可以让 webpack 工具把各个组件打包到不同的文件中,只有当用户访问某个路由时,才会到服务器端加载相应的组件文件,这样的路由称为异步路由。

路由管理器支持动态加载组件文件,例如在 index.js 文件中,可以把对 AboutComponent 组件的静态加载改为动态加载,代码如下:

```
//静态加载
import AboutComponent from '../components/About.vue'
```

改为:

```
//动态加载
const AboutComponent = () => import('../components/About.vue')
const router = createRouter({
  //…
  routes: [
    {
      path: '/about',
      component: AboutComponent      //AboutComponent 是一个延迟加载函数
    }
  ]
})
```

以上 AboutComponent 变量的取值是一个延迟加载函数,该函数返回一个 Promise 对象,代码如下:

```
const AboutComponent = () => import('../components/About.vue')
```

也可以直接把延迟加载函数赋值给路由的 component 属性,代码如下:

```
const router = createRouter({
  //…
  routes: [
    {
      path: '/about',
      component: () => import('../components/About.vue')
    }
  ]
})
```

以上路由会动态加载 AboutComponent 组件,因此属于异步路由。对 AboutComponent 组件的路由做了上述修改后,再通过 npm run build 命令生成 helloworld 项目的正式产品,会看到在 dist/js 目录下,AboutComponent 组件的代码被打包成单独的文件 chunk-*.js。

当客户端首次访问链接/about 时,路由管理器会到服务器端下载 AboutComponent 组件的 chunk-*.js 文件，这体现了该路由的延迟加载特性。客户端再访问链接/about 时，路由管理器会从客户端的缓存中获取 AboutComponent 组件的代码。

11.14.1　把多个组件打包到同一个文件中

当多个组件对应同一个路由，或者一个组件嵌套了若干个组件时，如果希望把这些相关的组件的代码打包到同一个文件中，那么可以在动态加载这些组件的语句中，通过特定的语法为它们设定相同的打包模块的名字。例如，以下代码会动态加载 3 个组件：Essay、Title 和 Content，它们的打包模块名字都是 essay：

```
const Essay = () =>
  import(/* webpackChunkName: "essay" */ '../components/Essay.vue')

const Title = () =>
  import(/* webpackChunkName: "essay" */ '../components/Title.vue')

const Content = () =>
  import(/* webpackChunkName: "essay" */ '../components/Content.vue')
...

//Essay 组件、Title 组件和 Content 组件的路由
{
  path: '/essay',
  component: Essay,
  children: [
    {
      path: 'detail',
      components: {
        title: Title,
        default: Content
      }
    }
  ]
}
```

在生成项目的正式产品时，webpack 会把以上 3 个组件打包成一个文件 essay.*.js，例如 essay.2d3d4c22.js。

11.14.2　在路由的组件中嵌套异步组件

8.3 节介绍了异步组件的用法。值得注意的是，在路由中不能包含异步组件，但是可以把异步组件嵌套在路由的组件中。例如，假定 Outer 组件不是异步组件，而 AsyncComponent 组件是异步组件。在一个异步路由中，会动态加载 Outer 组件，并且在 Outer 组件中嵌套了 AsyncComponent 异步组件，这是合法的。

例程 11-29 是 AsyncComponent 组件的代码，该文件位于 src/components 目录下。

例程 11-29　Async.vue

```
<template>
  <p>我是异步组件! </p>
</template>

<script>
  export default {
    name: 'AsyncComponent'
  }
</script>
```

在例程 11-30 中,定义了 Outer 组件,并且 Outer 组件中嵌套了异步组件 AsyncComponent。Outer.vue 文件位于 src/components 目录下。

例程 11-30　Outer.vue

```
<template>
  <div id="app"> <async-comp></async-comp> </div>
</template>

<script>
  import { defineAsyncComponent } from 'vue'

  const AsyncComponent = defineAsyncComponent(() =>
    import('../components/Async.vue')
  )

  export default {
    name: 'Outer',
    components: {'async-comp': AsyncComponent}
  }
</script>
```

在 index.js 中,为 Outer 组件指定了异步路由,代码如下:

```
{
  path: '/outer',
  name: 'outer',
  component:  () => import('../components/Outer.vue')
}
```

通过浏览器访问链接 http://localhost:8080/#/outer,会看到在 Outer 组件的界面中嵌套了 AsyncComponent 异步组件。

11.15　动态路由

在 index.js 中配置的路由是静态的。有些情况下,需要在程序运行时添加或删除路由,可以通过路由管理器的以下两个函数实现。

（1）addRoute()：动态添加路由。
（2）removeRoute()：动态删除路由。
例如，以下代码先添加了名字为 about 的路由，又将其删除：

```
router.addRoute({ path: '/about',
                name: 'about', component: AboutComponent })
...
router.removeRoute('about')
```

路由管理器的以下两个函数用来查看已经存在的路由。
（1）hasRoute(name)：判断是否存在特定的路由。name 参数指定路由的名字。如果存在，就返回 true，否则返回 false。
（2）getRoutes()：返回一个包含所有路由对象的数组。

例程 11-31 会动态加入两个路由，其中 AboutComponent 组件的路由是在 Router 实例创建后加入的。OtherComponent 组件的路由会在 beforeEach() 导航守卫函数中加入。当用户导航到一个新的链接时，beforeEach() 函数会判断新链接中是否包含/other，并且判断是否不存在名字为 other 的路由。如果满足这两个判断条件，就添加名字为 other 的路由，并且导航到该路由。

例程 11-31　dynamicroute.html

```
<div id="app">
  <p><router-link to="/about">关于我们</router-link></p>
  <p><router-link to="/other">其他页面</router-link></p>

  <!-- 插入与路由匹配的组件 -->
  <router-view></router-view>
</div>

<script>
  //定义组件
  const HomeComponent = { template: '<div>这是主页</div>' }
  const AboutComponent = { template: '<div>这是我们的介绍</div>' }
  const OtherComponent = { template: '<div>这是其他的组件</div>' }

  // 定义组件的路由
  const myroutes = [
    { path: '/', component: HomeComponent },
  ]

  //创建路由管理器 router 实例
  const router = VueRouter.createRouter({
    //设置 hash 路由模式
    history: VueRouter.createWebHashHistory(),
    //设置路由
    routes: myroutes
  })
```

```
    router.addRoute({ path: '/about', component: AboutComponent })

  router.beforeEach(to => {
    //如果访问的链接为/other,并且不存在相应的路由
    //就添加路由,并且重定向到该路由
    if (to.fullPath.indexOf('/other')!==-1
       && ! router.hasRoute('other')) {
      router.addRoute({path: to.fullPath,
                     name: 'other',component: OtherComponent})
      return to.fullPath
    }
  })

  const app = Vue.createApp({})
  app.use(router)          //使用路由管理器
  app.mount('#app')
</script>
```

通过浏览器访问 dynamicroute.html,第 1 次访问/other 链接,beforeEach()函数会添加名字为 other 的路由。再次访问/other 链接,由于该路由已经存在,就不会再添加它。

路由管理器的 addRoute()函数还可以添加嵌套的路由。例如在以下代码中,在 Admin 组件的路由中嵌套了 AdminSettings 组件的子路由:

```
router.addRoute({ name: 'admin', path: '/admin', component: Admin })
router.addRoute('admin', { path: 'settings', component: AdminSettings })
```

等价于:

```
router.addRoute({
  name: 'admin',
  path: '/admin',
  component: Admin,
  children: [{ path: 'settings', component: AdminSettings }],
})
```

11.16 小结

本章详细介绍了路由管理器的用法,它负责建立导航链接与组件的对应关系。当用户选择特定的导航链接,路由管理器就会显示相应的组件。在导航的生命周期中,还可以通过导航守卫函数改变导航行为,或者加入一些业务逻辑,如抓取数据等。

此外,路由管理器还可以把导航链接中的路径参数以及查询参数传给组件。$route.params.id 表示链接中的 id 路径参数,$route.query.id 表示链接中的 id 查询参数。

静态路由通过路由管理器的 routes 属性设置,代码如下:

```
const myroutes = [{ path: '/', component: HomeComponent }]
const router = VueRouter.createRouter({
  //设置 hash 路由模式
  history: VueRouter.createWebHashHistory(),
  //设置静态路由
  routes: myroutes
})
```

动态路由通过路由管理器的 addRoute( )函数和 removeRoute( )函数添加或删除,代码如下:

```
if(router.hasRoute('about'))
  router.removeRoute('about')      //删除名为 about 的路由

router.addRoute({ path: '/about',    //添加名为 about 的路由
               name: 'about',component: AboutComponent })
```

在组件的模板中,<router-link>组件会生成导航链接,<router-view>组件会显示与当前路由对应的组件。

11.17 思考题

1. 以下属于路由对象的属性的是(　　)。(多选)
   A. routes　　　　　　B. props　　　　　C. path　　　　　D. meta
2. 以下属于路由管理器提供的函数的是(　　)。(多选)
   A. addRoute( )　　　　　　　　　　　B. useRoute( )
   C. beforeEach( )　　　　　　　　　　D. removeRoute( )
3. 当路由模式为 hash 时,以下<router-link>组件渲染后的结果是(　　)。(单选)

```
<router-link to="/item/1">第 1 个商品</router-link>
```

   A. <a href="/item/1" >第 1 个商品</a>
   B. <a href="#/item/1" >第 1 个商品</a>
   C. <a name="/item/1" >第 1 个商品</a>
   D. <a href="/item/#/1" >第 1 个商品</a>
4. 以下属于组件内的导航守卫函数的是(　　)。(多选)
   A. afterEach( )　　　　　　　　　　B. afterRouteLeave( )
   C. beforeRouteEnter( )　　　　　　　D. beforeRouteUpdate( )
5. 一个路由管理器具有以下路由:

```
routes:[
  {
    path:'/itema',
```

```
      component: ItemA,
      children: [
        { path: 'itemd', component: ItemD }
      ]
    },
    {
      path: '/item:pathMatch(.*)*',
      component: ItemUnKnown
    },
    {
      path: '/:pathMatch(.*)*',
      component: NotFoundComponent
    }
  ]
```

当用户访问的链接为/itembala，路由管理器会匹配到(　　)组件。（单选）

　　A．ItemA　　　　　　　　　　　　B．ItemD
　　C．ItemUnKnown　　　　　　　　　D．NotFoundComponent

6. 在 index.js 中，为 ItemA 组件设置了如下路由：

```
{
  path: '/itemA/:type/hot/:id',
  name: 'itemA',
  component: ItemA
}
```

以下选项(　　)用于导航到 ItemA 组件，并且 type 和 id 路径参数的值分别为 book 和 1。（多选）

　　A．

```
<router-link to="/itemA/book/hot/1">第 1 个商品</router-link>
```

　　B．

```
<router-link to="/itemA/:book/hot/:1">第 1 个商品</router-link>
```

　　C．

```
router.push({ path: '/itemA/book/hot/1' })
```

　　D．

```
router.push({ name: 'itemA', params: { type: 'book', id: 1 } })
```

第12章 组合 API

无论是前端开发还是后端开发，为了提高代码的可重用性和可维护性，以及便于开发团队的分工合作，会把代码拆分成精粒度的模块，再把它们组装到一起。

在 Vue 项目中，组件是最基本的独立模块，一个组件对应一个 .vue 文件。8.5 节介绍了如何利用混入功能把一个组件切割成更小的模块，但是混入功能有局限性，混入块本身不能接受输入参数，也没有返回值，它只能很机械地合并到组件中，而且在合并过程中，还必须注意由于代码重复可能引起的冲突。

视频讲解

为了克服混入块的不足，从 Vue 3 版本开始引入了组合(Composition) API，它可以对一个组件进行灵活地切割，把处理相同业务逻辑的代码放到同样的模块中。组合 API 的入口是 setup() 函数，它具有输入参数，也有返回值，这样就会动态控制模块的输出代码。

本章详细介绍 setup() 函数的用法，以及通过组合 API 对组件进行分割的方法。

12.1 setup() 函数的用法

由于组件的 setup() 函数在 beforeCreate() 钩子函数执行之前调用，因此当 Vue 框架调用组件的 setup() 函数时，组件的实例还没有创建。setup() 函数具有以下 5 个特点。

(1) 在 setup() 函数中无法访问 data 选项中的变量以及 methods 选项中的方法。

(2) 在 setup() 函数中无法访问 this 关键字。

(3) setup() 函数有两个可选的参数：props 和 context。props 参数包含了组件的属性，context 参数表示当前组件的上下文。

(4) 在 setup() 函数中可以定义组件的变量、方法、计算属性和数据监听器，还可以注册组件的生命周期钩子函数。

(5) setup() 函数可以返回变量和方法。

例程 12-1 定义了一个 Date 组件，它演示了 setup() 函数的基本用法。

例程 12-1　simple.html

```
<div id="app">
  <Date></Date>
</div>

<script>
  const app=Vue.createApp({ })

  app.component('Date', {
    beforeCreate(){
      console.log('call beforeCreate()')
    },
    created(){
      console.log('call created()')
    },
    setup(){
      console.log('call setup')

      const date=new Date()
      return { date }          //返回 date 变量
    },
    template:`<div>{{ date }}</div>`
  })
  app.mount('#app')
</script>
```

在 Date 组件的 setup() 函数中定义了 date 变量，最后返回 date 变量。在 Date 组件的模板中，可以通过插值表达式{{date}}访问 date 变量。

通过浏览器访问 simple.html，在控制台会依次输出以下日志：

```
call setup
call beforeCreate
call created
```

以上日志的输出循序反映了 setup()函数、beforeCreate()函数和 created()函数的调用顺序。

例程 12-2 定义了一个 User 组件，它详细演示了 setup()函数的各种用法。在本书配套的源代码包中，User.vue 以及本章后面的范例都位于 chapter11 目录下的 helloworld 项目中。

例程 12-2　User.vue

```
<template>
  <div id="app">
    <p>id：{{id}} </p>
    <p>名字：{{username}} <input v-model="username" /></p>
    <p>年龄：{{age}} <button @click="increase">递增</button></p>
    <p>已婚：{{isMarried}}
      <button @click="isMarried=! isMarried">已婚/未婚</button></p>
```

```html
    <p>家庭地址：{{address.homeAddress}}
       <input v-model="address.homeAddress" /></p>
    <p>家庭地址备份：{{addressCopy.homeAddress}}
       <input v-model="addressCopy.homeAddress" /></p>
    <p>月收入：{{salary}} <input v-model.number="salary" /></p>
    <p>年收入：{{total}} <input v-model.number="total" /></p>
  </div>
</template>
```

```javascript
<script>
  import {ref,reactive,toRefs,readonly,computed,watch,w
          onMounted,onRenderTracked,onRenderTriggered
  export default {
    name: 'User',
    props: ['id'],

    setup(props,context){
      console.log(props.id)
      console.log(context.attrs)        //组件的内置 $attrs 变量
      console.log(context.slots)        //组件的内置 $slots 变量
      console.log(context.parent)       //组件的内置 $parent 变量
      console.log(context.root)         //组件的内置 $root 变量
      console.log(context.emit)         //组件的内置 $emit()方法
      console.log(context.refs)         //组件的内置 $refs 变量

      // username 变量支持响应式机制
      const username =ref('Tom')
      console.log(username)

      // age 变量支持响应式机制
      const age=ref(18)

      //address 变量支持响应式机制
      const address=reactive(
          { homeAddress：'光明路 66 号',comAddress：'康庄
      console.log(address)
      console.log(address.homeAddress)
      console.log(address.comAddress)

      //addressCopy 是只读变量
      const addressCopy=readonly(address)

      //work 变量支持响应式机制
      const work=reactive(
          { salary:5000,company:'IBM'})

      //定义计算属性 total
      const total = computed({
          get() {
              return work.salary * 12
```

```js
  },
  set(val) {                    //参数 val 表示更新后的 total
    work.salary = val/12
  }
})

watch(
  username,                     //监听 username
  (val, oldVal) => {
    console.log('watch username: ',val, oldVal)
  }
)

const stopWatchAge=watch(
  age,                          //监听 age
  (val, oldVal) => {
    console.log('watch age: ',val, oldVal)
    setTimeout(() => {          //10s 后停止监听
      stopWatchAge()
    }, 10000)
  }
)

watch(
  ()=>work.salary,              //监听 work.salary
  (val, oldVal) => {
    console.log('watch salary: ',val, oldVal)
  }
)

watch(
  address,                      //监听 address
  (val, oldVal) => {
    console.log('watch address: ',val, oldVal)
  },
  { deep: true, immediate: true }
)

watchEffect(() => {             //监听 work.salary 和 username
  console.log('watchEffect: ',work.salary)
  console.log('watchEffect: ',username.value)
})

const stop = watchEffect(() => {
  console.log('watchEffect: ',age.value)
  setTimeout(() => {            //10s 后停止监听
    stop()
  }, 10000)
})
```

```
      // isMarried 变量不支持响应式机制
      const isMarried=false

      function increase(){
        //想改变值或获取值,必须采用 age.value
        age.value++
      }

      onMounted(()=>{
        console.log(' call mounted() ')
      })

      onRenderTracked(({ key, target, type })=>{
        console.log('renderTracked: ')
        console.log({ key, target, type })
      })

      onRenderTriggered(({ key, target, type })=>{
        console.log('renderTriggered: ')
        console.log({ key, target, type })
      })

      return { //必须返回这些变量和方法,在模板和组件中
        username,age,isMarried,address,
        addressCopy,...toRefs(work),total,increase
      }
    }
  }
</script>
```

User 组件的 setup( ) 函数会返回 username、age、isMarried、address、addressCopy 和 toRefs (work)变量,还会返回 total 计算属性和 increase( )方法。在 User 组件的模板和其他方法中,可以方便地访问这些变量和方法。例如在 User 组件的模板中,以下代码访问 age 变量以及 increase( )方法:

```
<p>年龄: {{age}} <button @click="increase">递增</button></p>
```

在 index.js 中,为 User 组件配置如下路由:

```
{
  path: '/user/:id',
  component: User,
  props: true
}
```

通过浏览器访问 http://localhost:8080/#/user/1,会得到如图 12-1 所示的网页。

图 12-1　User 组件的页面

12.1.1　props 参数

在 setup( ) 函数中可以读取组件的属性。setup( ) 函数有一个可选的 props 参数，该参数包含了组件的所有属性。在 User.vue 中，User 组件有一个 id 属性，setup( ) 函数通过 props.id 访问这个 id 属性：

```
export default {
  name: 'User',
  props: ['id'],

  setup(props,context){
    console.log(props.id)
    ...
  }
}
```

12.1.2　context 参数

在 setup( ) 函数中不能访问 this 关键字，但可以访问表示上下文的 context 参数，通过这个 context 参数就能访问组件的内置变量和方法：

```
setup(props,context){
  console.log(context.attrs)        //组件的内置 $attrs 变量
  console.log(context.slots)        //组件的内置 $slots 变量
  console.log(context.parent)       //组件的内置 $parent 变量
  console.log(context.root)         //组件的内置 $root 变量
  console.log(context.emit)         //组件的内置 $emit( )方法
  console.log(context.refs)         //组件的内置 $refs 变量
  ...
}
```

第 7 章和第 8 章介绍了上述内置变量的用法。例如 \$attrs 包含了组件的 non-prop 属性，\$slots 表示组件的插槽，\$parent 表示父组件的实例，\$root 表示根组件的实例，\$emit( ) 是触发事件的方法。

12.1.3　ref( )函数

User 组件的 setup( ) 函数会返回许多变量，其中 isMarried 变量不支持响应式机制，它的定义如下：

```
const isMarried=false
```

在 User 组件的模板中，会显示 isMarried 变量的值，并且试图通过按钮修改它的取值，代码如下：

```
<p>已婚：{{isMarried}}
  <button @click="isMarried=!isMarried">已婚/未婚</button>
</p>
```

在图 12-1 的网页上单击"已婚/未婚"按钮，会看到网页上{{isMarried}}的值不会发生变化，这是因为 isMarried 变量不支持响应式机制。

如果要使 setup( ) 函数返回的变量支持响应式机制，有以下两种方法。
（1）用 ref( ) 函数为变量生成一个引用。
（2）用 reactive( ) 函数为变量生成一个代理，参见 12.1.4 节。
在 User 组件的 setup( ) 函数中，username 变量支持响应式机制，代码如下：

```
// username 变量支持响应式机制
const username = ref('Tom')
console.log(username)
```

在 User 组件的模板中，会显示 username 变量的值，并试图通过输入框修改它的值，代码如下：

```
<p>名字：{{username}} <input v-model="username" /></p>
```

在图 12-1 的网页上，在 username 的输入框中输入新的用户名，会看到{{username}}也会同步更新，由此可见，此时 username 变量支持响应式机制。

在浏览器的控制台中，console.log(username) 的输出日志如图 12-2 所示。

▶ RefImpl {_rawValue: "Tom", _shallow: false, __v_isRef: true, _value: "Tom"}

图 12-2　console.log(username)的输出日志

由此可见，ref('Tom') 方法会返回一个支持响应式机制的引用实例。
User 组件的 age 变量也支持响应式机制，在 increase( ) 方法中，必须通过 age.value 的形

式访问 age 变量的取值,代码如下:

```
// age 变量支持响应式机制
const age=ref(18)

function increase(){
  //想改变值或读取值,必须采用 age.value
  age.value++
}
```

12.1.4 reactive()函数

12.1.3 节的 ref()函数能够把单个值包装为支持响应式机制的引用对象。如果要使一个包含多个值的对象支持响应式机制,可以使用 reactive()函数。

在 User 组件的 setup()函数中,address 变量包含 homeAddress 和 comAddress 两个值,address 变量通过 reactive()函数支持响应式机制,代码如下:

```
//address 变量支持响应式机制
const address=reactive(
    { homeAddress: '光明路 66 号',comAddress: '康庄路 88 号'})
console.log(address)
console.log(address.homeAddress)
console.log(address.comAddress)
```

在 User 组件的模板中,会显示 address.homeAddress 变量的值,并试图通过输入框修改它的值,代码如下:

```
<p>家庭地址:{{address.homeAddress}}
  <input v-model="address.homeAddress" /></p>
```

在图 12-1 的网页上,在 address.homeAddress 的输入框中输入新的地址,会看到{{address.homeAddress}}也会同步更新,由此可见,address 变量支持响应式机制。

在浏览器的控制台中,console.log(address)的输出日志如图 12-3 所示。

> ▶ Proxy {homeAddress: "光明路66号", comAddress: "康庄路88号"}

图 12-3 console.log(address)的输出日志

由此可见,reactive({...})函数会返回一个支持响应式机制的代理实例。

12.1.5 toRefs()函数

在 12.1.4 节的范例中,必须通过 address.homeAddress 的形式访问 homeAddress 变量,如果希望在组件中直接访问 homeAddress 变量,可以通过 toRefs()函数包装 address 变量,再将其返回，如：

```
return {...toRefs(address)}
```

下面再通过 work 变量介绍 toRefs( ) 函数的作用。在 User 组件的 setup( ) 函数中，work 变量包含 salary 和 company 两个值，work 变量通过 reactive( ) 函数支持响应式机制，代码如下：

```
//work 变量支持响应式机制
const work=reactive({salary:5000,company:'IBM'})
```

在 setup( ) 函数的 return 语句中，用 toRefs( ) 函数包装 work 变量，再将其返回，代码如下：

```
return {...toRefs(work)}
```

在 User 组件的模板中，可以直接通过 {{salary}} 显示 salary 变量的值，并试图通过输入框修改它的值，代码如下：

```
<p>月收入：{{salary}} <input v-model.number="salary" /></p>
```

由此可见，work 变量被 toRefs( ) 函数包装后，在组件中就能直接访问 salary 变量，而不必通过 work.salary 的形式访问。

12.1.6 readonly( )函数

readonly( ) 函数返回一个只读变量。在 User 组件的 setup( ) 函数中，addressCopy 变量是只读变量，如：

```
//addressCopy 是只读变量
const addressCopy=readonly(address)
```

在 User 组件的模板中，会显示 addressCopy.homeAddress 变量的值，并试图通过输入框修改它的值，代码如下：

```
<p>家庭地址备份：{{addressCopy.homeAddress}}
    <input v-model="addressCopy.homeAddress" />
</p>
```

在图 12-1 的网页上，在 addressCopy.homeAddress 的输入框中输入新的地址，会看到 {{addressCopy.homeAddress}} 不会同步更新，并且在浏览器的控制台中会输出以下警告信息：

```
Set operation on key "homeAddress" failed: target is readonly.
```

由此可见，只读变量的取值不允许修改。

12.1.7 定义计算属性

在 setup( ) 函数中，可以通过 computed( ) 函数定义计算属性。例如，在 User 组件的 setup( ) 函数中，定义了表示年收入的 total 计算属性，它的取值为 work.salary * 12，代码如下：

```
//定义计算属性 total
const total = computed({
  get() {
    return work.salary * 12
  },
  set(val) {        //参数 val 表示更新后的 total
    work.salary = val/12
  }
})
```

在 User 组件的模板中，可以直接通过{{total}}显示 total 计算属性的值，并试图通过输入框修改它的值，代码如下：

```
<p>年收入：{{total}} <input v-model.number="total" /></p>
```

在图 12-1 的网页上，在 total 计算属性的输入框中输入新的数值，会看到{{total}}和{{salary}}也会同步更新，由此可见，total 计算属性支持响应式机制。

12.1.8 注册组件的生命周期钩子函数

在 setup( ) 函数中还可以注册除了 beforeCreate( ) 和 created( ) 以外的生命周期钩子函数。例如对于 mounted( ) 钩子函数，可以在 setup( ) 函数中通过 onMounted( ) 函数注册。表 12-1 列出了组件的钩子函数与 setup( ) 函数中的注册函数的对应关系。

表 12-1　组件的钩子函数与 setup( )函数中的注册函数的对应关系

组件的钩子函数	setup( )函数中的注册函数
beforeMount( )	onBeforeMount( )
mounted( )	onMounted( )
beforeUpdate( )	onBeforeUpdate( )
updated( )	onUpdated( )
beforeUnmount( )	onBeforeUnmount( )
unmounted( )	onUnmounted( )
errorCaptured( )	onErrorCaptured( )
renderTracked( )	onRenderTracked( )
renderTriggered( )	onRenderTriggered( )

renderTracked( )钩子函数在虚拟DOM被第一次渲染或重新渲染时触发，renderTriggered( )钩子函数在引发虚拟DOM重新渲染的特定变量被更新时触发。这两个函数都可以用来跟踪渲染的数据。

在User组件的函数中，注册了以下钩子函数：

```
onMounted(()=>{
  console.log(' call mounted() ')
})

onRenderTracked(({ key, target, type })=>{
  console.log('renderTracked：')
  console.log({ key, target, type })
})

onRenderTriggered(({ key, target, type })=>{
  console.log('renderTriggered：')
  console.log({ key, target, type })
})
```

通过浏览器第一次访问http://localhost：8080/#/user/1，会看到这些钩子函数输出如图12-4所示的日志。

图12-4　renderTracked( )和mounted( )钩子函数的部分输出日志

从图12-4可以看出，当Vue框架渲染模板中的{{id}}、{{username}}、{{age}}、{{address.homeAddress}}和{{salary}}变量，以及{{total}}计算属性时，都会触发renderTracked( )钩子函数。

接下来，在图12-1的网页上单击"递增"按钮修改age变量，在浏览器的控制台会看到如图12-5所示的日志。

当age变量发生更新，会触发Vue框架重新渲染虚拟DOM。从图12-5中可以看出，renderTriggered( )钩子函数只会对引起DOM重新渲染的age变量执行一次，而renderTracked( )会针对虚拟DOM中的id、username、age、address.homeAddress和salary变量，以及total计算属性都分别执行一次。

```
renderTriggered:
▼{key: "value", target: RefImpl, type: "set"}
    key: "value"
  ▶target: RefImpl {_rawValue: 19, _shallow: false, __v_isRef: true, _value: 19}
    type: "set"
  ▶__proto__: Object
watch age: 19 18
renderTracked:
▶{key: "id", target: {…}, type: "get"}
renderTracked:
▶{key: "value", target: RefImpl, type: "get"}
renderTracked:
▶{key: "value", target: RefImpl, type: "get"}
renderTracked:
▶{key: "homeAddress", target: {…}, type: "get"}
renderTracked:
▶{key: "salary", target: {…}, type: "get"}
renderTracked:
▶{key: "value", target: ComputedRefImpl, type: "get"}
```

图 12-5　renderTracked( )和 renderTriggered( )钩子函数的部分输出日志

12.1.9　通过 watch( )函数监听数据

在 setup( )函数中，可以通过 watch( )函数监听特定的变量。例如，以下 watch( )函数监听 username 变量：

```
watch(
  username,            //监听 username
  (val, oldVal) =>{ //val 和 oldVal 分别是更新后和更新前的 username 变量值
    console.log('watch username：',val,oldVal)
  }
)
```

以上 watch( )函数有两个参数，第 1 个参数指定需要监听的变量，第 2 个参数是一个函数，指定具体的监听操作。在图 12-1 的网页上修改 username 变量的输入框的值，Vue 框架就会执行 watch( )函数中的具体监听操作，在浏览器的控制台输出以下日志：

```
watch username：Mike Tom
```

以下 watch( )函数监听 age 变量，并且指定 10s 后停止监听：

```
const stopWatchAge=watch(
  age,                  //监听 age
  (val, oldVal) => {
    console.log('watch age：',val,oldVal)
    setTimeout(() => { //10s 后停止监听
      stopWatchAge()
    }, 10000)
  }
)
```

以下 watch() 函数监听 work.salary 变量,值得注意的是,由于 work.salary 变量实际上是一个代理实例的变量,在 watch() 函数中,需要通过箭头函数指定监听这样的变量:

```
watch(
  ()=>work.salary,           //监听 work.salary
  (val, oldVal) => {
    console.log('watch salary: ',val, oldVal)
  }
)
```

以下 watch() 函数监听 address 变量,并且为 watch() 函数提供了第 3 个参数{ deep: true, immediate: true }:

```
watch(
  address,                   //监听 address
  (val, oldVal) => {
    console.log('watch address: ',val, oldVal)
  },
  { deep: true, immediate: true }
)
```

3.2.4 节和 3.2.5 节已经分别介绍了 deep 属性和 immediate 属性的用法。当 deep 属性为 true,会支持深度监听;当 immediate 属性为 true,会支持立即监听。

12.1.10 通过 watchEffect() 函数监听数据

watchEffect() 函数也能监听数据,它具有以下 3 个特点。
(1) 无须显式指定需要监听的数据,它能够根据函数体内引用的变量自动监听这些变量。
(2) 不能获取更新前的变量的取值。
(3) 不支持 deep 和 immediate 属性。

以下 watchEffect() 函数引用了 work.salary 变量和 username.value 变量,它会自动监听这两个变量:

```
watchEffect(() => {          //监听 work.salary 和 username.value
  console.log('watchEffect: ',work.salary)
  console.log('watchEffect: ',username.value)
})
```

当 work.salary 变量和 username.value 变量被更新,Vue 框架就会执行 watchEffect() 函数中的监听操作。值得注意的是,由于 username 变量是由 ref() 函数生成的引用对象,因此必须通过 username.value 的形式访问它,这样才会触发 watchEffect() 函数监听该变量。

以下 watchEffect() 函数监听 age 变量,并且指定 10s 后停止监听:

```
const stop = watchEffect(() => {
  console.log('watchEffect: ',age.value)
  setTimeout(() => {          //10s 后停止监听
    stop()
  }, 10000)
})
```

12.1.11　获取模板中 DOM 元素的引用

在组件的 setup() 函数中，还可以访问组件的模板中的 DOM 元素。在例程 12-3 中，定义了 TemplateRef 组件。在它的模板中，<p>元素的 ref 属性指定该元素的引用名字为 pnode。在 setup() 函数中，pnode 变量会引用这个<p>元素。

例程 12-3　TemplateRef.vue

```
<template>
  <div>
    <p ref="pnode">Hello</p>
  </div>
</template>

<script>
  import { ref, onMounted,watchEffect } from 'vue'

  export default {
    setup() {
      const pnode= ref(null)

      onMounted(() => {
        console.log('mounted: ',pnode.value)
      })

      watchEffect(() => {
        console.log('watchEffect: ',pnode.value)
      },{
        flush: 'post'          //DOM 更新后执行 watchEffect()
      })

      return { pnode }
    }
  }
</script>
```

在 index.js 中，为 TemplateRef 组件设定了如下路由：

```
{
  path: '/ref',
  name: 'ref',
  component: TemplateRef
}
```

通过浏览器访问 http://localhost:8080/#/ref，在浏览器的控制台会输出如下日志：

```
watchEffect: <p>Hello</p>
mounted: <p>Hello</p>
```

当 watchEffect( ) 函数中的 flush 属性为 post，意味着 Vue 框架会在更新 DOM 后，再执行 watchEffect( ) 函数，这时 pnode.value 的值为更新后的<p>元素的内容。

如果对 watchEffect( ) 函数做如下修改，删除 flush 属性：

```
watchEffect(() => {
  console.log('watchEffect: ',pnode.value)
})
```

再次通过浏览器访问 http://localhost:8080/#/ref，就会在浏览器的控制台输出如下日志：

```
watchEffect: null
mouted: <p>Hello</p>
```

这时候 Vue 框架会在更新 DOM 前调用 watchEffect( ) 函数，pnode.value 的值为 null。

12.1.12 依赖注入（provide/inject）

8.6.4 节介绍了一种父组件向子孙组件传递数据的方法。父组件提供（provide）共享数据，在子孙组件中注入（inject）共享数据。

在组件的 setup( ) 函数中，可以通过 provide( ) 函数提供共享数据和方法，通过 inject( ) 函数注入共享数据和方法。

例程 12-4 定义了一个 Base 组件，它通过 provide( ) 函数提供了 3 个共享变量：username、age 和 address，此外还提供了一个会更新 age.value 变量和 address.homeAddress 变量的 updateData( ) 方法。其中，username 变量不支持响应式机制，age 变量和 address 变量支持响应式机制。

例程 12-4　Base.vue

```
<template>
  <Sub />
</template>

<script>
  import { provide, reactive, ref } from 'vue'
  import Sub from './Sub.vue'

  export default {
    components: {
      Sub
    },
    setup() {
      // age 变量支持响应式机制
```

```
        const age=ref(18)
        //address 变量支持响应式机制
        const address=reactive(
             { homeAddress: '光明路 66 号',comAddress: '康庄路 88 号'})

        const updateData = () => {         //更新数据
          age.value=19
          address.homeAddress='前程路 33 号'
        }

        provide('username', 'Tom')
        provide('age',age)
        provide('address',address)
        provide('updateData', updateData)
      }
    }
</script>
```

在 index.js 中,为 Base 组件设定了如下路由:

```
{
  path: '/base',
  name: 'base',
  component: Base
}
```

在例程 12-5 中定义了 Sub 组件,它通过 inject() 函数注入了 username 变量、age 变量和 address 变量,还注入了 updateData() 方法。

例程 12-5 Sub.vue

```
<template>
  <p>名字: {{username}} </p>
  <p>年龄: {{age}} </p>
  <p>家庭地址: {{address.homeAddress}} </p>
  <p><button @click="updateData">更新数据</button></p>
</template>

<script>
  import { inject } from 'vue'

  export default {
    setup() {
      //inject()的第 2 个可选参数指定默认值
      const username = inject('username','Mike')
      const age = inject('age')
      const address=inject('address')
      const updateData = inject('updateData')
```

```
      return {
        username,age,address,updateData
      }
    }
  }
</script>
```

通过浏览器访问 http://localhost:8080/#/base，会显示如图 12-6 所示的网页。

图 12-6　在 Sub 组件的界面上显示注入的变量

在图 12-6 的网页上单击"更新数据"按钮，会执行 updateData( ) 方法，该方法会更新 age.value 变量和 address.homeAddress 变量，在网页上这些变量的取值也会同步更新。由此可见，age 变量和 address 变量支持响应式机制。

12.2　分割 setup( ) 函数

组合 API 的主要用途是更加灵活地对项目进行模块化的分割。如果 setup( ) 函数本身非常庞大，那么也必须对它进行分割，这样才能发挥组合 API 的特长。

对 setup( ) 函数的分割包括以下两个步骤。

（1）把 setup( ) 函数分割成多个函数。把处理相关业务逻辑的代码分割到同一个函数中。

（2）把从 setup( ) 函数中分割出来的每个函数放到单独的 .js 文件中。

12.2.1　把 setup( ) 函数分割到多个函数中

例程 12-6 定义了 PersonFull 组件，它的 setup( ) 函数会返回 person 变量和 persons 变量，这两个变量都支持响应式机制。setup( ) 函数还会返回 add( ) 方法和 remove( ) 方法。add( ) 方法向 persons.array 数组中加入一个 person 对象，remove( ) 方法从 persons.array 数组中删除特定的 person 对象。

例程 12-6　PersonFull.vue

```
<template>
  <div>
    <p>姓名：<input type="text" v-model="person.name"></p>
    <p>年龄：<input type="text" id="" v-model="person.age"></p>
```

```html
      <p><button @click="add()">添加</button></p>
    </div>

    <div>
      <ul>
        <li v-for="v in persons.array" :key="v.id" >
          ID：{{v.id}},姓名：{{ v.name }},年龄：{{ v.age }}
          <button @click="remove(v.id)" >删除 </button>
        </li>
      </ul>
    </div>
</template>

<script>
  import { reactive } from 'vue'
  export default {
    setup() {
      const { persons, remove } = useRemovePerson()
      const { person, add } = useAddPerson(persons)
      return { persons,remove, person, add}
    }
  }

  // 向 persons.array 数组添加新的 person 对象
  const useAddPerson = (persons) => {
    const person= reactive({ id: '', name: '', age: '' })

    const add = (()=> {
      //计算新添加 person 对象的 id
      let index=null
      for( index in persons.array){
        if(person.id<=persons.array[index].id)
          person.id=persons.array[index].id+1
      }

      //创建 person 对象的复制。该复制不支持响应式机制
      const personCopy = Object.assign({},person)

      //添加 person 对象
      persons.array.push(personCopy)

      person.id = ''
      person.name = ''
      person.age = ''
    })
    return { person,add }
  }

  // 删除一个 person 对象
  const useRemovePerson = () => {
```

```
    //包含了所有的person对象
    const persons = reactive({
      array: [
        { id: 1, name: "Mary", age: 17 },
        { id: 2, name: "Tom", age: 20 },
        { id: 3, name: "Linda", age: 18 },
      ]
    })

    const remove = (id) => {
      //根据id删除特定的person对象
      persons.array =persons.array.filter((v) => v.id !== id)
    }
    return { persons, remove }
  }
</script>
```

PersonFull 组件的 setup( )函数分割出来两个函数：useAddPerson( )和 useRemovePerson( )。useAddPerson( )定义并且返回 person 变量和 add( )方法，useRemovePerson( )定义并且返回 persons 变量和 remove( )方法。

在 setup( )函数中，利用 JavaScript 的解构语法，从 useAddPerson( )和 useRemovePerson( )函数的返回值中获得相关的变量和方法，然后再由 setup( )函数把它们返回，代码如下：

```
setup() {
  const { persons, remove } = useRemovePerson()
  const { person, add } = useAddPerson(persons)
  return { persons,remove, person, add}
}
```

8.5 节也介绍了一种分割组件的方式，把组件分割成多个混入块，这些混入块没有输入参数和输出值，就像没有生命力的代码，必须把它们合并到组件中才会工作。而 setup( )函数分割出来的模块仍然是函数，有输入参数和返回值，还可以与其他函数模块交换数据，因此这样的模块既能够独立完成特定的功能，又能够方便地与其他模块整合。这种分割方式更有助于开发团队按照业务逻辑划分任务并进行分工合作。

在 index.js 中，为 PersonFull.vue 组件设置的路由如下：

```
{
  path: '/full',
  name: 'full',
  component: PersonFull
}
```

通过浏览器访问 http://localhost：8080/#/full，会显示如图 12-7 所示的网页。

图 12-7　PersonFull 组件的网页

12.2.2　把 setup( ) 函数分割到多个文件中

12.2.1 节虽然从 setup( ) 函数中分割出了 useRemovePerson( ) 函数和 useAddPerson( ) 函数，但是它们都位于同一个 PersonFull.vue 文件中。本节将把它们放到单独的文件中，进一步提高每个函数模块的独立性。可以把例程 12-6 拆分成例程 12-7、例程 12-8 和例程 12-9。

例程 12-7　Person.vue

```
<template>……</template>
<script>
  import useAddPerson from './add.js'
  import useRemovePerson from './remove.js'
  export default {
    setup() {
      const { persons, remove } = useRemovePerson()
      const { person, add } = useAddPerson(persons)
      return { persons, remove, person, add }
    }
  }
</script>
```

例程 12-8　remove.js

```
import { reactive } from 'vue'

// 删除一个 person 对象
const useRemovePerson = () => {
  ...
  return { persons, remove }
}

export default useRemovePerson
```

例程 12-9　add.js

```
import { reactive } from 'vue'

// 向 persons 数组添加新的 person 对象
```

```
const useAddPerson = () => {
  ...
  return { person, add }
}

export default useAddPerson
```

在 index.js 中，为 Person 组件设置的路由如下：

```
{
  path: '/person',
  name: 'person',
  component: Person
}
```

通过浏览器访问 http://localhost:8080/#/person，会显示如图 12-7 所示的网页。

12.3 小结

本章介绍了组合 API 的用法，并着重介绍了 setup( ) 函数的用法。在 setup( ) 函数中可以为组件定义变量、方法、计算属性，还可以监听数据以及注册组件的生命周期钩子函数。

setup( ) 函数的调用时机在执行 beforeCreate( ) 钩子函数之前，因此在 setup( ) 函数中不能访问 this 关键字、组件的 data 选项中定义的变量和 methods 选项中的方法。不过 setup( ) 函数可以通过 props 参数访问组件的属性，还可以通过 context 参数访问组件的内置变量，如 context.root 表示根组件实例。

当 setup( ) 函数很庞大，可以按照业务逻辑把代码分割到多个函数中，再把这些函数分别放在单独的文件中，这样就能进一步把组件的代码分割成多个精粒度的模块。

12.4 思考题

1. 关于 setup( ) 函数，以下说法正确的是(　　)。（多选）
   A. setup( ) 函数在 mounted( ) 钩子函数执行之后调用
   B. 在 setup( ) 函数中不能访问 this 关键字
   C. setup( ) 函数可以返回变量和方法
   D. setup( ) 函数有两个可选的参数：props 和 context
2. 对于 setup( ) 函数中的以下代码，会输出(　　)日志。（单选）

```
const username =ref('Tom')
console.log(username,username.value)
```

   A. "Tom"　"Tom"
   B. RefImpl{...}　"Tom"
   C. "Tom"　undefined

D. "Tom"　RefImpl{...}

3. 对于setup()函数中的以下代码,会输出(　　)日志。(单选)

```
const colors=reactive(
  array:[ 'blue','red','yellow']
)
console.log(colors,colors.array[0])
```

　　A. Proxy{array：Array(3)}　"blue"

　　B. array：Array(3)　"blue"

　　C. Proxy　Proxy

　　D. ['blue','red','yellow']　"blue"

4. 在setup()函数中,可以通过(　　)函数来注册组件的生命周期钩子函数。(多选)

　　A. onMounted

　　B. onCreated

　　C. onUpdated

　　D. onRenderTriggered

5. 在user.js中定义了useUser()函数:

```
import { ref } from 'vue'
const useUser = () => {
  const username=ref('Tom')
  const age=ref(18)
  return { username,age }
}
export default useUser
```

在setup()函数中可以引入并返回username变量的是(　　)。(单选)

　　A.

```
import useUser from './user.js'
export default {
  setup() {
    const { username } = useUser()
    return username
  }
}
```

　　B.

```
import useUser from './user.js'
export default {
  setup() {
    const username= useUser()
    return { username }
  }
}
```

C.

```
import {useUser} from './user.js'
export default {
  setup() {
    const { username } = useUser()
    return { username }
  }
}
```

D.

```
import useUser from './user.js'
export default {
  setup() {
    const { username } = useUser()
    return { username }
  }
}
```

第13章

通过Axios访问服务器

视频讲解

第1章介绍了Web应用的前后端分离的架构体系,前端与后端分工合作,共同完成对客户请求的响应。本章介绍前端通过Axios插件与后端服务器进行通信的方法。Axios插件封装了AJAX(Asynchronous JavaScript and XML,异步JavaScript和XML),AJAX是建立在JavaScript脚本语言基础上的前端框架,它能发出异步AJAX请求,并且能刷新网页中的局部内容。

13.1 Axios的基本用法

在例程13-1中,引入了Axios的axios.min.js类库文件。

例程13-1 simple.html

```
<script src="https://unpkg.com/axios/dist/axios.min.js"></script>

<div id="app">
  {{content}}
</div>

<script>
  const app=Vue.createApp({
    data(){
      return {content: ''}
    },
    mounted () {
      axios
        .get ('http://www.javathinker.net/customer?id=1')
        .then (response => {
```

```
            //客户端的请求
            console.log('客户端的请求: ', response.request)
            //响应状态代码
            console.log('响应状态代码: ', response.status)
            //对响应状态代码的描述
            console.log('响应状态代码的描述: ', response.statusText)
            //响应头
            console.log('响应头: ',response.headers)
            //客户端的请求配置
            console.log('客户端的请求配置: ', response.config)

            this.content = response.data     //响应中的正文数据
          })
          .catch( error=>{                    //请求失败的处理行为
            console.log(error)
          })
      }
    })

    app.mount('#app')
</script>
```

在根组件的mounted()钩子函数中,先调用axios.get()函数,通过GET请求方式访问服务器,代码如下:

```
//返回 Promise 对象
axios.get('http://www.javathinker.net/customer?id=1')
```

get()函数的参数指定了访问的URL,该函数返回一个支持异步操作的Promise对象,这里的异步操作是指客户端与服务器端的通信过程会异步执行。

在 simple.html 中,Axios 访问的 URL 为:

```
http://www.javathinker.net/customer?id=1
```

以上 URL 中的 customer 对应服务器上的 CustomerServlet 类。在配套源代码包的 chapter13/deploy/helloworld/src/mypack 目录下包含了该 Servlet 类的源代码。本章的其他前端范例访问的 Servlet 类的源代码也位于该目录下。

13.1.1 同域访问和跨域访问

如果前端代码与后端代码都位于同一个服务器上,就称为同域访问,参见图13-1。

在图13-1中,前端代码会从服务器端下载到浏览器端,当浏览器端的前端代码试图通过 Axios 向服务器端发出请求时,浏览器端认为这是同域访问,会直接放行。

如果前端代码与后端代码不在同一个服务器端上,则称为跨域访问,参见图13-2。

在图13-2中,前端代码从服务器端A下载到浏览器端,当浏览器端的前端代码试图通过 Axios 向服务器端B发出请求时,浏览器端认为这是跨域访问。默认情况下,许多浏览器

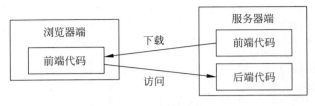

图 13-1　同域访问

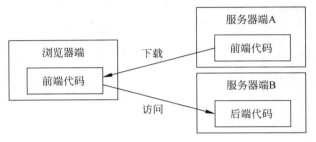

图 13-2　跨域访问

会禁止这种跨域访问,会提示违反了 CORS(Cross-Origin Resource Sharing,跨域资源共享)政策。当通过浏览器访问 simple.html 时,前端代码来自本地主机,后端代码来自 www.javathinker.net 网站,浏览器也会认为这是跨域访问。

为了能顺利通过本地的 Chrome 浏览器访问 simple.html 以及本章其他范例,需要在操作系统中为 Chrome 浏览器关闭安全监测的功能,这样 Chrome 浏览器就不会再禁止跨域访问。如图 13-3 所示,在操作系统中,右击 Chrome 浏览器的快捷图片,在下拉菜单中选择"属性"菜单项,在弹出的属性对话框的"目标"输入框中,为 chrome.exe 程序添加如下参数。

```
--args --disable-web-security --user-data-dir=C:\temp
```

其中,user-data-dir 参数的值可以任意设定。

图 13-3　关闭 Chrome 浏览器的安全监测功能

接下来通过 Chrome 浏览器就能正常访问 simple.html，它会显示 www.javathinker.net 网站返回的响应数据，参见图 13-4。

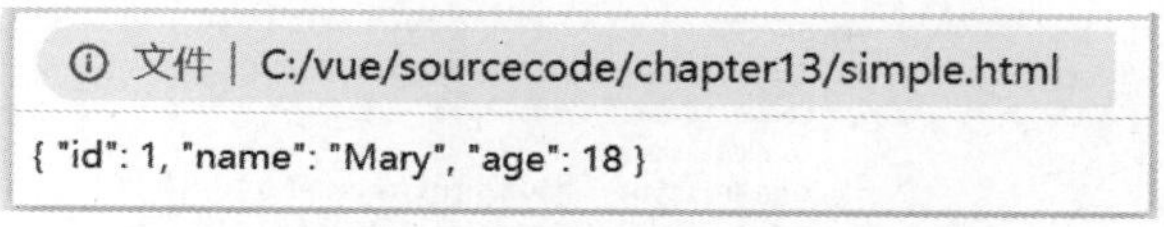

> ① 文件 | C:/vue/sourcecode/chapter13/simple.html
>
> { "id": 1, "name": "Mary", "age": 18 }

图 13-4　simple.html 的网页

通过关闭 Chrome 浏览器的安全监测功能支持跨域访问的方式仅限于调试程序，实际上并不可取，因为它存在安全隐患。13.2.6 节还会介绍在 Vue 项目中通过设置反向代理服务器处理跨域访问的问题。

13.1.2　获取响应结果

axios.get() 函数返回一个 Promise 对象，它会执行与服务器端的异步通信操作，当通信过程完成，可通过 Promise 对象的 then() 函数获取响应结果。then() 函数的参数也是一个函数，用来获取响应结果，response 参数表示响应结果，代码如下：

```
.then(response => {                    //response 参数表示响应结果
    //客户端的请求
    console.log('客户端的请求：', response.request)
    //响应状态代码,例如 200 表示正常响应
    console.log('响应状态代码：', response.status)
    //对响应状态代码的描述
    console.log('响应状态代码的描述：', response.statusText)
    //响应头
    console.log('响应头：', response.headers)
    //客户端的请求配置
    console.log('客户端的请求配置：', response.config)

    this.content = response.data       //响应中的正文数据
})
```

表示响应结果的 response 参数对象具有 request、status、statusText、headers、config 和 data 等属性。其中，response.data 表示响应结果中的正文数据。在本例中，response.data 的值为 JSON 格式的对象：

```
{ "id": 1, "name": "Mary", "age": 18 }
```

通过浏览器访问 simple.html，在控制台会显示 then() 函数的输出日志，这些日志展示了响应结果中各个属性的值，参见图 13-5。

```
客户端的请求：  ▶ XMLHttpRequest
响应状态代码：  200
响应状态代码的描述：  OK
响应头：  ▼ Object
            access-control-allow-origin: "*"
            connection: "Keep-Alive"
            content-length: "38"
            content-type: "text/html;charset=UTF-8"
            date: "Wed, 21 Apr 2021 10:02:33 GMT"
            keep-alive: "timeout=5, max=50"
            server: "Apache"
          ▶ __proto__: Object
客户端的请求配置：  ▶ Object
```

图 13-5　then( )函数的输出日志

13.1.3　处理错误

在通过 Axios 请求访问服务器的资源时，如果通信过程中产生错误，可通过 Promise 对象的 catch( )函数处理错误，代码如下：

```
.catch( error=> {            //请求失败的处理行为
  console.log(error)
})
```

把 simple.html 中的 axios.get( )函数做如下修改，使它访问一个不存在的资源：

```
axios.get('http://www.javathinker.net/strange')
```

再通过浏览器访问 simple.html，服务器端会返回状态代码为 404 的响应结果，这样的响应结果表示发生了请求失败的错误。catch( )函数会处理这样的错误，在控制台输出错误信息，参见图 13-6。

```
Error: Request failed with status code 404
    at e.exports (isAxiosError.js:10)
    at e.exports (isAxiosError.js:10)
    at XMLHttpRequest.l.onreadystatechange (isAxiosError.js:10)
```

图 13-6　console.log(error)输出的日志

catch( )函数的参数也是一个函数，用来指定处理错误的操作，error 参数表示错误。以下代码演示了更详细的处理错误的行为：

```
.catch( error=> {                                   //请求失败的处理方式
  if (error.response) {
    //请求已发送，服务器端返回包含错误信息的响应结果
    //默认情况下，Axios 把状态代码为 2XX 以外的响应结果看作错误响应结果
    console.log(error.response.data)             //响应中的正文数据
    console.log(error.response.status)           //响应状态代码
    console.log(error.response.headers)          //响应头
  } else if (error.request) {
```

```
        //请求已经发出,但是没有收到响应
        //在浏览器中,error.request 为 XMLHttpRequest 的实例
        //在 Node 中,error.request 为 http.ClientRequest 的实例
        console.log(error.request)
    } else {
        //在准备发送请求时就产生错误
        console.log('Error', error.message)
    }
    console.log(error.config)    //客户端的请求配置
})
```

13.2 在 Vue 项目中使用 Axios

为了在 Vue 项目中使用 Axios,首先要安装 Axios 插件和可选的 Vue-Axios 插件。Vue-Axios 插件能够把 Axios 与 Vue 更方便地整合在一起,允许组件通过 this.axios 的形式访问 Axios。

对于 helloworld 项目,在 DOS 命令行转到 helloworld 根目录下,运行以下命令,就会安装 Axios 插件和 Vue-Axios 插件:

```
npm install axios vue-axios
```

在 src/main.js 中引入 Axios 插件和 Vue-Axios 插件,参见例程 13-2。

例程 13-2　main.js

```
import {createApp} from 'vue'
import App from './App.vue'
import router from './router'
import axios from 'axios'
import VueAxios from 'vue-axios'

const app = createApp(App)
app.use(router)
app.use(VueAxios,axios)
app.mount('#app')
```

接下来,在 Vue 组件的代码中就可以通过 this.axios 的形式访问 Axios 了。在配套的源代码包中,main.js 以及本章后面的范例都位于 chapter11 目录下的 helloworld 项目中。

13.2.1　异步请求

例程 13-3 定义了 GetCustomer 组件,它根据用户输入的 id 到服务器端查询匹配的 customer 对象,把它显示到网页上。

例程 13-3　GetCustomer.vue

```vue
<template>
  <div>
    <p>输入 id: <input v-model="customer.id" />
      <button @click="getCustomer">查询</button> {{msg}} </p>
    <p> {{isLoading}}</p>
    <p>名字: {{customer.name}} </p>
    <p>年龄: {{customer.age}} </p>
  </div>
</template>

<script>
  export default {
    data(){
      return {
        customer: {id: '', name: '', age: ''},
        msg: '',
        isLoading: ''
      }
    },

    methods: {
      getCustomer(){
        this.customer.name=''
        this.customer.age=''
        this.msg=''
        this.isLoading='正在查询...'
        this.axios ({
          baseURL: 'http://www.javathinker.net',
          url: '/customer',
          method: 'get',
          params: {id: this.customer.id}
        }).then ( (response) => {
          this.isLoading=''
          if(response.data !== null){
            this.customer=response.data
          }else
            this.msg='未找到匹配的数据！'
        }).catch ( (error) =>{
          this.isLoading=''
          console.log(error)
        })
      }
    }
  }
</script>
```

在 GetCustomer 组件的 getCustomer( )方法中,通过 axios( )函数发出 AJAX 请求,代码如下:

```
this.axios({              //返回 Promise 对象
  baseURL: 'http://www.javathinker.net',
  url: '/customer',
  method: 'get',
  params: {id: this.customer.id}
})
```

以上 axios()函数的参数是一个请求配置对象,在该请求配置对象中,baseURL 属性表示根 URL,url 属性表示相对 URL,method 属性表示请求方式,params 属性表示请求参数(也称为查询参数),以上代码也可以简写为:

```
this.axios
    .get('http://www.javathinker.net/customer?id='+this.customer.id)
```

在 src/router/index.js 中,为 GetCustomer 组件设置的路由的路径为/getcustomer。通过浏览器访问 http://localhost:8080/#/getcustomer,在网页的 id 输入框中输入 1,然后单击"查询"按钮,会看到网页上先显示提示信息"正在查询...",接下来会显示相应的 customer 对象的信息,参见图 13-7。

图 13-7　查询 id 为 1 的 customer 对象

如果在网页的 id 输入框中输入 5,然后单击"查询"按钮,会看到网页上先显示提示信息"正在查询...",接下来显示"未找到匹配的数据!"。

在 GetCustomer 组件的 getCustomer()方法中,先把 isLoading 变量设为"正在查询...",接下来再调用 axios()函数。axios()函数会异步请求访问服务器,如:

```
this.isLoading='正在查询...'
this.axios({
  ...
}).then( (response) => {
  this.isLoading=''
  ...
}).catch( (error) =>{
  this.isLoading=''
  ...
})
```

在浏览器端与服务器端进行异步通信的过程中,浏览器端的主线程会继续运行,刷新网页上的{{isLoading}}插值表达式,显示当前值"正在查询..."。等到浏览器端与服务器端的通信过程结束,浏览器端接收到响应结果,就会执行 then()函数,把 isLoading 变量的值改为空字符串。如果 response.data 不为 null,还会把 response.data 赋值给 customer 变量。Vue 框架的响应式机制会同步刷新网页上的{{isLoading}}插值表达式、{{customer.name}}插值表达式和{{customer.age}}插值表达式。

Promise 对象的 then() 函数的返回值仍然是 Promise 对象,它会异步执行 then() 函数的参数指定的函数。以下代码表面上看是把响应正文显示到网页上:

```
<template>
  <div>{{content}}</div>
</template>

<script>
  ...
  mounted(){
    let result={}

    this.axios.get('http://www.javathinker.net/customer?id=1')
    .then(response=>{
      result=response.data
    })

    this.content=result
  }
  ...
</script>
```

实际上,赋值语句的执行顺序为:

```
let result={}
this.content=result
result=response.data
```

因此,网页上的{{result}}表达式的值始终为{}。

13.2.2 POST 请求方式

例程 13-4 定义了 Calculate 组件,它会把用户输入的变量 x 和变量 y 通过 POST 请求方式传给服务器,服务器返回 x+y 的运算结果,Calculate 组件再把运算结果显示到网页上。

例程 13-4　Calculate.vue

```
<template>
  <div id="app">
    <p>输入变量 x: <input v-model.number="x" /> </p>
    <p>输入变量 y: <input v-model.number="y" /> </p>
    <button @click="add">计算</button>
    <p>{{result}}</p>
```

```
      </div>
    </template>

    <script>
      export default {
        data(){
          return {
            x: 0, y: 0, result: ''
          }
        },

        methods: {
          add(){
            this.axios.post(                        //采用 POST 请求方式
              'http://www.javathinker.net/add',
              'x='+this.x+'&y='+this.y         //请求正文
            ).then( response => {
              this.result=this.x+'+'+this.y+'='+response.data
            }).catch( error =>{
              console.log(error)
            })
          }
        }
      }
    </script>
```

GetCustomer 组件的 add( )方法通过 axios. post( )函数指定请求方式为 POST, 该函数等价于以下 axios( )函数:

```
this.axios({
  baseURL: 'http://www.javathinker.net',
  url: '/add',
  method: 'post',                          //指定 POST 请求方式
  data: 'x='+this.x+'&y='+this.y         //请求正文
})
```

在 src/router/index. js 中，为 Calculate 组件设置的路由的路径为/calculate。通过浏览器访问 http://localhost:8080/#/calculate，在网页的变量 x 和变量 y 的输入框中分别输入数字，然后单击"计算"按钮，add( )方法就会请求服务器计算 x+y，再把运算结果显示到网页上，参见图 13-8。

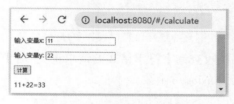

图 13-8　Calculate 组件的网页

13.2.3 对象和查询字符串的转换

在例程 13-4 中,客户端会通过 POST 请求方式向服务器端发送变量 x 和变量 y,有以下两种数据发送格式。

(1) 查询字符串格式,例如 x=11&y=22。
(2) JSON 格式的对象,例如{"x":"11","y":"22"}。

到底采用何种数据格式取决于客户端与服务器端的约定,如果双方都采用同样的数据格式,处理起来就比较方便。例如,在本范例中,服务器端接收采用查询字符串格式的请求正文,而客户端发送的就是这种格式的请求正文,代码如下:

```
this.axios.post(                          //采用 POST 请求方式
 'http://http://www.javathinker.net/add',
 'x='+this.x+'&y='+this.y                 //查询字符串格式的请求正文
)
```

当变量 x 和变量 y 的值分别为 11 和 22 时,客户端向服务器端发送的请求正文为 x=11&y=22。

如果双方采用不同的数据格式,就需要进行数据格式的转换。在客户端,可以通过 QS 插件进行对象和查询字符串的格式转换。对于 helloworld 项目,在 DOS 命令行转到 helloworld 根目录下,运行命令 npm install qs,就会安装 QS 插件。

提示:在 JavaScript 语言中,JSON 格式的对象和普通的对象在格式上略有区别。例如,普通对象{x:"11",y:"22"}转换为 JSON 格式的对象后,变为{"x":"11","y":"22"}。

qs.stringfy()函数把对象转换为查询字符串,qs.parse()函数把查询字符串转换为对象。以下代码演示了 QS 插件的用法:

```
import qs from 'qs'

//把对象转换为查询字符串
console.log(qs.stringify({x:11,y:22}))       //输出日志:x=11&y=22

//把查询字符串转换为对象
let obj=qs.parse('x=11&y=22')
console.log(obj)                              //输出日志:{x:"11",y:"22"}

//把对象转换为 JSON 格式
let objJson=JSON.stringify(obj)
console.log(objJson)                          //输出日志:{"x":"11","y":"22"}
```

在本范例中,服务器端接收查询字符串格式的请求正文,对于 Calculate 组件的 add()方法,也可以按照以下方式调用 axios()函数:

```
this.axios({
  baseURL: 'http://www.javathinker.net',
  url: '/add',
  method: 'post',
  //把对象转换成查询字符串
  data: qs.stringfy({x: this.x, y: this.y})
})
```

或者在请求配置参数的 transformRequest 选项中对请求正文进行格式转换：

```
this.axios({
  baseURL: 'http://www.javathinker.net',
  url: '/add',
  method: 'post',
  data: {x: this.x, y: this.y},
  transformRequest:[            //修改请求正文
    (data)=>{                   //把对象转换成查询字符串
      return qs.stringify(data)
    }
  ]
})
```

在 Axios 把请求发送到服务器端之前，会调用 transformRequest 选项中的函数对请求正文进行格式转换。

13.2.4　下载图片

默认情况下，Axios 从服务器端接收到的响应正文为 JSON 格式的对象。此外，也可以接收其他类型的响应正文。例程 13-5 定义了 GetImage 组件，它会从服务器下载特定的图片，把它显示到网页上。

例程 13-5　GetImage.vue

```
<template>
  <div id="app">
    <button @click="next">下一张图片</button>
    <p><img :src="imgSrc"></p>
  </div>
</template>

<script>
  export default {
    mounted(){
      this.next()
    },
    data(){
      return {
```

```js
        imageFiles:['pic1.png','pic2.png','pic3.png'],
        index: -1,
        imgSrc: ''
      }
    },
    methods: {
      next(){                              //显示下一张图片
        this.index++
        if(this.index==3)                  //轮流播放3张图片
          this.index=0

        //图片的链接地址
        let url=
         'http://www.javathinker.net/vue/'+this.imageFiles[this.index]

        this.axios({
          url,
          responseType: 'arraybuffer'//二进制数据类型
        }).then( response => {
          //将响应结果的图片数据转换为base64编码
          let imgData= btoa(
            new Uint8Array(response.data).reduce(
              (data, byte) => data + String.fromCharCode(byte),'' )
          )
          return 'data: image/png; base64,' + imgData
        }).then( data =>{
          this.imgSrc=data
        })
      }
    }
  }
</script>
```

GetImage 组件的 next() 方法在调用 axios() 函数时，把请求配置参数中的 responseType 选项设为 arraybuffer 类型，表明响应正文是二进制数据类型。在第 1 个 then() 函数中，把响应正文转换为 base64 编码的图片数据。在第 2 个 then() 函数中，把图片数据赋值给 imgSrc 变量。Vue 框架会根据当前 imgSrc 变量的值重新渲染模板中的<img>元素，代码如下：

```
<img :src="imgSrc">
```

在 src/router/index.js 中，为 GetImage 组件设置的路由的路径为/getimage。通过浏览器访问 http://localhost:8080/#/getimage，单击网页上的"下一张图片"按钮，就会看到轮流播放 3 张图片，参见图 13-9。

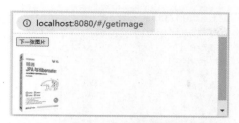

图 13-9 GetImage 组件轮流播放图片

13.2.5 上传文件

Axios 向服务器端发送的请求正文数据还可以是文件,为了让服务器端知道请求数据为文件,需要把请求头中的 Content-Type 设为 multipart/form-data。

例程 13-6 定义了 Upload 组件,它的 upload( )方法负责向服务器上传文件。

例程 13-6 Upload.vue

```
<template>
  <div>
  <input type="file" name="somefile"/>
  <br><br>
  <button @Click="upload">开始上传</button>
   {{result}}
  </div>
</template>

<script>
  export default {
    data(){
      return {
        result: ''
      }
    },
    methods: {
      upload() {
        let file = document.getElementsByName('somefile')[0].files[0]
        let formData = new FormData()

        //formData 中包含了文件数据
        formData.append("uploadFile",file,file.name)

        const config = {
          //指定请求正文的类型
          headers: { "Content-Type": "multipart/form-data; boundary="
                                    +new Date().getTime() }
        }
        this.axios       //上传文件
          .post("http://www.javathinker.net/upload",formData,config)
          .then(response=> {
```

```
                this.result=response.data
                console.log(response)
            }).catch(error=> {
                console.log(error)
            })
        }
    }
}
</script>
```

在src/router/index.js中,为Upload组件设置的路由的路径为/upload。通过浏览器访问http://localhost:8080/#/upload,选择要上传的文件,然后单击"开始上传"按钮,就会把文件上传到服务器端,参见图13-10。

图13-10　Upload组件上传文件

13.2.6　设置反向代理服务器

13.1.1节已经讲到,默认情况下,一些浏览器不允许跨域访问。对于Vue项目,当前端代码和后端代码位于不同的服务器上,就会出现跨域访问的情况。Vue CLI允许设置反向代理服务器支持跨域访问。

提示:代理服务器分为正向代理服务器和反向代理服务器。正向代理服务器为客户端提供代理,即目标服务器无须知道响应结果到底发送给哪个客户,目标服务器只需要与客户端的代理服务器通信。反向代理服务器为目标服务器提供代理,即客户端无须知道请求到底发给哪个目标服务器,客户端只与代理服务器通信。

在helloworld项目的根目录的vue.config.js配置文件中加入如下代码:

```
module.exports = {
  //其他配置
  ...
  devServer: {
    proxy: {
      '/javathinker': {
        target: 'http://www.javathinker.net',      //目标服务器
        changeOrigin: true,                         //开启代理,允许跨域
        ws: true,                                   //启用websocket

        // 重写路径
        pathRewrite: {'^/javathinker': '/'}
      }
    }
  }
}
```

以上配置代码表明,当客户端请求访问的 URL 中包含/javathinker,该请求由 Vue CLI 的代理服务器负责代理,它会把请求发送到目标服务器 www.javathinker.net。当通过命令 npm run serve 启动 Web 服务器时,该服务器也会充当反向代理服务器。图 13-11 展示了反向代理服务器的作用。

图 13-11　通过反向代理服务器访问目标服务器

使用了反向代理服务器后,例程 13-3 的 getCustomer()方法采用以下方式调用 axios()函数时,都会启用反向代理:

```
this.axios({
  baseURL: '/javathinker',         //采用反向代理
  url: ' /customer',
  method: 'get',
  params: {id: this.customer.id}
})

 //或者:

this.axios({
  url: '/javathinker/customer',    //采用反向代理
  method: 'get',
  params: {id: this.customer.id}
})
```

13.3　Axios API 的用法

axios()函数的原型如下:

```
axios(config)
axios(url [, config])
```

以上 axios()函数的 config 参数设定请求配置。例如以下 3 段代码都能按照 GET 请求方式访问服务器端的 URL 为/customer?id=1 的资源。这里假定前端与后端的代码位于同一个服务器的 Web 应用中,因此只需要提供相对 URL:

```
//axios(url)
axios('/customer?id=1')     //默认情况下采用 GET 请求方式

//axios(url,config)
axios('/customer?id=1', {method: GET})

//axios(config)
axios({ url: '/customer?id=1', method: GET })
```

为了简化代码,针对不同的请求方式,Axios 为 axios()函数提供了别名,如:

```
axios.get(url [, config])              //GET 请求方式
axios.delete(url [, config])           //DELETE 请求方式
axios.head(url [, config])             //HEAD 请求方式
axios.post(url [, data[,config]])      //POST 请求方式
axios.put(url [, data[,config]])       //PUT 请求方式
axios.patch(url [, data[,config]])     //PATCH 请求方式
```

以上 post()函数、put()函数和 patch()函数的 data 参数表示请求正文。此外,由于这些别名本身已经指定了具体的请求方式,并且 url 参数指定了访问的 URL,因此在 config 参数中可以不必再指定 url 选项、data 选项和 method 选项。

例如,以下两段代码都按照 POST 请求方式访问服务器上的 URL 为/add 的资源:

```
this.axios.post(                    //调用 post()函数
  '/add',
  'x='+this.x+'&y='+this.y
)

this.axios({                        //调用 axios()函数
  url: '/add',
  method: 'post',
  data: 'x='+this.x+'&y='+this.y
})
```

13.4 请求配置

axios()函数以及它的 get()等别名函数有一个可选的 config 参数,这个参数用来指定请求配置,例程 13-7 列出了请求配置中的所有选项的用法。

例程 13-7 请求配置中的所有选项的用法

```
{
  //指定目标资源的 URL,
  url: "/customer",

  //指定请求方式
```

```
  method: "post",                                           //默认值为get

  //指定目标资源的根 URL,baseURL 选项将自动加在 url 选项前
  baseURL: "http://www.javathinker.net",

  //在向服务器发送请求前,修改请求正文和请求头
  //只适用于 PUT、POST 和 PATCH 这 3 种请求方式
  //数组中的函数的返回类型为 string、Buffer、ArrayBuffer、FormData 或 Stream
  transformRequest: [function (data,headers) {    //data 表示请求正文
    //对 data 进行任意转换处理
    ...
    return data;
  }],

  //在把响应结果传给 then()和 catch()前,修改响应正文
  transformResponse: [function (data) {           //data 表示响应正文
    //对 data 进行任意转换处理
    ...
    return data;
  }],

  //指定自定义的请求头
  headers: {"X-Requested-With": "XMLHttpRequest"},

  //指定请求参数,可以是普通对象或者 URLSearchParams 查询对象
  params: {
    id: 1
  },

  //负责对 params 参数序列化
  paramsSerializer: function(params) {
    return Qs.stringify(params, {arrayFormat: "brackets"})
  },

  //指定请求正文
  //只适用于 PUT、POST 和 PATCH 请求方式
  //在没有设置 transformRequest 选项时,请求正文必须是以下类型之一
  //string、plain object、ArrayBuffer、ArrayBufferView、URLSearchParams
  //仅浏览器适用的数据类型:FormData、File、Blob
  //仅 Node 适用的数据类型:Stream、Buffer
  data: {
    firstName: "Tom",
    lastName: "Smith"
  },

  //指定请求超时的 ms 数(0 表示无超时时间)
  //如果处理请求耗费的时间超过了 timeout 选项,请求将被中断
  timeout: 1000,                                            //默认值为 0

  //指定跨域请求时是否需要凭证
```

```
//默认情况下,Axios 不允许在请求头中携带 Cookie
//如果把此选项设为 true,就允许在请求头中携带 Cookie
withCredentials: false,                      // 默认值为 false

//自定义处理请求的行为,方便测试
//返回一个 Promise 对象,并提供一个有效的响应结果
adapter: function (config) {
  ...
},

//表示会使用 HTTP 基础验证,并提供验证信息,包括用户名和口令
//这将在 headers 选项中设置 Authorization 请求头
//覆盖原有的 Authorization 请求头
auth: {
  username: "Tom",
  password: "123456"
},

//表示服务器的响应正文的数据类型
//响应正文的数据类型包括:arraybuffer、document、json、text、stream
//仅浏览器适用的数据类型:blob
responseType: "json",                        // 默认值为"json"

//指定把 xsrf token 作为 cookie 的值时,cookie 的名称
xsrfCookieName: "XSRF-TOKEN",                //默认值为"XSRF-TOKEN"

//指定把 xsrf token 作为 headers 选项中的一个请求头的值时,该请求头的名称
xsrfHeaderName: "X-XSRF-TOKEN",              //默认值为"X-XSRF-TOKEN"

//指定上传过程处理进度事件的行为
onUploadProgress: function (progressEvent) {
    //对原生进度事件的处理
},

//指定下载过程中处理进度事件的行为
onDownloadProgress: function (progressEvent) {
    //对原生进度事件的处理
},

//指定 Node 所允许的响应正文的最大长度,以字节为单位
maxContentLength: 2000,

//指定 Node 所允许的请求正文的最大长度,以字节为单位
maxBodyLength: 2000,

//指定有效的响应状态代码
//当 validateStatus 选项返回 true(或者设置为 null 或 undefined)
//Promise 对象将被解析(resolve),否则会被拒绝(reject)
//默认的有效状态代码的范围是 200 <= status <300
validateStatus: function (status) {
```

```
        return status >= 200 && status < 300
    },

    //指定 Node 允许跟随的最大重定向数目
    //如果设置为 0,将不支持跟随任何重定向
    maxRedirects: 5,           // 默认值为 5

    //指定在 Node 中 http 请求的代理,keepAlive 的默认值为 false
    httpAgent: new http.Agent({ keepAlive: true }),

    //指定在 Node 中使用的 UNIX 套接字
    //socketPath 选项和 proxy 选项只能设定其中一项
    //如果同时设定了 socketPath 选项和 proxy 选项,使用 socketPath 选项
    socketPath: null,          // 默认值为 null

    //指定代理服务器的主机名称和端口
    proxy: {
      host: "127.0.0.1",
      port: 9000,
      //表示连接代理时需进行 HTTP 基础验证,并提供验证信息,包括用户名和口令
      //这将在 headers 选项中设置 Proxy-Authorization 请求头
      //覆盖原有的 Proxy-Authorization 请求头
      auth: {
        username: "mike",
        password: "654321"
      }
    },

    //指定用于取消请求的 token 令牌
    cancelToken: source.token

    //如果为 true,会自动解压响应正文,该选项仅适用于 Node
    decompress: true           //默认值为 true
}
```

请求配置中的 params 选项的值可以是普通对象或 URLSearchParams 查询对象。URLSearchParams 类的用法如下:

```
var params = new URLSearchParams({'foo': 1 , 'bar': 2})
params.append('baz', 3)
params.toString()         //foo=1&bar=2&baz=3
```

XSRF-TOKEN 是一种防止客户端恶意访问的安全措施。服务器端会给合法客户发送一个令牌,客户把它存放在 Cookie 中。对于每个客户请求,服务器端会通过检查在 Cookie 中是否存在有效令牌判断这是否为合法的请求。X-XSRF-TOKEN 与 XSRF-TOKEN 的作用相同,区别在于 X-XSRF-TOKEN 把该令牌存放在客户端的请求头中。

提示:Axios 插件不仅可以插入到 Vue CLI 项目中,还可以插入到其他 JavaScript 脚本中,例如基于 Node.js 的 JavaScript 脚本。例程 13-7 提到 config 参数的一些选项(例如

socketPath)只适用于Node(即Node.js)。

关于请求配置的完整说明,可以参考以下官方文档:

```
https://www.npmjs.com/package/axios
```

13.4.1 创建axios实例

如果客户端多次调用axios()函数,并且都使用同样的请求配置,为了避免重复编码,可以创建一个axios实例,接下来只需要通过这个axios实例访问服务器端的资源。例如在以下代码中,通过axios.create()函数创建了axios实例,并为这个实例提供了请求配置:

```
const instance=this.axios.create({          //设置局部的默认请求配置
  baseURL: 'http://www.javathinker.net',
  method: 'get',
  timeout: 6000
})

instance('/customer?id=1')
  .then(response=>{console.log(response)})

instance('/vue/pic1.png')
  .then(response=>{console.log(response)})
```

以上代码先后访问两个URL,都会采用同样的请求配置。

提示:axios.create()是axios类的静态函数,它会创建axios实例。

13.4.2 设定默认的请求配置

从例程13-7可以看出,请求配置中的许多选项都有默认值,如method选项的默认值为get,responseType选项的默认值为json。此外,可以通过axios.defaults属性为请求配置设定全局范围内的默认值。在src/main.js中加入如下代码:

```
import axios from 'axios'
import VueAxios from 'vue-axios'

axios.defaults.baseURL = 'http://www.javathinker.net'
axios.defaults.headers.post['Content-Type'] =
                       'application/x-www-form-urlencoded'
```

以上axios.defaults.baseURL以及axios.defaults.headers.post['Content-Type']将成为全局的请求配置项,影响所有的axios()函数以及get()等别名函数。

对于自定义的axios实例,可以在创建时以及创建后设置局部的默认请求配置,代码如下:

```
//创建 axios 实例
var instance = axios.create({
  //在创建 axios 实例时指定局部的默认请求配置
  baseURL: 'https://www.javathinker.net'
})
//在实例创建后指定局部的默认请求配置
instance.defaults.method= 'POST'
```

13.4.3　请求配置的优先顺序

全局的默认请求配置、局部的默认请求配置和 axios() 函数的 config 参数指定的请求配置在合并过程中，如果存在重复项，那么 axios() 函数的 config 参数的优先级最高，接下来依次是 instance.defaults 属性指定的局部请求配置和 axios.defaults 属性指定的全局请求配置。

例如对于以下代码，在调用 axios.get(('/a') 时，它的请求配置中的 timeout 选项的值为 0；在调用 instance.get(('/b',...) 函数时，它的请求配置中的 timeout 选项的值为 5000；在调用 instance.get(('/c') 函数时，它的请求配置中的 timeout 选项的值为 2500：

```
this.axios.get('/a')                             //timeout 选项为默认的 0

const instance = this.axios.create({})           //timeout 选项为默认的 0
instance.defaults.timeout = 2500

instance.get('/b', {
  timeout: 5000
})
instance.get('/c')                               //timeout 选项为 2500
```

13.4.4　取消请求的令牌

当通过 Axios 发送请求时，如果希望在没有收到响应结果之前中断请求，可以利用请求配置中的 cancelToken 令牌选项实现。例程 13-8 定义了 CancelReq 组件，它会根据用户输入的 id 查询相应的 customer 对象，并且在等待查询结果的过程中，允许用户取消本次查询。

例程 13-8　CancelReq.vue

```
<template>
  <div>
    <p>输入 id: <input v-model="id" /> 
     <button @click="getCustomer">查询</button>
     <button v-show="isShow" @click="cancelRequest">取消查询</button>
    </p>
    <p> {{result}} </p>
  </div>
</template>
```

```
<script>
  export default {
    data(){
      return {
        id:'',
        result:'',
        source:''
      }
    },
    computed:{
      isShow(){
        return this.result=='正在查询'
      }
    },
    methods:{
      getCustomer(){
        this.result='正在查询'

        //创建取消请求的令牌的来源 source
        this.source = this.axios.CancelToken.source()

        this.axios.get(
          'http://www.javathinker.net/customer?id='+this.id, {
          cancelToken: this.source.token         //在请求配置中设置取消请求的令牌
        }).then( response => {
          if(response.data !== null)
            this.result=response.data
          else
            this.result=''
        }).catch( error => {
          if (this.axios.isCancel(error))
            this.result=error.message

          console.log(error.message)
        })
      },
      cancelRequest(){
        //cancel()的 message 参数是可选的
        this.source.cancel('取消查询')          //取消查询请求
      }
    }
  }
</script>
```

在 CancelReq 组件的 getCustomer( )方法中,以下代码通过 axios.CancelToken.source( )工厂函数创建了一个 source 对象,它表示取消请求的令牌的来源:

```
this.source = this.axios.CancelToken.source()
```

在 axios.get()函数的请求配置中设置了 cancelToken 选项,代码如下:

```
cancelToken:this.source.token    //在请求配置中设置取消请求的令牌
```

在 CancelReq 组件的 cancelRequest()方法中,通过调用 source.cancel(message)函数取消请求,代码如下:

```
this.source.cancel('取消查询')    //取消查询请求
```

以上 cancel()函数的 message 参数是可选的,表示取消请求的提示信息。当请求取消后,将由 getCustomer()方法中的 catch()函数处理,代码如下:

```
catch(error=>{
  if (this.axios.isCancel(error))
    this.result=error.message

  console.log(error.message)
})
```

在 src/router/index.js 中,为 CancelReq 组件设置的路由的路径为/cancel。通过浏览器访问 http://localhost:8080/#/cancel,在 id 输入框中输入 1,然后单击"查询"按钮,网页上首先显示"正在查询",接着单击"取消查询"按钮,网页上会显示"取消查询",参见图 13-12。

图 13-12 取消查询请求

一个 source 对象还可以取消多个请求,例如在以下代码中,source.cancel()函数会取消两个请求:

```
//创建取消请求的令牌的来源 source
const source = this.axios.CancelToken.source()

this.axios.get('http://www.javathinker.net/customer?id=1',
  { cancelToken: source.token }
).then(…)

this.axios.get('http://www.javathinker.net/customer?id=2',
  { cancelToken: source.token }
).then(…)

//取消请求
source.cancel('用户取消本次操作')
```

13.5 并发请求

Axios 支持同时向服务器发出多个请求，这是通过以下两个函数实现的。

(1) all(iterable)函数：发出多个请求，参数 iterable 指定多个请求函数。

(2) spread(callback)：处理各个请求的响应结果。参数 callback 作为回调函数，指定处理响应结果的行为。

例如在以下代码中，axios.all()函数向服务器同时发出 3 个请求，访问的相对 URL 分别为/customer?id=1、/customer?id=2 和/add：

```
this.axios.defaults.baseURL='http://www.javathinker.net'

const getCustomer=(id)=>{
  return this.axios.get('/customer?id='+id)
}

const calculate= ()=>{
  return this.axios.post('/add','x=11&y=22')
}

this.axios.all([getCustomer(1),getCustomer(2),calculate()])
  .then(this.axios.spread( (response1,response2,response3)=>{
    console.log(response1.data)
    console.log(response2.data)
    console.log(response3.data)
  })
)
```

当 3 个请求都获得了来自服务器的响应结果，会执行 axios.spread()函数中的回调函数，该函数的 3 个参数 response1、response2 和 response3 依次为 axios.all()函数发出的 3 个请求的响应结果。执行以上代码，会输出如图 13-13 所示的日志。

```
▸{id: 1, name: "Mary", age: 18}
▸{id: 2, name: "Jack", age: 21}
33
```

图 13-13　并发访问的返回结果

13.6 请求拦截器和响应拦截器

如图 13-14 所示，当 Axios 向服务器端发出请求前，以及接收到响应后，可以通过拦截器做一些预处理操作。

在请求拦截器中，可以完成以下 3 个操作。

(1) 修改请求配置。

(2) 在发送请求前，在网页上显示“正在加载”的文字信息或者图片。

(3) 对于某些请求添加特殊信息，如用于身份验证的 token。

在响应拦截器中，可以对响应结果进行预处理，如过滤响应正文中的不符合要求的内

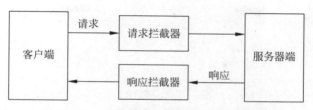

图13-14 Axios的请求拦截器和响应拦截器

容等。

　　axios.interceptors.request.use()函数生成全局的请求拦截器,它会拦截由Axios发出的所有请求;axios.interceptors.response.use()函数生成全局的响应拦截器,它会拦截由Axios接收到的所有响应。以下代码添加了全局的请求拦截器和响应拦截器:

```
//添加请求拦截器
this.axios.interceptors.request.use(config=> {
  //修改请求配置
  ...
  config.baseURL="http://www.javathinker.net"
  return config
}, error=> {
  //处理错误
  ...
  console.log(error)
  //返回状态为rejected的Promise对象
  return Promise.reject(error)
})

//添加响应拦截器
this.axios.interceptors.response.use(response=> {
  //预处理响应结果
  ...
  console.log(response.data)
  return response
}, error=> {
  //处理错误
  ...
  console.log(error)
  //返回状态为rejected的Promise对象
  return Promise.reject(error)
})
```

　　以上代码中的use()函数有两个函数类型的参数,第1个函数参数指定具体的拦截操作,第2个函数参数指定如何处理错误。

　　如果要删除拦截器,可以调用axios.interceptors.request或axios.interceptors.response的eject()函数,如:

```
var myInterceptor = this.axios.interceptors.request.use(…)

axios.get(url_a).then(…)

//删除myInterceptor
this.axios.interceptors.request.eject(myInterceptor)

this.axios.get(url_b).then(…)
```

当 Axios 请求访问 url_a 时，myInterceptor 会拦截该请求；当 Axios 请求访问 url_b 时，由于 myInterceptor 已经被删除，因此不会拦截访问 url_b 的请求。

对于自定义的 axios 实例，也可以添加拦截器，该拦截器只能拦截当前 axios 实例发出的请求和接收到的响应，代码如下：

```
var instance1 = this.axios.create({})
var instance2 = this.axios.create({})

instance1.interceptors.request.use(…)         //添加请求拦截器
instance1.interceptors.response.use(…)        //添加响应拦截器

//以上拦截器会拦截该请求和响应
instance1.get(url_a).then(…)

//以上拦截器不会拦截该请求和响应
instance2.get(url_b).then(…)
```

如果为 Axios 添加了多个请求拦截器，后添加的请求拦截器被先调用；如果为 Axios 添加了多个响应拦截器，先添加的响应拦截器被先调用。例程 13-9 定义了 Interceptors 组件，它的 mounted() 钩子函数依次添加了两个请求拦截器和两个响应拦截器。

例程 13-9   Interceptors.vue

```
<template>
  <div>{{content}}</div>
</template>

<script>
  export default {
    data(){
      return {content: '' }
    },
    mounted () {
      //添加请求拦截器 1
      this.axios.interceptors.request.use(config=> {
        this.content='正在加载...'
        console.log('request interceptor 1')
        return config
      })
```

```
    //添加请求拦截器2
    this.axios.interceptors.request.use(config=> {
      console.log('request interceptor 2')
      return config
    })

    //添加响应拦截器1
    this.axios.interceptors.response.use(response => {
      console.log('respone interceptor 1')
      return response
    })

    //添加响应拦截器2
    this.axios.interceptors.response.use(response => {
      console.log('respone interceptor 2')
      return response
    })

    this.axios
      .get('http://www.javathinker.net/customer?id=1')
      .then(response => {
        console.log('then()')
        this.content=response.data
      }).catch( error=>{
        this.content=error
      })
  }
 }
</script>
```

在 src/router/index.js 中，为 Interceptors 组件设置的路由的路径为/inter。通过浏览器访问 http://localhost：8080/#/inter，会看到网页上首先显示"正在加载…"，再显示"{ "id": 1,"name": "Mary","age": 18 }"。

在浏览器的控制台会输出以下日志：

```
request interceptor 2
request interceptor 1
respone interceptor 1
respone interceptor 2
then()
```

以上日志反应了各个拦截器以及 then() 函数的调用先后顺序。

13.7　前端与后端的会话

后端服务器会同时被多个用户访问。例如，张三和李四分别通过自己的浏览器登录到一个购物网站，张三和李四各自执行浏览商品、选购商品、购买以及查看订单等操作。如

图 13-15 所示,张三和李四分别与后端服务器展开了会话。

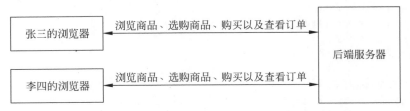

图 13-15　张三和李四分别与后端服务器展开会话

当张三和李四各自在自己的会话中请求查看订单时,后端服务器必须先判断该请求到底属于哪一个会话。如果该请求属于张三的会话,那么就把张三的订单信息发送到客户端,否则就把李四的订单信息发送到客户端。

会话跟踪指服务器端能够判断来自客户端的请求到底属于哪一个会话。为了跟踪会话,要求在请求中包含与会话相关的信息:

（1）后端服务器为每个会话分配得唯一的 Session ID。
（2）与特定应用相关的会话信息,如登录网站的用户名和口令等信息。

在客户请求中存放会话信息有以下两种方式。

（1）把会话信息存放在 Cookie 中。
（2）把会话信息存放在令牌中。

13.7.1　通过 Cookie 跟踪会话

后端服务器把会话信息(如 Session ID 和已经登录的用户名和口令等)存放在客户端的 Cookie 中。以后客户端每次发出请求时,就会在请求中包含这些 Cookie,便于后端服务器判断该请求到底属于哪个会话。

当前端代码与后端代码运行在不同的服务器上时,为了确保前端浏览器可以顺利向后端服务器发送 Cookie,需要在前端 Vue 项目的 main.js 中加入以下语句:

```
axios.defaults.withCredentials=true
```

以上语句意味着客户端每次通过 Axios 发出请求时,都会把包含会话信息的 Cookie 添加到请求中。

在服务器端,需要在响应头中加入如下信息:

```
//允许前端服务器地址为 http://localhost:8080 的客户端进行跨域访问
//如果 setHeader()方法的第二个参数为*,表示允许所有的跨域访问
response.setHeader("Access-Control-Allow-Origin",
                   "http://localhost:8080");
//支持 Cookie
response.setHeader("Access-Control-Credentials","true");
```

当客户端访问服务器端的某个资源时,服务器端先判断客户请求中是否存在表示合法

用户名和口令信息的 Cookie，如果存在，则表示用户已经登录，就允许访问该资源，否则就会要求用户必须先登录到网站，才能访问该资源。

13.7.2　通过 token 令牌跟踪会话

由于把会话信息（如已登录的用户名和口令）存放在客户端的 Cookie 中存在安全隐患，因此一种更为安全的做法是，当用户登录到网站后，服务器端向客户端发送一个 token 令牌，它的取值是按照一定算法生成的唯一的字符串。

本节以验证用户是否登录为例，介绍如何利用 token 令牌跟踪会话。当客户端访问服务器端的某个资源时，服务器端先判断客户请求头中是否存在特定的 token，如果存在，则表示用户已经登录，就允许访问该资源，否则就会要求用户必须先登录到网站，才能访问该资源。

客户端与服务器端需要互相配合，才能通过 token 验证用户是否登录。图 13-16 演示了客户端与服务器端进行身份验证的流程。

图 13-16　客户端与服务器端进行身份验证的流程

客户端的 UserLogin.vue 组件负责登录网站，服务器端的 URL 为 /anthenticate 的组件负责验证用户身份，它的判断流程如下：

```
//获得客户端发送的 username 和 password 请求参数
String username=request.getParameter("username");
String password=request.getParameter("password");

String result=null;           //表示验证结果
if(username !=null && password !=null
    && username.equals("Tom") && password.equals("123456")){
  result="success";           //验证成功
  //创建唯一的 token
  String token= String.valueOf(System.currentTimeMillis());
  //把 token 保存在会话范围内
  request.getSession().setAttribute("token",token);
  //把 token 加入到响应结果的响应头中，响应头的名字为 Authorization
  response.setHeader("Authorization",token);
}else{
  result="failure";           //验证失败
}
```

以上代码对验证逻辑做了简化，假定当用户的名字为 Tom 且口令为 123456 时，是合法的用户。如果验证成功，会生成唯一的 token，把它保存到服务器端的会话中，并且写入到响应结果的响应头中。

当服务器端的 URL 为/anthenticate 的组件的响应结果到达客户端后，首先由响应拦截器处理，它会把响应头中的 token 保存到本地的 sessionStorage 中，代码如下：

```
let token = response.headers.authorization
if(token)
  sessionStorage.setItem('token',token)
```

客户端的 GetAll 组件会访问服务器端的 URL 为/customers 的组件，客户端发送请求之前，请求拦截器会把 sessionStorage 中的 token 加入到请求头中，代码如下：

```
let token = sessionStorage.token
if(token)
  config.headers['Authorization'] = token
```

服务器端的 URL 为/customers 的组件先比较客户端与服务器端的 token 是否一致，如果不一致，就表示尚未登录，代码如下：

```
//获取服务器端会话范围内的 token
String serverToken =
    (String)request.getSession().getAttribute("token");
//获取客户端请求头中的 token
String clientToken=request.getHeader("Authorization");

if(clientToken ==null||!clientToken.equals(serverToken)){
    向客户端返回"unlogin",表示尚未登录
}else{
    返回所有的 customer 对象
}
```

本范例在 src/main.js 中定义了全局范围内的请求拦截器和响应拦截器，代码如下：

```
axios.interceptors.request.use(config=> {         //请求拦截器
  let token = sessionStorage.token
  if(token)
    config.headers['Authorization'] = token
  return config
})

axios.interceptors.response.use(response=> {      //响应拦截器
  let token = response.headers.authorization
  if(token)
    sessionStorage.setItem('token',token)
  return response
})
```

例程 13-10 的处理流程和例程 11-23 有些相似,如果验证成功,就会跳转到登录之前的页面,假如不存在登录之前的前面,就跳转到主页。如果验证失败,就停留在本页面,显示"用户名或口令不正确"的错误信息。

例程 13-10　UserLogin. vue

```
<template>
  <div>
    <p style="color: red">{{ message }}</p>
    <table>
      <tr>
        <td>用户名: </td>
        <td><input v-model.trim="username"/></td>
      </tr>
      <tr>
        <td>口令: </td>
        <td><input v-model.trim="password" type="password" /></td>
      </tr>
      <tr>
        <td cols="2">
          <input type="submit" value="登录" @click.prevent="login"/>
        </td>
      </tr>
    </table>
  </div>
</template>

<script>
  export default {
    data(){
      return {
        username: "",
        password: "",
        message: ""
      }
    },
    methods: {
      login() {
        //进行登录验证
        var result=''
        this.axios({
          baseURL: '/helloworld',
          url: '/authenticate',
          method: 'post',
          data: 'username='+this.username+'&password='+this.password
        }).then( response=> {
          result=response.data.result

          if(result=='success'){          //验证成功
            this.message = ""
```

```
          if(this.$route.query.originalPath){
            //跳转至进入登录页前的路由
            this.$router.replace( this.$route.query.originalPath)
          }else{
            //否则跳转至主页
            this.$router.replace('/')
          }
        }else{    //如果验证失败
          sessionStorage.setItem("token", "")
          this.password = ""
          this.message = "用户名或口令不正确"
        }
      })
    }
  }
}
</script>
```

例程 13-11 中，当请求访问服务器端的 URL 为/customers 的组件时，如果服务器端返回的 response.data.result 的值为 unlogin，就表示尚未登录，这时会通过 this.$router.push( )方法跳转到登录页面。

例程 13-11　GetAll.vue

```
<template>
  <div>
    <ul><li v-for="customer in customers" :key="customer.id">
        {{customer}}
    </li></ul>
  </div>
</template>

<script>
export default {
  data(){
    return { customers:[] }
  },
  mounted(){
    this.axios({
      baseURL: '/helloworld',
      url: '/customers',
      method: 'get',
    }).then( response => {
      if(response.data.result == 'unlogin'){
        //如果尚未登录,就跳转到登录页面
        this.$router.push({name: 'userlogin',
                  query: {originalPath: this.$route.fullPath} })
      }else{
        this.customers=response.data
```

```
            }
        }).catch( error=>{
            console.log(error)
        })
    }
}
</script>
```

13.8节会介绍如何把后端的代码与前端的代码整合到一起，然后再访问GetAll组件和UserLogin组件。

13.8 前端与后端代码的整合

前面几节的范例在运行时，前端与后端的代码分别位于不同的服务器中。前端代码位于通过npm run serve命令启动的本地服务器中，后端代码位于www.javathinker.net网站上，前端与后端之间会进行跨域访问。

本节介绍如何把前端与后端的代码整合到一起，然后发布到同一个服务器上。本范例的后端为Java Web应用，运行在Tomcat服务器上。整合前端代码与后端代码，并且将整合后的应用发布到Tomcat服务器上，其步骤如下。

（1）在前端helloworld项目的根目录下，运行命令npm run build，该命令在dist目录下生成正式产品。

（2）把dist目录下的所有内容复制到后端helloworld Web应用的根目录下，这样就完成了前端代码与后端代码的整合。在配套源代码包中，整合后的源代码位于chapter13/deploy/helloworld目录中。

（3）把整合后的helloworld目录复制到Tomcat的webapps目录下。

在前端helloworld项目的src/router/index.js中，为13.7节定义的UserLogin组件和GetAll组件设置的路由的路径分别为/userlogin和/getall。

运行Tomcat的bin目录下的startup.bat，启动Tomcat服务器。通过浏览器访问http://localhost:8080/helloworld/#/getall，会先自动跳转到UserLogin组件生成的登录页面，参见图13-17。

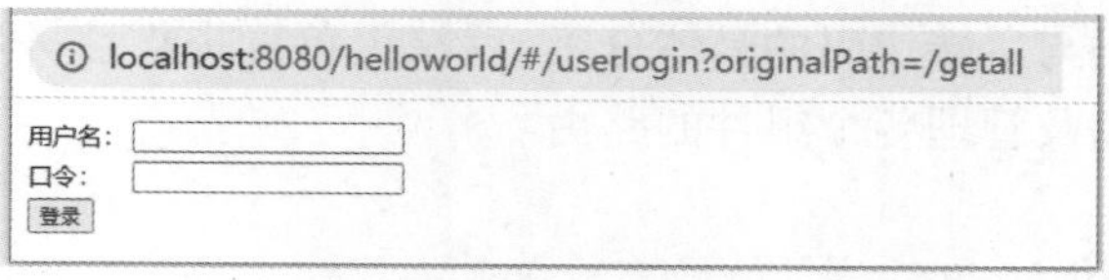

图13-17 自动跳转到登录页面

在图13-17的登录页面上输入用户名Tom和口令123456，单击"登录"按钮，通过服务器端的身份验证后，又会自动跳转到GetAll组件的页面，显示所有的customer对象的信息，参见图13-18。

在本范例中，前端代码和后端代码位于同一个服务器上，在GetAll组件的mounted()函数中向同一个服务器发出请求，这属于同域访问：

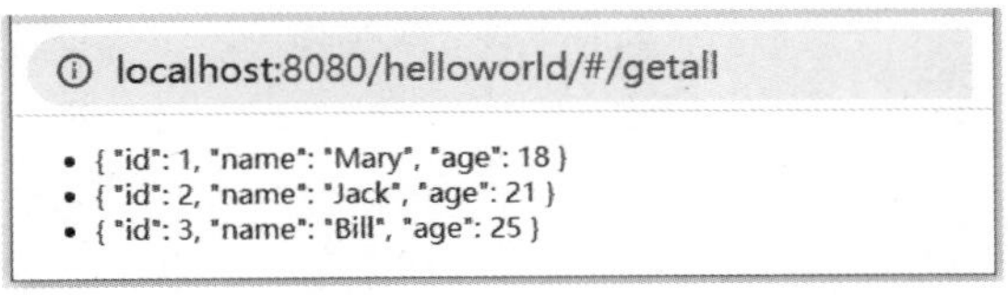

图 13-18　GetAll 组件显示所有的 customer 对象

```
this.axios({
  baseURL: '/helloworld',
  url: '/customers',
  method: 'get',
})
```

13.9　小结

本章介绍了前端代码通过 Axios 访问服务器的方法。在调用 axios() 函数时，可通过请求配置指定具体的请求内容，包括目标 URL、请求头、请求方式、请求正文和请求参数等信息。axios() 函数还有一些用于简化代码的别名函数，如 get()、post() 和 put() 等，它们的名字显式指定了请求方式。

前端请求访问服务器的特定资源的基本流程如下：

```
axios(config)
  .then(response=>{…})
  .catch(error=>{…})
```

axios(config) 函数发出 Ajax 请求，参数 config 指定具体的请求信息。axios() 函数返回一个 Promise 对象，该对象负责异步处理与服务器的通信，客户端收到了正常响应结果后，会执行 Promise 对象的 then() 函数的参数指定的函数，该函数负责处理响应结果。如果在通信过程中出现错误，就会执行 Promise 对象的 catch() 函数的参数指定的函数，该函数负责处理错误。

本章最后还结合具体的范例，介绍了前端代码与后端代码的整合。通过这个具体的范例，可以看出前端代码与后端代码的具体分工，后端仅负责提供业务数据和处理业务逻辑，前端负责显示数据，以及管理各个组件的路由。

13.10　思考题

1. 以下（　　）属于 Axios 的请求配置选项。（多选）
　　A. url 选项　　　　　　　　　　　　　B. methods 选项
　　C. headers 选项　　　　　　　　　　　D. data 选项

2. 当以下代码在发出请求 5s 后接收到正常响应结果,会输出(　　)日志。(单选)

```
console.log('code1')

axios.get('/getA').then(response=>{
  ...
  console.log('code2')
})

console.log('code3')
```

  A. code1　code2　code3
  B. code1　code3　code2
  C. code1　code2
  D. code1　code3

3. 当服务器端接收的请求正文是查询字符串,以下选项(　　)的代码会正确发出 POST 请求。(多选)

  A.

```
axios.post(
  'http://http://www.javathinker.net/add',
  'x=11,y=22'
)
```

  B.

```
axios({
  baseURL: 'http://www.javathinker.net',
  url: '/add',
  method: 'post',
  data: 'x=11&y=22'
})
```

  C.

```
axios.post(
  'http://http://www.javathinker.net/add',
  'x=11&y=22'
)
```

  D.

```
axios({
  baseURL: 'http://www.javathinker.net',
  url: '/add',
  data: {x: 11, y: 22}
})
```

4. 关于拦截器，以下说法不正确的是(　　)。(单选)

A. axios.interceptors.response.use( )函数生成全局的响应拦截器

B. axios.interceptors.request.eject( )函数删除请求拦截器

C. 如果为 Axios 添加了多个请求拦截器，它们的调用顺序为后添加的被先调用

D. 如果为 Axios 添加了多个响应拦截器，它们的调用顺序为后添加的被先调用

第14章 通过Vuex进行状态管理

组件与组件之间会共享数据,第 8 章介绍了通过组件的属性共享数据的方法。假定子组件有一个属性 name,在父组件的模板中插入子组件时,可以向子组件传递 name 属性值。尽管这种数据共享方式支持响应式机制,但它存在以下 3 个局限。

(1) 数据共享仅限于父组件和子组件之间。
(2) 只能由父组件向子组件传递数据。
(3) 在子组件中不能改变属性的值。

而对于实际应用,会存在以下两种需求。
(1) 不存在父子关系的多个组件之间共享数据。
(2) 任何一个组件修改了共享数据,都会激发 Vue 框架的响应式机制重新渲染其他依赖该数据的组件。

视频讲解

Vuex 插件就是实现上述需求的状态管理插件。这里的状态指特定时刻共享数据的取值。本章详细介绍了通过 Vuex 插件管理状态的方法。组件可以通过 Vuex 插件提供的全局仓库读取和更新仓库的状态。

14.1 Vuex 的基本工作原理

Vuex 为应用中的所有组件提供了共享数据的仓库(store),并且它能进行统一的状态管理。实际上,Vue 框架自身也会进行简单的状态管理,它包括以下 3 个要素。

(1) 状态(State):组件的 data 选项定义的数据在特定时刻的取值。
(2) 视图(View):组件的模板。
(3) 动作(Action):组件的 methods 选项定义的方法会改变组件的变量,即改变组件的状态,这些方法就是改变组件状态的动作。这些动作会导致响应式机制重新渲染组件的视图。

以下代码定义了一个组件,这个组件包括了状态管理的 3 个要素:

```
//视图(View)
<template>
  <div>
    {{count}}<button @click="doClick">递增</button>
  </div>
</template>

<script>
  export default {
    data(){              //状态(State)
      return {count: 0}
    },
    methods: {           //动作(Action)
      doClick(){this.count++}
    }
  }
</script>
```

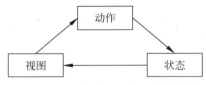

图 14-1　Vue 框架管理状态的单向数据流

当用户在以上组件的视图上单击"递增"按钮,引发 Vue 框架执行 doClick( )方法的动作,doClick( )方法会修改 count 变量,即改变了组件的状态,而状态发生变化又会导致 Vue 框架重新渲染视图。由此可见,当 Vue 框架管理组件的状态时,数据的流动是单向的,参见图 14-1。

Vue 的状态管理模式非常简单。当 Vue 面对多个组件共享数据的情形时,管理它们的状态就表现得力不从心。Vue 允许父子组件之间通过传递属性值共享数据,并支持响应式机制,但这种方式存在一些局限性。如果要自己编写代码管理多个组件的状态,会非常烦琐,错综复杂的状态管理逻辑会让代码变得难以调试和维护。

Vuex 插件克服了上述局限,它把所有组件的共享数据放到一个全局范围的仓库中,统一管理它们的状态。图 14-2 展示了 Vuex 的基本工作原理。层层嵌套的组件树构成了一个整体视图,组件树中的任何一个组件都可以访问仓库的状态。

组件更新仓库状态的流程如下。

(1)组件派发一个动作。
(2)在动作中提交一个更新仓库的操作(Mutation)。
(3)执行更新仓库的操作,引起仓库状态的更新。
(4)仓库状态的更新导致重新渲染组件的视图。

从图 14-2 可以看出,Vuex 把组件和状态分离开,提高了组件代码和状态代码的独立性和可维护性。

如果 Vue 应用很简单,那么只要使用 Vue 自身的简单状态管理模式就可以了。而对于大型的单页面 SPA 应用,自行管理状态非常烦琐,如果运用成熟的 Vuex 插件管理状态,会大大提高开发前端代码的效率。

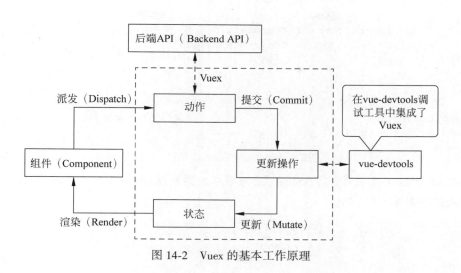

图 14-2　Vuex 的基本工作原理

14.2　Vuex 的基本用法

在例程 14-1 文件中，引入了 Vuex 的 vuex.global.js 类库文件。

例程 14-1　simple.html

```
<script src="https://unpkg.com/vuex@4.0.0/dist/vuex.global.js">
</script>

<div id="app">
  {{$store.state.count}}
  <button @click="doClick">递增</button>
</div>

<script>
  // 创建一个仓库
  const store = Vuex.createStore({
    state () {                              //状态
      return {
        count: 0
      }
    },
    mutations: {                            //更新状态
      increment (state) {
        state.count++
      }
    }
  })

  const app = Vue.createApp({
    methods: {
      doClick(){
```

```
            this.$store.commit('increment')    //提交更新
            console.log(this.$store.state.count)
        }
    }
})

app.use(store)                                 //使用 Vuex 的仓库
app.mount('#app')
</script>
```

Vuex 依赖 JavaScript 中的 Promise 类,如果本地浏览器(如 IE)不支持该类,还需要在代码中引入它的类库文件,如:

```
<script src="https://cdn.jsdelivr.net/npm/es6-promise@4
                /dist/es6-promise.auto.js">
</script>
```

在 simple.html 文件中创建了一个仓库 store,它的 state 选项表示状态,state 选项包含一个 count 变量。Vue 应用实例通过 use( )方法使用该 store,代码如下:

```
app.use(store)
```

这样,在组件中就可以通过 this.$store.state.count 的形式访问仓库中的 count 变量。

仓库 store 的 mutations 选项定义了用于更新状态的 increment(state)更新函数。当用户在 simple.html 的网页上单击"递增"按钮后,将由根组件的 doClick( )方法处理 click 事件,doClick( )方法会向仓库提交 increment(state)更新函数,如:

```
this.$store.commit('increment')     //向仓库提交 increment(state)更新函数
```

当 increment(state)更新函数修改了 count 变量后,Vuex 的响应式机制会重新渲染根组件的模板,从而同步更新模板中的{{ $store.state.count }}插值表达式。

图 14-3 展示了更新仓库中的 count 变量的流程。

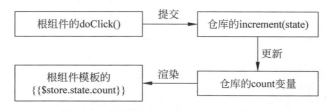

图 14-3　更新仓库中的 count 变量的流程

14.3　在 Vue 项目中使用 Vuex

为了在 Vue 项目中使用 Vuex,首先要安装 Vuex 插件。对于 helloworld 项目,在 DOS 命令行转到 helloworld 根目录下,运行以下命令,就会安装 Vuex 插件:

```
npm install vuex@next -save
```

如果本地浏览器(如 IE)不支持 Vuex 依赖的 Promise 类,那么需要通过以下命令安装 Promise 类库:

```
npm install es6-promise --save
```

安装了 Vuex 插件后,就可以在 src/main.js 中引入 Vuex 插件,并创建仓库 store,参见例程 14-2。

例程 14-2　main.js

```
import {createApp } from 'vue'
import App from './App.vue'
import { createStore } from 'vuex'

//创建一个 store
const store = createStore({
  state () {
    return {
      count: 0
    }
  },
  mutations: {
    increment (state) {
      state.count++
    }
  }
})

const app = createApp(App)
app.use(store)
app.mount('#app')
```

接下来在 Vue 组件的代码中,可以通过 this.$store 的形式访问仓库。在配套的源代码包中,main.js 以及本章后面的范例都位于 chapter11 目录下的 helloworld 项目中。

例程 14-3 定义了 Counter 组件,它的模板会通过{{ $store.state.count }}插值表达式显示仓库的 count 变量,它的 doClick( )方法会向仓库提交 increment(state)更新函数。

例程 14-3　Counter.vue

```
<template>
  <div>
    {{$store.state.count}}
    <button @click="doClick">递增</button>
  </div>
</template>
```

```
<script>
  export default {
    methods: {
      doClick(){
        this.$store.commit('increment')    //向仓库提交 increment 更新函数
        console.log(this.$store.state.count)
      }
    }
  }
</script>
```

在 src/router/index.js 中，为 Counter 组件设置的路由的路径为/counter。通过浏览器访问 http://localhost:8080/#/counter，会出现如图 14-4 所示的网页。在网页上单击"递增"按钮，就会看到{{ $store.state.count }}的取值不断递增。

图 14-4　Counter 组件的网页

14.3.1　strict 严格模式

Vuex 规定更新仓库状态的唯一方式是调用 store.commit( ) 方法提交更新。如果把 Counter 组件的 doClick( ) 方法做如下修改：

```
doClick(){
  this.$store.state.count++    //直接更新仓库的 count 变量
  console.log(this.$store.state.count)
}
```

以上代码在运行时，默认情况下 Vuex 不会抛出错误，但是这种做法是不安全的，会干扰 Vuex 正常管理状态的行为。为了避免出现这种安全隐患，可以在创建 store 时，把 strict 选项设为 true，如：

```
const store = createStore({
  strict: true,
  ...
})
```

再运行修改后的 doClick( ) 方法时，Vuex 会抛出以下错误：

```
Uncaught Error: [vuex] do not mutate vuex store state
               outside mutation handlers.
```

14.3.2　通过计算属性访问状态

如果在组件中都以 this.$store.state.count 的形式访问仓库的 count 变量，会使得代码很冗长。为了简化代码，可以通过计算属性访问仓库的 count 变量，参见例程 14-4。

例程 14-4　Counter.vue

```
<template>
  <div>
    {{count}}
    <button @click="doClick">递增</button>
  </div>
</template>

<script>
  export default {
    computed: {
      count(){                              //定义 count 计算属性
        return this.$store.state.count
      }
    },
    methods: {
      doClick(){
        this.$store.commit('increment')//向仓库提交 increment 更新函数
        console.log(this.count)
      }
    }
  }
</script>
```

当仓库的 count 变量发生更新，Counter 组件的 count 计算属性也会同步更新。

14.3.3　状态映射函数：mapState()

当组件需要定义多个与仓库的变量对应的计算属性时，还是会存在冗长、重复的代码。Vuex 提供了一个 mapState() 状态映射函数，它能够简化定义计算属性的代码。例程 14-5 定义了 CounterMapState 组件，在它的 computed 选项中使用了 mapState() 函数，该函数定义了以下 3 个计算属性。

（1）count1 属性：仓库的 count 变量。
（2）count2 属性：仓库的 count 变量+100。
（3）count3 属性：仓库的 count 变量+CounterMapState 组件的 localCount 变量。

例程 14-5　CounterMapState.vue

```
<template>
  <div>
```

```
      {{count1}},{{count2}},{{count3}}
      <button @click="doClick">递增</button>
    </div>
</template>

<script>
  import { mapState } from 'vuex'

  export default {
    data(){
      return {localCount: 200}
    },
    computed: mapState({
      count1: 'count',

      count2: state => state.count+100,      //利用箭头函数进一步简化代码

      count3(state) {                         //使用普通函数定义
        return state.count + this.localCount
      }
    }),
    methods: {
      doClick(){
        this.$store.commit('increment')      //向仓库提交 increment 更新函数
        console.log(this.count1)
      }
    }
  }
</script>
```

以上 count2 计算属性通过箭头函数定义。由于在箭头函数中不能使用 this 关键字,因此在定义 count3 计算属性时,仍然采用普通的函数,因为它会访问 this.localCount 变量。

通过浏览器访问 CounterMapState 组件,会看到网页上 {{count1}}、{{count2}} 和 {{count3}} 的初始值分别为 0、100 和 200。单击网页上的"递增"按钮,这 3 个变量的值变为 1、101 和 201。

提示:为了节省篇幅,本章提到一些组件范例时,没有介绍为它们映射的路由。例如对于 CounterMapState 组件,在 index.js 中为它映射的路由的路径为/counterms,通过浏览器访问 CounterMapState 组件的 URL 为 http://localhost:8080/#/counterms。

如果计算属性和对应的仓库变量同名,那么还可以进一步简化代码,只需要向 mapState() 函数传入一个字符串数组,例如:

```
computed: mapState(['count', 'result'])
```

以上代码定义了 count 计算属性和 result 计算属性,它们分别和仓库的 count 变量和 result 变量对应。

如果在组件的 computed 选项内同时包含本地计算属性和 mapState() 函数定义的计算

属性,那么可以用 JavaScript 的展开运算符...把 mapState()函数定义的计算属性添加到 computed 选项中,例如:

```
computed:{
  myCount(){ return this.localCount+100},
  ...mapState(['count'])
}
```

以上代码定义了一个本地的 myCount 计算属性,还通过 mapState()函数定义了一个 count 计算属性。

14.3.4 更新荷载

当组件通过 store.commit()函数向仓库提交更新函数时,还可以传递一个更新荷载(payload)。例如在以下代码中,仓库的 increment()更新函数的参数 n 就是更新荷载。组件的 doClick()方法在调用 this.$store.commit('increment',5)时,第 2 个参数 5 就是传给仓库的 increment()更新函数的更新荷载:

```
//store 仓库的 increment 更新函数
mutations:{
  increment (state, n) {            //参数 n 为更新荷载
    state.count+=n
  }
}

//组件的 doClick()方法
methods:{
  doClick(){
    this.$store.commit('increment',5)    //向仓库提交 increment 更新函数
  }
}
```

在以下代码中,仓库的 increment()更新函数的 payload 更新荷载参数是一个对象。组件的 doClick()方法向 increment()更新函数传入的更新荷载为对象{step:5}:

```
//store 仓库的 increment 更新函数
mutations:{
  increment (state,payload) {
    state.count+=payload.step
  }
}

//组件的 doClick()方法
methods:{
  doClick(){
    this.$store.commit('increment',{step:5})    //向仓库提交更新函数
  }
}
```

store.commit()函数还接受单个对象类型的参数,该对象参数的 type 属性指定更新函数。以上 doClick()方法还可以改写为:

```
methods:{
  doClick(){
    this.$store.commit({       //向仓库提交 increment 更新函数
      type: 'increment',
      step: 5
    })
  }
}
```

14.3.5 更新映射函数:mapMutations()

在组件的方法中,通过 this.$store.commit('increment',5)代码向仓库提交更新函数仍然很烦琐,如果希望进一步简化代码,可以利用更新映射函数 mapMutations()简化对 store.commit()函数的调用。

假定在 store 仓库中定义了如下 increment()更新函数和 incrementBy()更新函数:

```
//store 仓库的更新函数
mutations:{
  increment (state) {
    state.count++
  },
  incrementBy (state,n) {
    state.count+=n
  }
}
```

例程 14-6 定义了 CounterMapMutation 组件。在它的 methods 选项中,通过 mapMutaitons()映射函数定义了以下两个方法。

(1) increment()方法:用于向仓库提交 increment(state)更新函数。
(2) incrementBy()方法:用于向仓库提交 incrementBy(state,n)更新函数。

例程 14-6 CounterMapMutation.vue

```
<template>
  <div>
    {{$store.state.count}}
    <button @click="increment"> 递增 1</button>
    <button @click="incrementBy(5)"> 递增 5</button>
  </div>
</template>

<script>
```

```
import {mapMutations} from 'vuex'
export default {
  methods: mapMutations(['increment','incrementBy'])
}
</script>
```

单击 CounterMapMutation 组件的模板中的"递增1"按钮时，会调用 increment()方法，使仓库的 count 变量每次递增1；单击"递增5"按钮时，会调用 incrementBy(5)方法，使仓库的 count 变量每次递增5。

mapMutations()映射函数的参数还可以是一个对象，例如以下例程14-7定义了 CounterMapMutationObj 组件，在它的 methods 选项中，通过 mapMutaitons()映射函数定义了以下两个方法。

（1）add()方法：向仓库提交 increment（state）更新函数。

（2）addBy()方法：向仓库提交 incrementBy（state,n）更新函数。

例程14-7 CounterMapMutationObj. vue

```
<template>
  <div>
    {{$store.state.count}}
    <button @click="add"> 递增 1</button>
    <button @click="addBy(5)"> 递增 5</button>
  </div>
</template>

<script>
  import {mapMutations} from 'vuex'
  export default {
    methods: mapMutations({
      add: 'increment',
      addBy: 'incrementBy'
    })
  }
</script>
```

如果在组件的 methods 选项内同时包含本地方法和 mapMutations()映射函数定义的方法，那么可以用 JavaScript 的展开运算符...把 mapMutations()映射函数定义的方法添加到 methods 选项中。例程14-8定义了 CounterMapMutationExt 组件。在它的 methods 选项中，定义了以下三个方法。

（1）increaseBy()方法：本地方法。

（2）increment()方法：向仓库提交 increment（state）更新函数。

（3）addBy()方法：向仓库提交 incrementBy（state,n）更新函数。

例程14-8 CounterMapMutationExt. vue

```
<template>
  <div>
```

```
      {{$store.state.count}}
      <button @click="increment">递增1</button>
      <button @click="increaseBy">递增5</button>
    </div>
  </template>

  <script>
    import {mapMutations} from 'vuex'
    export default {
      data(){
        return { step: 5 }
      },
      methods: {
        increaseBy(){           //本地方法
          this.addBy(this.step)
        },
        ...mapMutations(['increment']),
        ...mapMutations({addBy: 'incrementBy'})
      }
    }
  </script>
```

14.3.6 把更新函数的名字设为常量

仓库里的更新函数会被多个组件访问,如果更新函数的名字发生变化,就必须修改组件中所有相关的代码,这样削弱了组件代码的可维护性。为了提高更新函数与组件的相对独立性和可维护性,可以在一个单独的文件(如 mutation-types.js)中把更新函数的名字设为常量。如果更新函数的名字发生变化,只需要修改 mutation-types.js 文件,而对定义仓库的代码以及组件的代码不会产生影响。

例如在以下代码中,mutation-types.js 文件定义了一个表示函数名字的 INCREMENT 常量,在 store.js 文件以及组件中都会通过这个 INCREMENT 常量引用 increment()更新函数:

```
// mutation-types.js
export const INCREMENT = 'increment'

// store.js
import { createStore } from 'vuex'
import { INCREMENT } from './mutation-types'

const store = createStore({
  state () {
    return {
      count: 0
    }
  },
```

```
  mutations: {
    [INCREMENT](state) {
      state.count++
    }
  }
})

//组件中的代码
<script>
  import {mapMutations} from 'vuex'
  import { INCREMENT } from './mutation-types'

  export default {
    methods: mapMutations({
      add: INCREMENT
    })
  }
</script>
```

假如仓库的 increment( ) 更新函数的名字改为 increase，只需要修改 mutation-types.js 文件，如：

```
export const INCREMENT = 'increase'
```

而 store.js 文件以及组件的代码都保持不变。由此可见，把更新函数的名字设为常量可以提高前端代码的可维护性。

14.3.7　更新函数只能包含同步操作

在仓库的 mutations 选项中定义的更新函数只能包含同步操作，这样可以保证仓库状态是可以控制的。当多个组件同时访问仓库状态时，状态变化在逻辑上保持一致，并且能及时同步更新所有相关组件的视图。

假如 mutations 选项中的一个更新函数中包含异步操作，如：

```
mutations: {
  increment (state) {
    someApi.callAsyncMethod(() => {        //异步操作
      state.count++
    })
  }
}
```

那么当多个组件提交上述更新函数时，仓库的状态何时会发生更新变得不可控，状态管理会出现混乱，导致有些组件的视图中出现与业务逻辑不一致的数据。

14.4 仓库的 getters 选项

14.3.2 节介绍了在组件中通过计算属性访问仓库状态的方法。假定在仓库的 state 选项中定义了如下数组类型的 persons 变量：

```
state () {
  return {
    persons: [{id:1,name:'Tom', age:15},
             {id:2,name:'Mike', age:25},
             {id:3,name:'Linda', age:19},
             {id:4,name:'Mary', age:21} ]
  }
}
```

在组件中定义了如下 adults 计算属性：

```
computed: {
  adults(){     //返回年龄大于或等于18的person对象
    return this.$store.state.persons.filter(person => person.age>=18)
  }
}
```

假如多个组件中都要定义如上 adults 计算属性，就会导致重复编码。为了解决这一问题，可以使用仓库的 getters 选项，getters 选项中定义的属性相当于是仓库的计算属性，它可以被所有组件访问。

例如，以下代码在仓库的 getters 选项中定义了 adults 属性：

```
state () {
  return {
    persons: [{id:1,name:'Tom', age:15},
             {id:2,name:'Mike', age:25},
             {id:3,name:'Linda', age:19},
             {id:4,name:'Mary', age:21} ]
  }
},
getters: {
  adults:
    state => state.persons.filter(person => person.age>=18)
}
```

在组件中，可以通过 $store.getters.adults 的形式访问仓库的 adults 属性，如：

```
<template>
  <div>
    <ul>
      <li v-for="person in $store.getters.adults " : key="person.id" >
```

```
      {{person}}
    </li>
  </ul>
</div>
</template>
```

在定义 getters 选项的属性时,还可以把 getters 选项本身作为参数。例如,以下 count 属性的取值为 adults 数组属性的长度:

```
getters:{
  adults:
    state=> state.persons.filter(person => person.age>=18),
  count:
    (state,getters) => getters.adults.length
}
```

在组件内,还可以通过计算属性简化访问 getters 选项的属性的代码,如:

```
computed:{
  adults(){
    return this.$store.getters.adults
  },
  adultsCount(){
    return this.$store.getters.count
  }
}
```

14.4.1　getters 映射函数:mapGetters( )

在组件的计算属性的定义函数中,通过 this.$store.getters.adults 的形式访问仓库的 getters 选项的属性仍然很烦琐,可以用 mapGetters( )映射函数进一步简化定义计算属性的代码。mapGetters( )映射函数的用法和 mapState( )映射函数以及 mapMutations( )映射函数很相似。以下代码演示了 mapGetters( )映射函数的用法:

```
import {mapGetters} from 'vuex'

export default {
  computed:{
    ...mapGetters(['adults','count']),   //定义 adults 计算属性和 count 计算属性
    ...mapGetters({ adultsCount:'count' }),  //定义 adultsCount 计算属性
    first(){                             //本地计算属性
      if(this.count>0)
        return this.adults[0]            //返回 adults 数组中的第 1 个元素
      else
        return {}
    }
  }
}
```

以上代码通过 mapGetters() 映射函数定义了以下 3 个计算属性。
（1）adults：对应仓库的 getters 选项的 adults 属性。
（2）count：对应仓库的 getters 选项的 count 属性。
（3）adultsCount：对应仓库的 getters 选项的 count 属性。
以上代码中还有一个本地计算属性 first，在它的定义函数中会访问 count 和 adults 这两个计算属性。

14.4.2　为 getters 选项的属性设置参数

在定义仓库的 getters 选项的属性时，还可以通过返回一个函数来指定参数。例如以下 person 属性有一个 id 参数：

```
getters:{
  person:function(state){
    return function(id){
      return state.persons.find(person =>person.id===id)
    }
  }
}
```

以上 person 属性还可以改为用箭头函数定义，这样会让代码更加简洁，如：

```
getters:{
  person: state =>
    id => state.persons.find(person =>person.id===id)
}
```

在组件中，在访问 person 属性时需要传入 id 参数。以下组件的模板显示 id 为 2 的 person 对象：

```
<!-- 显示 id 为 2 的 person 对象 -->
<div>{$store.getters.person(2) }} </div>
```

14.5　仓库的 actions 选项

14.3.7 节已经介绍过，在仓库的 mutations 选项中定义的更新函数只能执行同步操作，不能执行异步操作。如果希望执行一些异步操作，可以使用仓库的 actions 选项，在该 actions 选项中定义的动作函数允许包含异步操作。本节将介绍 actions 选项的基本用法，14.6 节会介绍如何在 actions 选项的动作函数中包含异步操作。

图 14-5 展示了组件、动作函数和更新函数之间的关系。

从图 14-5 可以看出，组件可以派发动作函数，提交更新函数。动作函数可以派发另一个动作函数，以及提交更新函数。

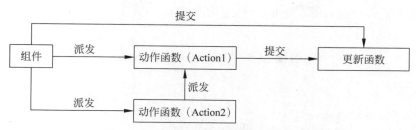

图 14-5　组件、动作函数和更新函数的关系

以下代码创建了一个包含 actions 选项的仓库 store，在 actions 选项中定义了 addAction( ) 动作函数：

```
const store = createStore({
  state () {
    return { count: 0 }
  },
  mutations: {
    increment (state) {
      state.count++
    }
  },
  actions: {
    addAction(context){              //动作函数
      context.commit('increment')    //提交 increment()更新函数
    }
  }
})
```

actions 选项的 addAction( ) 动作函数有一个 context 参数，它表示当前仓库的上下文。通过这个 context 参数，可以访问当前仓库的以下 4 部分内容。

（1）context.commit( ) 函数：用来提交更新函数。
（2）context.state：用来访问仓库的状态。
（3）context.getters：用来访问仓库的 getters 选项的属性。
（4）context.dispatch( ) 函数：用来派发其他动作函数。

如果在 actions 选项的动作函数中需要多次调用 context.commit( ) 函数，可以使用 JavaScript 的解构语法简化代码，如：

```
actions: {
  addAction({commit}){        //解构语法
    commit('increment')
  }
}
```

例程14-9定义了 CounterAction 组件，它的 doClick( )方法会向仓库派发 addAction( )动作函数。

例程14-9　CounterAction.vue

```
<template>
  <div>
    {{$store.state.count}}
    <button @click="doClick">递增</button>
  </div>
</template>

<script>
export default {
  methods: {
    doClick(){
      this.$store.dispatch('addAction')      //派发addAction( )动作函数
    }
  }
}
</script>
```

14.5.1　传入更新荷载

14.3.4节介绍了更新函数的更新荷载，在动作函数中提交更新函数时，可以传入更新荷载。以下代码创建了一个仓库 store，它的 addActionBy( )动作函数在提交 incrementBy( )更新函数时，就会传入更新荷载：

```
const store = createStore({
  state () {
    return {
      count: 0,
    }
  },
  mutations: {
    increment (state) {
      state.count++
    },
    incrementBy (state,n) {           //参数n为更新荷载
      state.count+=n
    }
  },
  actions: {
    addAction({commit}){
      commit('increment')
    },
    addActionBy({commit},n){
```

```
      commit('incrementBy',n)    //传入更新荷载
    },
  }
})
```

例程 14-10 定义了 CounterActionP 组件，它的 doClick( )方法会向仓库派发 addAction( ) 动作函数，doClickBy(n)方法向仓库派发 addActionBy( ) 动作函数，参数 n 就是传入的更新荷载。

例程 14-10　CounterActionP.vue

```
<template>
  <div>
    {{$store.state.count}}
    <button @click="doClick"> 递增 1</button>
    <button @click="doClickBy(5)"> 递增 5</button>

  </div>
</template>

<script>
  export default {
    methods:{
      doClick(){
        //派发 addAction()动作函数
        this.$store.dispatch('addAction')
      },
      doClickBy(n){
        //派发 addActionBy()动作函数
        this.$store.dispatch('addActionBy',n)
      }
    }
  }
</script>
```

14.5.2　动作映射函数：mapActions( )

在组件的方法中，通过 this.$store.dispatch('addActionBy',n)派发动作函数仍然很烦琐，如果希望进一步简化代码，可以利用动作映射函数 mapActions( )简化对 store.dispatch( ) 函数的调用。

例程 14-11 定义了 CounterMapAction 组件。在它的 methods 选项中，通过 mapActions( ) 映射函数定义了以下 3 个方法。

（1）addAction( )方法：向仓库派发 addAction( )动作函数。

（2）add( )方法：向仓库派发 addAction( )动作函数。

（3）addBy( )方法：向仓库派发 addActionBy( )动作函数。

例程 14-11　CounterMapAction.vue

```
<template>
  <div>
    {{$store.state.count}}
    <button @click="addAction"> 递增 1</button>
    <button @click="add"> 递增 1</button>
    <button @click="addBy(5)"> 递增 5</button>
  </div>
</template>

<script>
  import {mapActions} from 'vuex'
  export default {
    methods: {
      ...mapActions(['addAction']),
      ...mapActions({
        add: 'addAction',
        addBy: 'addActionBy'
      })
    }
  }
</script>
```

14.6　异步动作

在仓库的 actions 选项的动作函数中,可以包含异步操作。例如以下 actionA() 动作函数会异步提交 someMutation() 更新函数：

```
actions: {
  actionA ({ commit }) {
    return new Promise((resolve, reject) => {
      setTimeout(() => {
        commit('someMutation')
        resolve()
      }, 1000)
    })
  }
}
```

以下代码在一个组件的方法中派发 actionA() 动作函数：

```
this.$store.dispatch('actionA').then(() => {
  // 当 actionA()动作函数中的异步操作执行完毕后,再执行 then()函数指定的操作
  ...
})
```

在仓库的一个动作函数中还可以派发另一个动作函数,如：

```
actions: {
  //...
  actionB ({ dispatch, commit }) {       //actionB()函数派发 actionA()函数
    return dispatch('actionA').then(() => {
      commit('someOtherMutation')
    })
  }
}
```

此外,还可以通过 async/await 执行异步操作,例如:

```
//假定 getData()和 getOtherData()返回 Promise 对象
actions: {
  async actionA ({ commit }) {           //async 表明当前函数包含异步操作
    commit('gotData', await getData())
  },
  async actionB ({ dispatch, commit }) {
    await dispatch('actionA')            //等待 actionA()的异步操作执行完毕
    commit('gotOtherData', await getOtherData())
  }
}
```

14.6.1 异步动作范例

以下位于 src/main.js 中的代码创建了一个包含 actions 选项的仓库 store,它包括 addQuantityAction()动作函数和 calculateAction()动作函数:

```
const store = createStore({
  state () {
    return {
      item: {
        name: '苹果',
        price: 3.8,
        quantity: 1,
        total : 3.8
      }
    }
  },
  mutations: {
    addQuantity(state){              //增加购买数量
      state.item.quantity++
    },
    calculate(state){                //计算总价格
      state.item.total=state.item.price * state.item.quantity
    }
  },
```

```
actions:{
  addQuantityAction({commit}){
    return new Promise((resolve)=>{
      setTimeout(         //模拟异步操作
        ()=>{
          commit('addQuantity')
          resolve()
        },2000)
    })
  },
  
  calculateAction({commit,dispatch}){
    //等购买数量增加后,再计算总价格
    dispatch('addQuantityAction').then( ()=>{
      commit('calculate')
    })
  }
}
})
```

以上代码中的动作函数的作用如下。

（1）addQuantityAction()动作函数包含异步操作,2s后提交addQuantity()更新函数。

（2）calculateAction()动作函数会派发addQuantityAction()动作函数,addQuantityAction()动作函数的异步操作执行完毕以后,再执行then()函数,从而提交calculate()更新函数。

例程14-12定义了AsyncJudge组件,它的calculate()方法会向仓库派发calculateAction()动作函数。

例程14-12　AsyncJudge.vue

```
<template>
  <div>
    <p>商品名字：{{item.name}} </p>
    <p>单价：{{item.price}} </p>
    <p>数量：{{item.quantity}}
    <button @click="calculate">增加</button> </p>
    <p>总价：{{item.total}}</p>
  </div>
</template>

<script>
  import { mapState,mapActions } from 'vuex'
  
  export default {
    computed: mapState(['item']),
    
    methods: {
      ...mapActions({calculate: 'calculateAction'})
    }
  }
</script>
```

在src/router/index.js中,为AsyncJudge组件设置的路由的路径为judge。通过浏览器访问http://localhost:8080/#/judge,会出现如图14-6所示的网页。单击网页上的"增加"按钮,就会看到2s后,{{item.quantity}}和{{item.total}}的取值会发生相应更新。

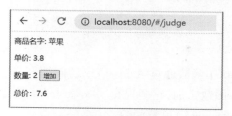

图14-6　AsyncJudge组件的页面

14.6.2　使用async/await的范例

以下位于src/main.js中的代码创建了一个包含actions选项的仓库store,它包括一个loadCustomerAction()动作函数,该动作函数用async标识,表明包含异步操作:

```
const store = createStore({
  state () {
    return {
      customer:'',
      msg:''
    }
  },

  mutations: {
    clearCustomer(state){
      state.msg='正在查询...'
      state.customer=''
    },
    loadCustomer(state,response){
      if(response.data !== null){
        state.customer=response.data
        state.msg=''
      }else
        state.msg='未找到匹配的数据!'
    }
  },

  actions: {
    async loadCustomerAction({commit},id){
      commit('clearCustomer')
      const response=await axios({
        baseURL:'http://www.javathinker.net',
        url:'/customer',
        method:'get',
```

```
        params:{id:id}
      })
      commit('loadCustomer',response)
    }
  }
})
```

loadCustomerAction()动作函数通过Axios请求访问服务器,查询与id匹配的customer对象。在异步调用axios()函数之前,它会提交clearCustomer()更新函数,等Axios的异步请求执行完毕,再提交loadCustomer()更新函数。

例程14-13定义了AsyncCustomer组件。它的getCustomer()方法会向仓库派发loadCustomerAction()动作函数。

例程14-13　AsyncCustomer.vue

```
<template>
  <div>
    <p>输入id: <input v-model="id" />
        <button @click="getCustomer">查询</button> {{msg}}
    </p>
    <p>{{customer}}</p>
  </div>
</template>

<script>
  import {mapState} from 'vuex'
  export default {
    data(){ return {id:'' }},
    computed: mapState(['customer','msg']),
    methods: {
      getCustomer(){
        this.$store.dispatch('loadCustomerAction',this.id).then(
          ()=>{console.log(this.customer)}
        )
      }
    }
  }
</script>
```

在src/router/index.js中,为AsyncCustomer组件设置的路由的路径为cust。通过浏览器访问http://localhost:8080/#/cust,会出现如图14-7所示的网页。在网页上的id输入框输入1,再单击"查询"按钮,会看到网页先显示"正在查询...",一段时间后,再显示id为1的customer对象的信息。

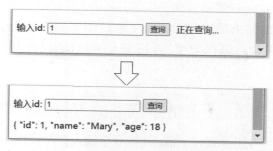

图 14-7　AsyncCustomer 组件的页面

14.7 表单处理

以下位于 src/main.js 中的代码创建了一个仓库 store，它包含一个 count 变量，还有 updateCount() 更新函数：

```
const store = createStore({
  state () {
    return {
      count: 0
    }
  },

  mutations: {
    updateCount(state,c){        //参数 c 为更新荷载
      state.count=c
    },
  }
})
```

例程 14-14 定义了 CountForm 组件，它的模板的输入框通过 v-model 指令与 count 计算属性绑定。

例程 14-14　CountForm.vue

```
<template>
  <div>
   <input v-model="count">
    {{count}}
  </div>
</template>

<script>
  import {mapState} from 'vuex'
  export default {
    computed: mapState(['count'])
  }
</script>
```

CountForm 组件的 count 计算属性和仓库的 count 变量对应。在 src/router/index.js 中，为 CountForm 组件设置的路由的路径为 form。通过浏览器访问 http://localhost:8080/#/form，在网页的输入框中输入新的数字，再按 Enter 键，浏览器的控制台会显示以下警告信息：

```
Write operation failed: computed property "count" is readonly
```

由此可见，Vuex 不允许组件通过 v-model 指令把输入框与只读计算属性 count 绑定。如果把 CountForm 组件的模板做如下修改：

```
<input v-model="$store.state.count">
```

这段代码把输入框直接与仓库的 count 变量绑定，尽管可以运行，但是存在安全隐患，因为它未通过提交更新函数来改变仓库的状态，这是 Vuex 不提倡的。

Vuex 支持以下两种正确的绑定方式。
(1) 在组件的处理输入框的 input 事件的方法中向仓库提交更新函数。
(2) 把仓库的变量映射为组件的可读写的计算属性。

14.7.1　在处理 input 事件的方法中提交更新函数

例程 14-15 为输入框指定了处理 input 事件的 update 方法。

例程 14-15　CountForm.vue

```
<template>
  <div>
   <input :value="count" @input="update">
   {{count}}
  </div>
</template>

<script>
  import {mapState} from 'vuex'
  export default {
    computed: mapState(['count']),
    methods: {
      update(e){
        this.$store.commit('updateCount',e.target.value)
      }
    }
  }
</script>
```

update() 方法会向仓库提交 updateCount() 更新函数，并且把输入框的当前值作为更新荷载传给该更新函数。

14.7.2 可读写的计算属性

例程 14-16 通过 v-model 指令把输入框与 count 计算属性绑定。在 count 计算属性的定义中，提供了用于读写仓库的 count 变量的 get 函数和 set 函数。

例程 14-16　CountForm.vue

```
<template>
  <div>
   <input v-model="count">
   {{count}}
  </div>
</template>

<script>
  export default {
    computed: {
      count: {                      //可读写的 count 计算属性
        get () {                    //读仓库的 count 变量
          return this.$store.state.count
        },
        set (value) {               //更新仓库的 count 变量
          this.$store.commit('updateCount', value)
        }
      }
    }
  }
</script>
```

14.8　仓库的模块化

仓库 store 是一个全局对象，它包含了 state、mutations、getters 和 actions 选项。当项目的规模越来越大，store 对象的代码就会变得越来越臃肿，降低了代码的可读性和可维护性。为了解决这一问题，可以把仓库分成多个模块，每个模块都包含独立的 state、mutations、getters 和 actions 选项。在一个模块中还能嵌套子模块。

以下代码定义了两个模块：moduleA 和 moduleB，仓库 store 通过 modules 选项包含 moduleA 和 moduleB：

```
const moduleA = {
  state(){ return {count: 1} },
  mutations: {
    incrementA(state){
      console.log('commit incrementA ')
      state.count+1
    }
```

```
    },
    actions: {
      incrementA({commit}){
        console.log('dispatch incrementA ')
        commit('incrementA')
      }
    },
    getters: {
      doubleCount(state){
        return state.count * 2
      }
    }
}

const moduleB = {
  state(){ return {count: 10} },
  mutations: {
    incrementB(state){
      console.log('commit incrementB ')
      state.count+1
    }
  },
  actions: {……},
  getters: {……}
}

const store = createStore({
  modules: {
    a: moduleA,
    b: moduleB
  }
})
```

store.state.a 表示 moduleA 的 state 选项, store.state.b 表示 moduleB 的 state 选项。在组件中, this.$store.state.a.count 表示 moduleA 的 count 变量, this.$store.state.b.count 表示 moduleB 的 count 变量。

例程 14-17 是一个组件的 created() 钩子函数,它演示了如何访问模块中的变量、更新函数、动作函数,以及 getters 选项的属性。

例程 14-17　一个组件的 created() 钩子函数

```
created(){
  //访问 moduleA 的 count 变量
  console.log('a.count: '+this.$store.state.a.count)

  //访问 moduleB 的 count 变量
  console.log('b.count: '+this.$store.state.b.count)
```

```
        //访问 moduleA 的 getters 选项的 doubleCount 属性
        console.log('doubleCount: '+ this.$store.getters['doubleCount'])

        //提交 moduleA 的 incrementA()更新函数
        this.$store.commit('incrementA')

        //派发 moduleA 的 incrementA()动作函数
        this.$store.dispatch('incrementA')

        //提交 moduleB 的 incrementB()更新函数
        this.$store.commit('incrementB')
    }
```

运行以上 created()钩子函数,会输出如下日志:

```
a.count: 1
b.count: 10
doubleCount: 2
commit incrementA
dispatch incrementA
commit incrementA
commit incrementB
```

由于 this.$store.dispatch('incrementA')最终会导致提交 incrementA()更新函数,因此该语句会输出以下两行日志:

```
dispatch incrementA
commit incrementA
```

14.8.1 模块的局部状态

对于模块的 mutations 选项和 getters 选项中的函数,它们的第 1 个 state 参数表示当前模块的状态。例如在以下 moduleA 中,increment()函数以及 doubleCount()函数的 state 参数表示当前 moduleA 的状态。此外,在 actions 选项的 incrementAction()函数中,context.state 也表示当前模块的状态:

```
const moduleA = {
    state: () => ({
        count: 0
    }),
    mutations: {
        increment (state) {           // state 参数表示当前 moduleA 的状态
            state.count++
        }
    },
```

```
    getters: {
      doubleCount (state) { // state 参数表示当前 moduleA 的状态
        return state.count * 2
      }
    },
    actions: {
      incrementAction(context){
        context.commit('increment')
        //context.state 表示当前 moduleA 的状态
        console.log(context.state.count)
      }
    }
}
```

14.8.2 访问根状态

在模块的 mutations 选项和 getters 选项中，可通过 rootState 访问仓库 store 对象的根状态。在 actions 选项中，可通过 context.rootState 访问仓库 store 对象的根状态。

在以下代码中，store 对象的 state 选项表示根状态，它有一个 count 变量。moduleA 模块的 state 选项表示 moduleA 的局部状态，它也有一个 count 变量。在 moduleA 模块的 getters 等选项中，state.count 表示局部状态的变量，rootState.count 表示根状态的变量。

```
const moduleA = {
  state () {                    //局部状态
    return { count: 0 }
  },
  getters: {
    sumWithRootCount (state, getters, rootState) {
      return state.count + rootState.count
    }
  },
  mutations: {
    increment (state) {
      state.count++
    }
  },
  actions: {
    //参数采用了解构语法
    incrementIfOddOnRootSum ({ state, commit, rootState }) {
      if ((state.count + rootState.count) % 2 === 1) {
        commit('increment')
      }
    }
  }
}
```

```
const store = createStore({
  modules: {a: moduleA},
  state () {      //根状态
    return { count: 0 }
  }
})
```

14.8.3 命名空间

默认情况下,所有模块的 getters、actions 和 mutations 等选项在全局的命名空间内注册。例如在例程 14-17 的 created() 钩子函数中,以下代码会提交 moduleA 和 moduleB 的更新函数:

```
//提交 moduleA 的 incrementA()更新函数
this.$store.commit('incrementA')

//提交 moduleB 的 incrementB 的更新函数
this.$store.commit('incrementB')
```

假如由不同的开发人员分别开发 moduleA 和 moduleB,这两个模块中都有一个名字为 increment 的更新函数,当组件调用 this.$store.commit('increment')时,Vuex 无法知道到底提交哪个模块的 increment()更新函数,因此 Vuex 会做出限制:不允许在同一个命名空间的多个模块中定义名字相同的更新函数、动作函数和 getters 选项的属性。

但是,这种限制规则会削弱模块的独立性,使模块的开发人员不能随意为更新函数等命名。为了提高模块的独立性和可重用性,Vuex 提供了一个解决方案,把模块标识为采用独立的命名空间,具体做法是把模块的 namespaced 选项设为 true。

以下代码定义了 moduleA 模块以及两个子模块 sub1 和 sub2:

```
const moduleA = {
  namespaced: true,              //采用独立的命名空间

  state(){ return {count: 1} },
  mutations: {
    increment(state){
      console.log('commit increment in moduleA ')
      state.count+1
    }
  },
  actions: {
    increment({commit}){
      console.log('dispatch increment in moduleA ')
      commit('increment')
    }
  },
```

```
      getters: {
        doubleCount(state){
          return state.count * 2
        }
      },
      modules: {      //定义子模块
        sub1:{        //默认情况下,sub1模块继承父模块的命名空间
          state(){ return {count: 10} },
          mutations: {
            increment1(state){
              console.log('commit increment1 in sub1 ')
              state.count+1
            }
          },
          getters: {
            doubleCount1(state){
              return state.count * 2
            }
          }
        },
        sub2:{
          namespaced: true,    //采用独立的命名空间
          state(){ return {count: 20} },
          mutations: {
            increment(state){
              console.log('commit increment in sub2 ')
              state.count+1
            }
          },
          getters: {
            doubleCount(state){
              return state.count * 2
            }
          }
        }
      }
    }

    const store = createStore({
      modules: {
        a: moduleA
      }
    })
```

以上 sub1 和 moduleA 模块采用相同的命名空间,因此在 moduleA 和 sub1 模块中不允许定义同名的更新函数、动作函数或 getters 选项的属性。sub2 和 moduleA 模块具有独立的命名空间,因此当这两个模块存在同名的更新函数、动作函数或 getters 选项的属性时,不会发生冲突。

例程 14-18 是一个组件的 created( )钩子函数,它演示了如何访问具有独立命名空间的

模块中的更新函数和 getters 选项的属性。

例程 14-18　一个组件的 created() 钩子函数

```
created(){
  //访问 moduleA 的 count 变量
  console.log('a.count: '+this.$store.state.a.count)

  //访问 sub1 的 count 变量
  console.log('sub1.count: '+this.$store.state.a.sub1.count)

  //访问 sub2 的 count 变量
  console.log('sub2.count: '+this.$store.state.a.sub2.count)

  //访问 moduleA 的 getters 选项的 doubleCount 属性
  console.log('a.doubleCount: '
          + this.$store.getters['a/doubleCount'])

  //访问 sub1 的 getters 选项的 doubleCount1 属性
  console.log('sub1.doubleCount1: '
          + this.$store.getters['a/doubleCount1'])

  //访问 sub2 的 getters 选项的 doubleCount 属性
  console.log('sub2.doubleCount: '
          + this.$store.getters['a/sub2/doubleCount'])

  //提交 moduleA 的 increment()更新函数
  this.$store.commit('a/increment')

  //提交 sub1 的 increment1()更新函数
  this.$store.commit('a/increment1')

  //提交 sub2 的 increment()更新函数
  this.$store.commit('a/sub2/increment')
}
```

运行以上 created()函数时,会输出如下日志:

```
a.count: 1
sub1.count: 10
sub2.count: 20
a.doubleCount: 2
sub1.doubleCount1: 20
sub2.doubleCount: 40
commit increment in moduleA
commit increment1 in sub1
commit increment in sub2
```

1. 访问根级别的选项

对于拥有独立命名空间的模块,可以直接访问模块自身的 state、mutations、getters 和

actions 选项。此外，还可以通过 rootState 访问根级别的 state 选项，通过 rootGetters 访问根级别的 getters 选项，通过设置{root: true}参数访问根级别的 mutations 选项和 actions 选项。

以下代码的 moduleA 模块的 bigAction( )动作函数会访问模块自身的 increment( )更新函数和 otherAction( )动作函数，还会访问根级别的 increment( )更新函数和 otherAction( )动作函数。bigCount( )函数会访问模块自身的 state.count 变量和 getters.doubleCount 属性，还会访问根级别的 rootState.count 变量和 rootGetters.doubleCount 属性：

```
const moduleA = {
  namespaced: true,                                    //采用独立的命名空间

  state(){ return {count: 1} },
  mutations: {
    increment(state){
      state.count+1
    }
  },
  actions: {
    otherAction({commit}){
      commit('increment')
    },
    bigAction({commit,dispatch,rootState,rootGetters}){
      commit('increment')                              //提交本模块的更新函数
      commit('increment',{root: true})                 //提交根级别的更新函数
      dispatch('otherAction')                          //派发本模块的动作函数
      dispatch('otherAction',{root: true})             //派发根级别的动作函数
      console.log(rootState.count)                     //访问根级别的变量
      console.log(rootGetters.doubleCount)             //访问根级别的getters项的属性
    }
  },
  getters: {
    doubleCount(state){
      return state.count * 2
    },
    bigCount(state,getters,rootState,rootGetters){
      return state.count+rootState.count
             +getters.doubleCount+rootGetters.doubleCount
    }
  }
}

//创建一个store
const store = createStore({
  modules: {a: moduleA},

  state () {                                           //根级别的state选项
    return {
      count: 10,
    }
```

```
  },
  getters: {              //根级别的getters选项
    doubleCount(state){
      return state.count * 2
    }
  },
  mutations: {            //根级别的mutations选项
    increment (state) {
      state.count++
    }
  },
  actions: {              //根级别的actions选项
    otherAction({commit}){
      commit('increment')
    }
  }
})
```

在一个组件中,以下created()钩子函数演示如何访问moduleA的bigCount属性和bigAction()动作函数:

```
created(){
  this.$store.dispatch('a/bigAction')
  console.log(this.$store.getters['a/bigCount'])   //在控制台输出33
}
```

2. 注册根级别的动作函数

在拥有独立命名空间的模块中,可以注册根级别的动作函数。在以下代码中,模块 foo 中注册了一个根级别的 someAction()动作函数:

```
const store = createStore({
  actions: {                         //根级别的动作函数
    someOtherAction ({dispatch}) {
      dispatch('someAction')         //派发根级别的someAction()动作函数
    }
  },
  modules: {
    foo: {                           //定义模块foo
      namespaced: true,              //采用独立命名空间
      state(){ return {count : 0}},
      mutations: {
        increment(state,payload){ state.count+=payload }
      },
      actions: {
        someAction: {                //根级别的动作函数
          root: true,
          handler (namespacedContext, payload) {
```

```
            namespacedContext.commit('increment',payload)
        }
      }
     }
    }
})
```

以上 someAction( )动作函数通过把 root 属性设为 true,表明它是根级别的动作函数,具体的操作位于 handler( )函数中。handler( )函数的 namespacedContext 参数表示当前模块的上下文。

在一个组件中,以下 created( )钩子函数演示如何访问 foo 模块的根级别的 someAction( )动作函数和 count 变量:

```
created(){
  this.$store.dispatch('someAction',5)
  console.log(this.$store.state.foo.count)      //输出 5
}
```

3. 在组件中使用映射函数

在组件中,可以通过 mapState( )、mapGetters( )和 mapActions( )等映射函数映射模块中的相关内容。例如,假定有 3 个层层嵌套的模块:module1、module2 和 module3,以下代码演示如何在组件中映射 module3 的内容:

```
computed: {
  ...mapState({
    count: state => state.module1.module2.module3.count,
    message: state => state.module1.module2.module3.message
  }),
  ...mapGetters([
    // -> this['module1/module2/module3/someGetter']
    'module1/module2/module3/someGetter',

     // -> this['module1/module2/module3/someOtherGetter']
    'module1/module2/module3/someOtherGetter',
  ])
},
methods: {
  ...mapActions([
     // -> this['module1/module2/module3/someAction']()
    'module1/module2/module3/someAction',

     // -> this['module1/module2/module3/someOtherAction']()
    'module1/module2/module3/someOtherAction'
  ])
}
```

以上映射方式并不能有效地简化组件的代码。因为在组件中,还是要通过 this['module1/module2/module3/someGetter']访问 module3 的 someGetter 属性。为了进一步简化代码,可以在 mapGetters()等映射函数中把模块的命名空间的名字作为第 1 个参数,如:

```
computed: {
  ...mapState('module1/module2/module3', {
    count: state => state.count,
    message: state => state.message
  }),
  ...mapGetters('module1/module2/module3', [
    'someGetter',           // -> this.someGetter
    'someOtherGetter',      // -> this.someOtherGetter
  ])
},
methods: {
  ...mapActions('module1/module2/module3', [
    'someAction',           // -> this.someAction()
    'someOtherAction'       // -> this.someOtherAction()
  ])
}
```

在组件中,只需要通过 this.someGetter 就能访问 module3 的 getters 选项的 someGetter 属性,大大简化了代码。

还可以利用 createNamespacedHelpers()函数进一步简化代码,该函数可以为 mapState()、mapGetters()和 mapActions()等映射函数指定命名空间,如:

```
import { createNamespacedHelpers } from 'vuex'

//指定命名空间
const { mapState, mapActions } =
      createNamespacedHelpers('module1/module2/module3')

export default {
  computed: {
    // 对应 module1/module2/module3 命名空间
    ...mapState({
      count: state => state.count,
      message: state => state.message
    })
  },
  methods: {
    //对应 module1/module2/module3 命名空间
    ...mapActions([
      'someAction',
      'someOtherAction'
    ])
  }
}
```

14.9 通过 Composition API 访问仓库

第 12 章介绍了通过 Composition API 的 setup() 函数定义组件的方式。在 setup() 函数中,可以访问仓库。例如,可以通过 Vuex 的 userStore() 函数获得 store 对象,代码如下:

```js
import { useStore } from 'vuex'

export default {
  setup () {
    const store = useStore()
  }
}
```

例程 14-19 定义了 Comp 组件。它的 setup() 函数定义了两个计算属性:count 和 adults,它们分别对应 store.state.count 变量和 store.getters.adults 属性。setup() 函数还定义了两个方法:increment() 和 add(),increment() 方法向仓库提交 increment() 更新函数,add() 方法向仓库派发 addAction() 动作函数。

例程 14-19　Comp.vue

```vue
<template>
  <p>{{count}}<button @click="add"> 递增</button></p>
  <p>{{adults}}</p>
</template>

<script>
  import { computed } from 'vue'
  import { useStore } from 'vuex'

  export default {
    setup () {
      const store = useStore()
      return {
        count: computed(() => store.state.count),
        adults: computed(() => store.getters.adults),
        increment: () => store.commit('increment'),
        add: () => store.dispatch('addAction')
      }
    }
  }
</script>
```

14.10 状态的持久化

默认情况下,仓库中的变量不会保存到客户端本地存储系统中。例如,14.3 节通过浏览器访问 http://localhost:8080/#/counter,会出现如图14-4所示的页面。在网页上不断单击"递增"按钮,$store.state.count 变量的取值会不断递增。但是当刷新了浏览器页面后,$store.state.count 变量的取值又变成了 0。

如果希望把仓库的状态保存到本地存储系统中,可以使用 vuex-persistedstate 插件。首先在 helloworld 项目的根目录下运行如下命令,安装 vuex-persistedstate 插件:

```
npm install vuex-persistedstate -S
```

接下来在 main.js 文件中使用 vuex-persistedstate 插件,代码如下:

```
import createPersistedState from 'vuex-persistedstate'

const store = createStore({
  state () {
    return { count: 0 }
  },
  ...
  plugins:[createPersistedState()]
})
```

再次通过浏览器访问 http://localhost:8080/#/counter,在网页上不断单击"递增"按钮,刷新浏览器页面,会发现 $store.state.count 变量的取值保持不变。因为 vuex-persistedstate 插件会保证 $store.state.count 变量与本地存储系统中的 count 变量保持同步。默认情况下,createPersistedState() 会把仓库的根状态以及模块的状态都存储在 window.localStorage 中。此外,也可以显式指定需要持久化的状态的变量以及存储位置:

```
modules: { a: moduleA, b: moduleB },
plugins:[createPersistedState({
  //指定需要持久化的变量
  //参数 data 表示仓库的 state 选项
  reducer(data){
    return {
      count: data.count,         //根状态的 count 变量
      a: data.a,                 //moduleA 的所有变量
      item: data.b.item          //moduleB 的 item 变量
    }
  },
  storage: window.sessionStorage //默认值为 window.localStorage
})]
```

14.11 小结

Vuex 为 Vue 项目提供了全局的仓库 store,在仓库里包含以下 6 个选项。
(1) state 选项:定义仓库的变量。
(2) getters 选项:定义由仓库的变量推算出来的属性,相当于仓库的计算属性。

（3）mutations 选项：定义更新函数。

（4）actions 选项：定义动作函数。

（5）strict 选项：当取值为 true，会严格限制在组件中直接修改仓库的变量。

（6）modules 选项：定义仓库的模块。

以下代码演示在组件中访问仓库的各个选项：

```
console.log(this.$store.state.count)         //访问仓库的 count 变量
console.log(this.$store.getters.adults)      //访问 getters 选项的 adults 属性
this.$store.commit('increment')              //向仓库提交 increment()更新函数
this.$store.dispatch('addAction')            //向仓库派发 addAction()动作函数
```

为了简化组件访问仓库的各个选项的代码，Vuex 提供了以下 4 个映射函数。

（1）mapState()：映射 state 选项中定义的变量。

（2）mapGetters()：映射 getters 选项中定义的属性。

（3）mapMutations()：映射更新函数。

（4）mapActions()：映射动作函数。

当仓库的内容很庞大，可以划分成多个模块，便于开发团队的分工合作。例如，图 14-8 展示了一个 Vue 项目的仓库的结构，在 main.js 文件中导入 mutations.js 文件、actions.js 文件、order.js 文件和 product.js 文件，并创建仓库 store。mutations.js 文件定义了根级别的更新函数，actions.js 文件定义了根级别的动作函数，order.js 文件和 product.js 文件分别定义了仓库的两个模块。

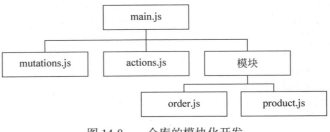

图 14-8　仓库的模块化开发

14.12　思考题

1. 在仓库 store 中有一个 incrementBy(state,n)更新函数，在组件的 methods 选项中，（　　）定义用于提交该更新函数的 add()方法。（多选）

A.

```
add(n){
  this.$store.commit('incrementBy(state,n)')
}
```

B.

```
add(n){
  this.$store.commit('incrementBy',n)
}
```

C.

```
add(n){
  this.$store.dispatch('incrementBy',n)
}
```

D.

```
...mapMutations({add: 'incrementBy'})
```

2. 以下属于仓库 store 的选项的是(　　)。(多选)
　　A．state　　　　　B．methods　　　　C．data　　　　D．actions
3. 关于 Vuex,以下说法正确的是(　　)。(多选)
　　A．在组件中直接修改仓库的变量是不安全的,应该通过提交更新函数修改仓库的变量
　　B．在更新函数中,不能包含异步操作
　　C．在动作函数中,可以包含异步操作
　　D．在仓库的模块的 state 选项中定义的变量是局部变量,不能被组件访问
4. 仓库 store 有一个 moduleA 模块,moduleA 模块有一个 moduleB 子模块,moduleA 有独立的命名空间,moduleB 继承 moduleA 的命名空间。在组件中,用(　　)访问 moduleB 的 state 选项中定义的变量 message。(单选)
　　A．this.$store.state.moduleA.message
　　B．this.$store.state.moduleA.moduleB.message
　　C．this.$store.state.moduleB.message
　　D．this.$store.state.message
5. 仓库 store 有一个 moduleA 模块,moduleA 模块有一个 moduleB 子模块,moduleA 和 moduleB 都有独立的命名空间。在组件中,用(　　)派发 moduleB 的 actions 选项中定义的 increment( )动作函数。(单选)
　　A．this.$store.dispatch('moduleA/moduleB/increment')
　　B．this.$store.dispatch('moduleB/increment')
　　C．this.$store.dispatch('increment')
　　D．this.$store.commit('moduleA/moduleB/increment')
6. 用(　　)在仓库 store 的 actions 选项中定义一个 addAction( )动作函数,它会提交 increment( )更新函数。(多选)

A.

```
addAction(context){
  context.commit('increment')
}
```

B.

```
addAction({commit}){
  commit('increment')
}
```

C.

```
addAction(){
  commit('increment')
}
```

D.

```
addAction({context}){
  context.commit('increment')
}
```

第15章 创建综合购物网站应用

视频讲解

前面章节已经详细介绍了 Vue 框架的用法。本章将创建一个实用的 netstore 购物网站应用。整个网站分为以下两部分。

(1) 前端：采用 Vue 框架，负责生成网站的界面。

(2) 后端：采用 Spring 框架，控制器层负责与前端交互，模型层通过 Spring Data API 访问数据库，在持久化层还采用了 Hibernate 进行对象-关系的映射。

前端与后端分工合作，共同完成购物网站的以下 5 个业务逻辑。

(1) 用户登录管理，验证用户身份。

(2) 购物车管理，展示和修改购物车的信息。

(3) 显示部分热销商品的概要信息，以及单个商品的明细信息。

(4) 生成订单。

(5) 查看并修改账户信息以及订单信息。

本章范例的前端代码位于配套源代码包的 chapter15/client/netstore 目录下，后端代码位于 chapter15/server/netstore 目录下。为了节省书的篇幅，本章在展示范例源代码时，会略去一些用于决定网页布局和外观的模板代码。

为了叙述上的统一，本章把整个购物网站称作 netstore 应用，它包括两个项目：前端 netstore 项目与后端 netstore 项目。

15.1 前端组件的结构

如图 15-1 所示，购物网站的页面具有统一的布局。页面的头部为 Header 组件和 Menubar 组件，尾部为 Copyright 组件，中间是生成网页主体内容的组件，如负责登录的 Login 组件、负责管理购物车的 ShoppingCart 组件和负责显示商品明细信息的 Itemdetail 组件等。

src/App.vue 是前端 netstore 项目的根组件，它嵌套了 Header 组件、Menubar 组件和

图 15-1 购物网站的界面的组件结构

Copyright 组件,还会通过<router-view>根据特定的路由加载相应的组件。例程 15-1 是它的源代码。

例程 15-1 App.vue

```vue
<template>
  <Header />
  <Menubar />
  <!-- 插入与当前路由对应的组件 -->
  <router-view></router-view>
  <Copyright />
</template>

<script>
  import Header from './components/include/Header.vue'
  import Menubar from './components/include/Menubar.vue'
  import Copyright from './components/include/Copyright.vue'

  export default {
    name:'App',
    components:{Header,Menubar,Copyright}
  }
</script>
```

表 15-1 列出了本范例的所有组件的说明信息。这些组件文件的根路径为 src/components 目录。

表 15-1 前端 netstore 项目的所有组件

组件名	.vue 文件的子目录	路由的路径	是否受保护	作用
Header	include 目录	没有路由	否	页面的头部
Menubar	include 目录	没有路由	否	页面的菜单栏
Mainoffer	include 目录	没有路由	否	嵌套在 FeaturedItems 组件中,显示标志性商品

续表

组件名	.vue 文件的子目录	路由的路径	是否受保护	作用
Copyright	include 目录	没有路由	否	页面的尾部
Spacer	include 目录	没有路由	否	在页面上显示空白区域,嵌套在其他组件中
Itemdetail	catalog 目录	/itemdetail/:id	否	显示商品明细信息
FeaturedItems	catalog 目录	/	否	显示所有热销商品的概要信息
ShoppingCart	order 目录	/cart/:opt/:id/cart	否	显示并管理购物车
Shipping	order 目录	/shipping	是	填写收货地址,并生成订单
Payment	order 目录	/payment/:orderNumber	是	显示新生成的订单信息
CustomerAndOrders	order 目录	/viewandedit	是	显示、编辑账户信息和订单信息
EmptyOrder	order 目录	没有路由	否	嵌套在 CustomerAndOrders 组件中,显示没有订单的信息
EmptyCart	order 目录	没有路由	否	嵌套在 ShoppingCart 组件中,显示购物车为空的信息
Login	security 目录	/login	否	登录页面

在表 15-1 中,Itemdetail、ShoppingCart 和 Payment 等组件有路由,include 目录中的组件没有路由,order 目录中的 EmptyOrder 组件和 EmptyCart 组件也没有路由。

没有路由的组件会直接嵌套在其他组件中。例如,Spacer 组件是一个通用的组件,它嵌套在其他组件中,用于在网页上显示特定面积的空白区域,例程 15-2 是它的源代码。

例程 15-2　Spacer.vue

```
<template>
  <img :src="spacer" border="0" :height="height" :width="width" >
</template>

<script>
  export default {
    name: 'Spacer',
    props:['height','width'],
    data(){
      return {
        spacer: require('@/assets/spacer.gif')     //加载图片
      }
    }
  }
</script>
```

在其他组件中,会插入 Spacer 组件:

```
//模板代码
<td width="10"><Spacer width="10" height="1" /></td>
```

```
//脚本代码
import Spacer from '@/components/include/Spacer.vue'

export default {
  components: {Spacer},
  ...
}
```

15.2 前端开发技巧

在开发前端的 netstore 项目时,需要解决以下 6 个问题。

(1) 如何存储购物车以及已经登录的用户信息,且如何运用响应式机制确保这些数据会同步更新。

(2) 如何减少各个组件的重复代码,提高开发效率。

(3) 组件之间如何通过路由进行跳转。

(4) 如何实现用户的验证流程。

(5) 如何设置受保护的资源。

(6) 如何处理 Axios 的异步请求。

本节将运用前面章节介绍的各种技术解决上述问题,帮助读者提升灵活运用 Vue 框架开发前端项目的能力。

15.2.1 状态管理

当用户与购物网站展开了会话后,将在会话中进行一系列的操作,如:

(1) 选购商品,这些商品存放在购物车内。

(2) 修改购物车中选购商品的数量,或者删除选购的商品。

(3) 登录到网站,在网页头部会显示已登录的用户名字。

图 15-2 是 Header 组件为所有页面生成的头部内容,它会显示已登录的用户名,以及购物车的概要信息。

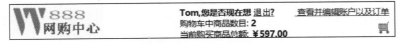

图 15-2　Header 组件生成的头部

由于已经登录的用户信息以及购物车信息会被所有的页面访问,它们是属于全局范围内的数据,因此用 Vuex 管理这些数据比较方便。

因为购物车的操作比较复杂,所以把它放在单独的购物车模块中,该模块在 store/cart.js 文件中定义,参见例程 15-3。

例程 15-3　cart.js

```js
const cartModule={
  state(){
    return {items:[] }              //购物车中的商品条目
  },
  mutations:{
    // 添加商品到购物车中
    pushItemToCart(state, { id, name, basePrice, unitPrice,quantity}){
      let cartItem = state.items.find(item => item.id == id)
      if(cartItem ==null)
        state.items.push({ id, name, basePrice, unitPrice, quantity })
      else {
        cartItem.quantity ++
        cartItem.unitPrice=cartItem.basePrice*cartItem.quantity
      }
    },

    // 设置商品数量
    setQuantity(state, { id, quantity }) {
      let cartItem = state.items.find(item => item.id == id)
      cartItem.quantity = quantity
      cartItem.unitPrice=cartItem.basePrice*cartItem.quantity
    },

    // 设置购物车的商品条目数组
    setCartItems(state, { items }) {
      state.items = items
    },

    clearCart(state){                //清空购物车
      state.items=[]
    },

    // 删除购物车中的商品条目
    deleteCartItem(state, id){
      let index = state.items.findIndex(item => item.id == id);
      if(index > -1)
        state.items.splice(index, 1)
    }
  },
  getters : {
    // 计算购物车中所有商品的总价
    totalPrice: (state) => {
      return state.items.reduce((total, item) => {
        return total + item.unitPrice
      }, 0)
    },
    // 获取购物车中商品条目的数量
    cartSize: (state) => {
```

```
      return state.items.length
    }
  }
}
export default cartModule
```

购物车中包含一个 items 数组变量,它存放了选购的商品信息,items 数组中的每个对象表示一个选购的商品条目,包含以下信息:

```
id:商品的 id
name:商品的名字
basePrice:商品的单价
unitPrice:商品的单元价格,取值为:basePrice * quantity
quantity:购买的数量
```

在 src/main.js 中,会创建 Vuex 的仓库 store,它有一个表示用户信息的 customer 变量,并且还包含了购物车模块,代码如下:

```
//创建一个 store
const store = createStore({
  state () {
    return {
      customer: null,              //已经登录的用户
    }
  },
  modules:{cart:cartModule},       //购物车
  mutations:{
    setCustomer(state,customer){
      state.customer=customer
    },
    setEmail(state,email){
      state.customer.email=email
    }
  },
  plugins:[createPersistedState({  //持久化插件
    reducer(data){
      return {
        customer : data.customer,
        cart : data.cart
      }
    },
    storage : window.sessionStorage
  })]
})
```

以上仓库利用 vuex-persistedstate 插件对仓库的 customer 变量和 cart 模块进行持久化,把它们保存到 window.sessionStorage 中,确保在会话范围内的仓库状态保持一致。

在 Header 组件中,会判断 customer 变量是否为 null,如果为 null,表示尚未登录,就显示

登录的链接,否则就表示已经登录,会显示用户名以及退出的链接,代码如下:

```
模板代码：
<template v-if="customer ===null">
  <div style="fontSize: 9pt">
    <b>您是否现在想
    <router-link
      :to="{path: '/login', query: {originalPath: $route.fullPath}}">
      登录?
    </router-link></b>
  </div>
</template>

<template v-else>
  <div style="fontSize: 9pt"><b>
    {{customer.name}},您是否现在想
    <a href="#" @click.prevent="logout">退出?</a></b>
    <Spacer width="30" height="1" />
    <router-link to="/viewandedit" >
      查看并编辑账户以及订单
    </router-link>
  </div>
</template>

脚本代码：
computed: {
  ...mapState(['customer']),
  ...mapGetters(['totalPrice','cartSize'])
}
```

Header 组件还会显示当前购物车中商品条目的数目,以及总金额,代码如下:

```
<div style="fontSize: 9pt">
  购物车中商品数目：
  <template v-if="cartSize!==0 ">
    <b>{{cartSize}}</b><br>
    当前购买商品总额：
    <b>{{currency(totalPrice)}}</b><br>
  </template>

  <template v-else>
    <b>0</b><br>
    当前购买商品总额: <b> $0.00</b><br>
  </template>
</div>
```

15.2.2 状态同步

ShoppingCart 组件会显示购物车信息,它还允许修改商品的数量,或者删除已选购的商品,参见图 15-3。

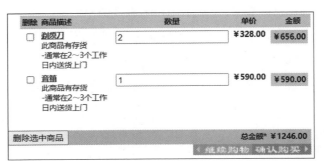

图 15-3 ShoppingCart 组件的页面

ShopingCart 组件通过 v-for 指令遍历访问购物车中的所有商品条目,把它们的名字、数量、单价和单元价格显示到页面上:

```html
<!-- 遍历购物车中每个商品条目的信息 -->
<template v-for="cartItem in cartItems" :key="cartItem.id" >
  <!--删除商品的复选框 -->
  <input type="checkbox"
    :value="cartItem.id" v-model="selectedItems">

  <!--商品名字 -->
  <router-link :to="'/itemdetail/'+cartItem.id" >
  {{cartItem.name}}
  </router-link>

  <!--商品数量 -->
  <input :value="cartItem.quantity"
    @input="setQuantity($event,cartItem.id)"/>

  <!-- 商品单价 -->
  {{currency(cartItem.basePrice,2)}}

  <!-- 商品单元价格 -->
  {{currency(cartItem.unitPrice,2)}}
</template>
```

在图 15-3 显示的页面的数量输入框中输入新的数字,会执行 setQuantity()方法,该方法会向仓库提交 setQuantity()更新函数,更新仓库中的购物车的状态,从而同步更新页面上的金额(即单元价格)以及总金额等信息,代码如下:

```html
//模板代码
<input :value="cartItem.quantity"
  @input="setQuantity($event,cartItem.id)" />

//脚本代码
setQuantity(e,id){
  this.$store.commit('setQuantity',{id: id,quantity: e.target.value})
}
```

在图 15-3 显示的页面上选中一个商品，再单击"删除选中商品"按钮，会执行 deleteCartItems()方法，该方法会向仓库提交 deleteCartItem()更新函数，删除仓库中购物车的相应商品条目，代码如下：

```
//模板代码
<input type="checkbox" :value="cartItem.id"
       v-model="selectedItems">
<button @Click = "deleteCartItems()">删除选中商品</button>
//脚本代码
deleteCartItems(){
  this.selectedItems.forEach((id)=>{
    this.deleteCartItem(id)         //向仓库提交更新函数
  })
},
...mapMutations(['pushItemToCart','deleteCartItem'])
```

15.2.3　运用 Composition API 提高代码可重用性

Header 组件以及 ShoppingCart 组件在显示金额时，会调用 currency()方法，它会格式化输出金额数字，例如：

```
当前购买商品总额：
<b>{{currency(totalPrice)}}</b><br>
```

为了避免在多个组件中重复定义 currency()方法，可以把 currency()等通用方法放在一个公共模块中定义，该模块位于 common/common.js 中，参见例程 15-4。

例程 15-4　common.js

```
import axios from 'axios'
// 定义公共方法
const useTool = () => {
  /*对金额进行格式化
    参数 v 表示需要格式化的金额
    参数 n 表示需要保留的小数位数
  */
  function currency(v,n){
    if(!v){          //如果 v 为空,就退出
      return ""
    }
    //增加货币符号"￥",并且保留 n 位小数,默认为保留 2 位小数
    return "￥"+v.toFixed(n||2)
  }
```

```
    ...
    return {currency,getImage,findItemById,findItems,
      authenticate,saveOrder,updateCustomerAndOrders,findOrders }
}

export default useTool
```

在 Header 等组件中,可以通过 Composition API 中的 setup()函数添加 common.js 中定义的公共方法,如:

```
import useTool from '@/common/common.js'

export default {
  setup(){
    const { getImage,currency } = useTool()
    return { getImage,currency }
  }
}
```

15.2.4 在组件中显示图片

前端 netstore 项目的静态资源文件(如图片文件)存放在 assets 目录以及其子目录下。例程 15-4 中还定义了一个 getImage()方法,它会加载特定的图片文件:

```
function getImage(imageURL){
  return require('@/assets/'+imageURL)
}
```

在其他组件中,可以利用这个 getImage()方法展示图片,如:

```
<!-- ShoppingCart 组件显示 cart.gif 图片 -->
<img height="35" :src="getImage('order/cart.gif')" border="0"/>
```

以上<img>元素的 src 属性通过 v-bind 指令与 getImage('order/cart.gif')绑定,实际上会显示 assets/order/cart.gif 文件。

以下代码向 getImage()方法传入了 item.largeImageURL 变量,用于显示商品的大图片:

```
<!-- Itemdetail 组件显示商品的大图片 -->
<img :src="getImage(item.largeImageURL)" border="0" />
```

15.2.5 路由管理

在 src/router/index.js 中为 Itemdetail、FeaturedItems 和 ShoppingCart 等组件设置了路由,

参见例程 15-5。

例程 15-5　index.js 的路由定义

```js
routes:[
  {
    path:'/',
    name:'home',
    meta:{title:'购物中心主页'},
    component:FeaturedItems
  },
  {
    path:'/itemdetail/:id',
    component:Itemdetail,
    meta:{title:'商品明细'},
    props:true
  },
  {
    path:'/login',
    component:Login,
    meta:{title:'登录页面'}
  },
  {
    path:'/cart',
    component:Shoppingcart,
    meta:{title:'购物车'}
  },
  {
    path:'/cart/:opt/:id',
    component:Shoppingcart,
    meta:{title:'购物车'},
    props:true
  },
  {
    path:'/shipping',
    component:Shipping,
    meta:{title:'填写发货地址',isProtected:true}
  },
  {
    path:'/viewandedit',
    component:Customerandorders,
    meta:{title:'更新用户和订单信息',isProtected:true}
  },
  {
    path:'/payment/:orderNumber',
    component:Payment,
    meta:{title:'新订单信息',isProtected:true},
    props:true
  }
]
```

图 15-4 是 Itemdetail 组件的部分页面,在该页面上选择"购买"图标,就会跳转到 ShoppingCart 组件。

图 15-4 Itemdetail 组件的部分页面

在 Itemdetail 组件中,为"购买"图标设置了如下链接:

```
<router-link :to="'/cart/addItem/'+item.id">
<img height="18" :src="getImage('catalog/buynow.gif')" border="0"/>
</router-link>
```

如果当前商品的 id 为 116,那么以上 <router-link> 会跳转到路径为 /cart/addItem/116 的 ShoppingCart 组件。此时,ShoppingCart 组件的 opt 属性以及 id 属性的取值分别为 addItem 和 116。在 ShoppingCart 组件的 created() 钩子函数中,会把 id 为 116 的商品加入到购物车中,代码如下:

```
props:['opt','id'],

async created(){
  if(this.opt==="addItem"){
    this.isLoading='页面加载中...'
    try{
      let item= await this.findItemById(this.id)
      //向购物车加入商品
      this.pushItemToCart({id: this.id, name: item.name,
        basePrice: item.basePrice,
        unitPrice: item.basePrice, quantity: 1})
      this.isLoading=''
    }catch(err){
      this.isLoading=''
      console.log(err)
    }
  }
}
```

15.2.6 每个组件的页面标题

在例程 15-5 中,为每个组件的路由的 meta 属性都设置了 title 变量,该变量表示组件的页面标题,例如 Login 组件的页面标题为"登录页面":

```
{
  path: '/login',
  component: Login,
  meta:{title: '登录页面'}
}
```

在 src/index.js 中,通过全局的导航守卫函数 afterEach( )把 meta.title 变量设置为页面的标题,代码如下:

```
router.afterEach((to) => {
  if(to.meta.title)
    document.title = to.meta.title    //设置页面标题
  else
    document.title = 'netstore'
})
```

15.2.7　用户登录流程

如果用户尚未登录网站,Header 组件会生成"登录"链接,代码如下:

```
<router-link
  :to="{path: '/login', query: {originalPath: $route.fullPath}}">
  登录?
</router-link>
```

以上<router-link>组件指定的路由包含 originalPath 查询参数,表示当前组件的路径。当用户选择"登录"链接,就会跳转到 Login 组件生成的登录页面,参见图 15-5。在 Login 组件中,可以通过 this.$route.query.originalPath 访问 originalPath 查询参数,从而了解上一个组件的路由的路径。

图 15-5　Login 组件的登录页面

在图 15-5 的页面上输入邮件地址和口令,再单击"登录"按钮,会由 Login 组件的 doLogin( )方法处理,代码如下:

```
async doLogin(){
  this.error=''
  
  if(this.email==='' || this.password===''){
    this.error='请输入正确的 EMail 或口令.'
    return
  }
  
  let customer=null
  try{
    customer=await this.authenticate(this.email,this.password)
```

```
      }catch(err){console.log(err)}

    if(customer!==null){
      this.setCustomer(customer)
      if(this.$route.query.originalPath){
        //跳转至进入登录页面之前的路由
        this.$router.replace(this.$route.query.originalPath)
      }else{
        //否则跳转至主页
        this.$router.replace('/')
      }
    }else{          //如果验证失败
      this.password = ''
      this.error = 'Email 或口令不正确'
    }
  }
```

如果验证失败，就在当前登录页面上显示错误信息，否则就跳转到 this.$route.query.originalPath 对应的页面。假如不存在 this.$route.query.originalPath，就跳转到主页。

15.2.8 受保护的资源

购物网站的商品信息以及购物车信息允许所有用户访问，而用户的账号信息以及订单信息只有登录用户才能访问。只有已登录用户才能访问的组件是网站的受保护资源，包括 Shipping 组件、CustomerAndOrders 组件和 Payment 组件。在 src/index.js 中为这些组件设置路由时，在 meta 属性中把 isProtected 变量设为 true，代码如下：

```
{
  path: '/shipping',
  component: Shipping,
  meta: {title: '填写发货地址', isProtected: true}
},
{
  path: '/viewandedit',
  component: CustomerAndOrders,
  meta: {title: '更新用户和订单信息', isProtected: true}
},
{
  path: '/payment/:orderNumber',
  component: Payment,
  meta: {title: '新订单信息', isProtected: true},
  props: true
}
```

在 index.js 中，会通过全局的 beforeEach() 导航守卫函数检查当前需要导航的目标路由是否为受保护资源，判断条件是路由的 meta.isProtected 变量是否为 true：

```
router.beforeEach((to) => {
  //获得在sessionStorage中的状态变量
  let sessiondata=null
  if(sessionStorage.vuex)
    sessiondata=JSON.parse(sessionStorage.vuex)

  // 判断目标路由是否为受保护资源
  if (to.matched.some(record => record.meta.isProtected)){
    if(sessiondata.customer !==null){    //如果用户已经登录
      return true
    }else{
      return{                            //如果用户未登录,跳转到登录页面
        path: '/login',
        query: {originalPath: to.fullPath}
      }
    }
  }else
    return true
})
```

如果判定目标路由为受保护资源,那么会判断用户是否已经登录,判断条件为 sessiondata.customer 是否不为 null。如果用户已经登录,就跳转到导航的目标路由;如果未登录,就跳转到登录页面。

前端 netstore 项目的 customer 变量存放在仓库中,并且 vuex-persistedstate 插件会把它同步保存在 window.sessionStorage 中。在 beforeEach( ) 函数中,可以通过 sessionStorage.vuex 访问存放在 sessionStorage 中的仓库的变量。

sessionStorage.vuex 是采用 JSON 格式的数据。JSON.parse(sessionStorage.vuex)方法把它转换为普通的对象,如:

```
let sessiondata=null
if(sessionStorage.vuex)
  sessiondata=JSON.parse(sessionStorage.vuex)
```

sessiondata.customer 对应仓库里的 customer 变量。

15.2.9 异步处理 Axios 的请求

在 common/common.js 中定义了通过 Axios 访问后端服务器的一系列方法,Itemdetail、FeaturedItems、Shipping 和 CustomerAndOrders 组件会通过 setup( ) 函数添加 common.js 中的相关方法,执行验证用户身份、查询商品、查询订单和删除订单等操作。

以下是在 common.js 中定义的 findItemById( )方法,它根据特定的 id 查询相应的 item 商品对象,该方法通过 async/await 声明为异步方法:

```
async function findItemById(id){    //根据id查询相应的item对象
  const response=await axios({
```

```
    url:'/item/'+id,
    method:'get'
  })
  
  if(response.status===200)
    return response.data
  else
    return null
}
```

Itemdetail 组件会显示特定商品的明细信息,例程 15-6 是主要源代码。

例程 15-6　Itemdetail.vue 的主要源代码

```
//模板代码
<template>
  {{isLoading}}
  <template v-if="isLoading===''"> <!-- 商品已经加载 -->
     <!--显示商品明细信息-->
     ...
  </template>
</template>

//脚本代码
<script>
  import Spacer from '@/components/include/Spacer.vue'
  import useTool from '@/common/common.js'
  
  export default {
    name:'Itemdetail',
    components:{Spacer},
    props:['id'],
    data(){
      return {
        item:null, isLoading:'页面加载中...'
      }
    },
    async created(){
      try{
        this.item= await this.findItemById(this.id)
        this.isLoading=''
      }catch(err){
        console.log(err)
        this.isLoading=''
      }
    },
    setup(){
      const { getImage,currency,findItemById } = useTool()
      return { getImage,currency,findItemById}
    }
  }
</script>
```

在created()钩子函数中,Itemdetail组件会根据当前的id属性加载相应的item对象。created()钩子函数会调用异步的this.findItemById(this.id)方法,因此它也通过async/await声明为异步函数。

当浏览器跳转到路径为/itemdetail/112的Itemdetail组件时,Itemdetail组件的id属性的取值为112。当created()钩子函数异步执行this.findItemById(this.id)时,网页上首先显示"页面加载中..."的信息,等this.findItemById(this.id)执行完毕,网页上再显示加载的商品信息。

CustomerAndOrders组件和Shipping组件等都采用这样的方式异步处理Axios的请求,确保在请求处理过程中和请求处理结束后,网页上都会显示合理的信息,给用户带来友好的浏览体验。

提示:如果created()钩子函数通过async标识为异步函数,就意味着浏览器在异步执行created()钩子函数的同时,还会继续执行对组件的渲染和挂载等后续操作,在网页上暂时显示"页面加载中..."的信息,而不会在created()钩子函数中阻塞,等created()钩子函数执行完毕,再执行后续操作。异步created()函数执行完毕后,isLoading变量和items变量被更新,会重新渲染组件模板。

15.2.10　单独运行前端项目

为了便于单独调试和运行前端netstore项目,在配套源代码包中,为common/common.js提供了以下两个版本。

（1）common.js:通过Axios访问服务器的版本。
（2）common.local.js:用于前端测试的版本。

只要把common.local.js改名为common.js,就可以在没有后端服务器运行的情况下,通过npm run serve命令启动前端netstore项目的Web服务器,然后再通过浏览器访问netstore项目。common.local.js没有通过Axios访问后端服务器,而是利用setTimeout()函数模拟耗时的访问后端服务器的操作,代码如下:

```
const featuredItems=[                       //所有热销商品的信息
  { id:114,
    modelNumber:'KFR-35GW',
    name:'空调',
    description:'中文液晶显示遥控器,尽显豪华别致。',
    basePrice:4436.00,
    feature:'广角立体送风:可将舒适凉(暖)风送到房间的各个角落',
    smallImageURL:'multimedia/kongtiao_small.gif',
    largeImageURL:'multimedia/kongtiao_large.gif'
  },
  ...
]
```

```
function sleep (fn, param) {
  return new Promise((resolve) => {    //睡眠 500ms 后再执行 fn 函数
    setTimeout(() => resolve(fn(param)), 500)
  })
}

async function findItemById(id){          //根据 id 查询相应的 Item 对象
  let fn = (id) =>{
    let index = featuredItems.findIndex(item => item.id == id)
    return featuredItems[index]
  }
  return await sleep(fn,id)
}
```

值得注意的是，common.local.js 仅用来保证可以正常访问前端项目的各个页面，并没有真正实现购物网站的业务逻辑，例如它的 authenticate() 方法并没有进行身份验证，而是直接返回一个 customer 对象：

```
async function authenticate(email,password){        //身份验证
  console.log(email,password)
  let fn = () =>{
    return {id: '1',name: 'Tom',password: '1234',email: 'tom@gmail.com'}
  }
  return await sleep(fn)
}
```

15.3　后端架构

后端 netstore 项目采用了 Spring 架构，本书没有对后端开发做深入介绍，感兴趣的读者可以阅读笔者的另一本书《精通 Spring：Java Web 开发技术详解（微课视频版）》，该书对开发后端 netstore 项目涉及的各种技术做了详细阐述。

后端 netstore 项目分为以下 4 层。

（1）控制器层：和前端直接交互。

（2）模型层：实现业务数据和业务逻辑。

（3）持久化层：把业务数据保存到数据库中。

（4）数据库层：永久存储业务数据，本范例采用 MySQL 数据库。

在持久化层选用 Hibernate 作为 ORM（对象-关系映射）软件，模型层的 DAO（Data Access Object，数据访问对象）层通过 Spring Data API 访问持久化层，控制器层的控制器类通过业务逻辑服务接口访问模型层。netstore 项目的业务逻辑服务接口为 NetstoreService，它的实现类为 NetstoreServiceImpl。图 15-6 显示了整个 netstore 应用的分层结构。

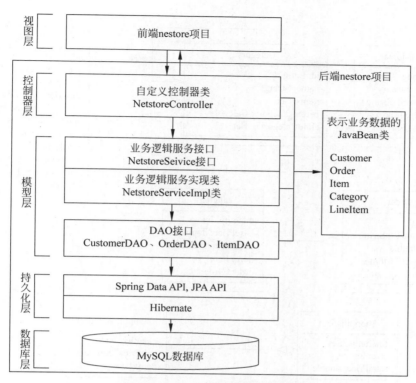

图 15-6 netstore 应用的分层架构

15.3.1　实现业务数据

业务数据在内存中表现为实体对象,在数据库中表现为关系数据。实现业务数据包含以下 3 部分内容。
（1）设计对象模型,创建实体类。
（2）设计关系数据模型,创建数据库 Schema。
（3）建立对象-关系映射。

本章没有详细介绍实现业务数据的各种细节,仅概要介绍后端 netstore 项目的完整的对象模型、关系数据模型和对象-关系映射。图 15-7 显示了后端 netstore 项目的对象模型,主要包括以下 7 个实体类。
（1）Customer 类：表示用户。Customer 类与 Order 类之间为一对多关联关系。
（2）Order 类：表示订单。
（3）Item 类：表示商品。
（4）LineItem 类：组件类,用于描述 Order 类与 Item 类的关联信息。
（5）Category 类：表示商品类别。Category 类与 Item 类之间为多对多关联关系。
（6）ShoppingCart 类：表示购物车,ShoppingCart 类与 Item 类为多对多关联关系,通过专门的组件类 ShoppingCartItem 描述关联信息。
（7）ShoppingCartItem 类：组件类,用于描述 ShoppingCart 类与 Item 类的关联信息。

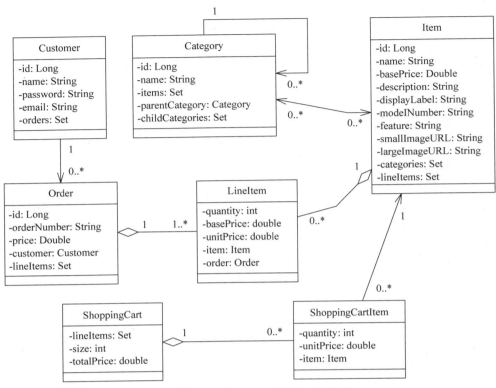

图 15-7 后端 netstore 项目的对象模型

Order 类与 Item 类之间是多对多的关联关系。例如，有以下两个订单：

（1）编号为 Order001 的订单包含 2 台海尔冰箱和 1 台联想电脑。

（2）编号为 Order002 的订单包含 3 台海尔冰箱和 4 台联想电脑。

可见一个 Order 对象和多个 Item 对象关联，一个 Item 对象也和多个 Order 对象关联。可以通过专门的组件类 LineItem 描述 Order 类与 Item 类的关联信息。

在图 15-7 中，所有需要持久化到数据库中的实体类都具有表示对象标识符的 id 属性，它和数据库表中的 ID 主键对应。这些实体类包括 Customer 类、Order 类、Category 类和 Item 类，它们在数据库中都有对应的表。ShoppingCart 类和 ShoppingCartItem 类不需要持久化，它们的实例只存在于内存中，因此这两个类没有 id 属性。LineItem 类是组件类，不会被单独持久化，也没有 id 属性。LineItem 类会作为 Order 类的组成部分，描述订单中单个商品条目的订购信息。图 15-8 显示了后端 netstore 项目的关系数据模型。

在图 15-8 中，CATEGORY_ITEM 表和 LINEITEMS 表是连接表，它们以表中所有字段作为联合主键。LINEITEMS 表和 LineItem 组件类对应，而 CATEGORY_ITEM 表没有对应的类。CUSTOMERS 表、ORDERS 表、ITEMS 表和 CATEGORIES 表都以 ID 作为主键。由此可见，实体类和数据库表之间并不完全是一一对应的关系，本书没有详细介绍各种复杂对象-关系的映射细节，在笔者的另一本书《精通 JPA 与 Hibernate：Java 对象持久化技术详解（微课视频版）》（清华大学出版社）中对此做了详细论述。

在 Customer 类、Order 类、Item 类与 Category 类中主要通过 JPA 映射注解设定对象-关系

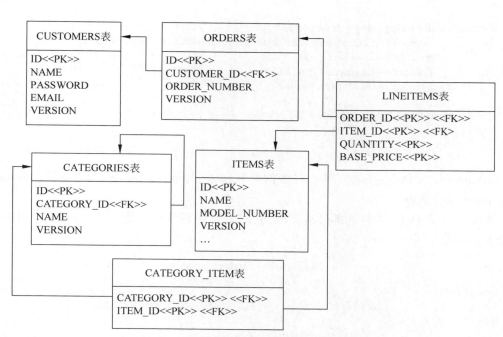

图 15-8　后端 netstore 项目的关系数据模型

映射。例程 15-7 为 Customer 类文件的部分源代码，它的 JPA 映射注解指定了 Customer 类和 CUSTOMERS 表的映射关系。

例程 15-7　Customer.java

```java
@Entity
@Table(name="CUSTOMERS")              //Customer 类对应 CUSTOMERS 表
public class Customer {
  @Id
  @GeneratedValue(generator="increment")
  @GenericGenerator(name="increment",strategy = "increment")
  @Column(name="ID")                  //id 属性对应 ID 字段
  private Long id;

  @Version
  @Column(name="VERSION")
  private Integer version;

  @Column(name="NAME")
  private String name;                //name 属性对应 NAME 字段

  @Column(name="PASSWORD")
  private String password;

  @Column(name="EMAIL")
  private String email;
```

```java
@OneToMany(mappedBy="customer",
        targetEntity=netstore.businessobjects.Order.class,
        orphanRemoval=true,
        cascade=CascadeType.ALL)
private Set<Order> orders=new HashSet<Order>();

//此处省略显示构造方法以及各个属性的get和set方法
...
}
```

Customer 类与 Order 类之间是一对多的关联关系，用@OneToMany 注解映射 Customer 类的 orders 集合属性。

例程 15-8 为 Order 类件的部分源代码，它的 JPA 映射注解指定了 Order 类和 ORDERS 表的映射关系。

例程 15-8　Order.java

```java
@Entity
@Table(name = "ORDERS")              //Order 类对应 ORDERS 表
public class Order {
  @Id
  @GeneratedValue(generator="increment")
  @GenericGenerator(name="increment",strategy = "increment")
  @Column(name="ID")
  private Long id;                    //id 属性对应 ID 字段

  @Version
  @Column(name="VERSION")
  private Integer version;

  @ManyToOne(targetEntity =netstore.businessobjects.Customer.class)
  @JoinColumn(name="CUSTOMER_ID")
  private Customer customer;

  @Column(name="ORDER_NUMBER")
  private String orderNumber;         //orderNumber 属性对应 ORDER_NUMBER 字段

  @Formula("(select sum(line.BASE_PRICE*line.QUANTITY)
            from LINEITEMS line where line.ORDER_ID=ID)")
  private double price;

  @ElementCollection
  @CollectionTable(
     name="LINEITEMS",
     joinColumns=@JoinColumn(name="ORDER_ID")
  )
  private Set<LineItem> lineItems=new HashSet<LineItem>();

  //此处省略显示构造方法以及各个属性的get和set方法
  ...
}
```

Order 类和 Customer 类之间是多对一的关联关系，Order 类的 customer 属性用@ManyToOne 注解映射。Order 类和 LineItem 类之间是组成关系，Order 类的 lineItems 集合属性用@ElementCollection 注解映射。

Order 类的 price 属性表示订单的总价格，它的取值来自以下 SQL 查询语句：

```
select sum(line.BASE_PRICE*line.QUANTITY)
from LINEITEMS line where line.ORDER_ID=ID
```

price 属性用@Formula 注解映射，这个注解不是来自 JPA API，而是来自 Hibernate API。

15.3.2 实现业务逻辑服务层

例程 15-9 为后端 netstore 项目的业务逻辑服务接口 NetstoreService 的源代码。

例程 15-9 业务逻辑服务接口 NetstoreService.java

```java
public interface NetstoreService {
  /** 根据用户的 email 和 password 验证身份，
    如果验证成功，返回匹配的 Customer 对象，
    它的 orders 集合属性采用默认的延迟检索策略，不会被初始化 */
  public Customer authenticate(String email, String password)
                            throws InvalidLoginException;

  /** 批量查询 Item 对象，beginIndex 参数指定查询结果的起始位置，
    Length 参数指定查询的 Item 对象的数目。
    对于 Item 对象的所有集合属性，都使用默认的延迟检索策略 */
  public List getItems(int beginIndex,int length);

  /** 根据 id 加载 Item 对象 */
  public Item getItemById( Long id );

  /** 根据 id 加载 Customer 对象，对于 Customer 对象的 orders 集合属性，
    显式采用迫切左外连接检索策略 */
  public Customer getCustomerById( Long id );

  /** 保存或更新 Customer 对象，
    并且级联保存或更新它的 orders 集合中的 Order 对象 */
  public void saveOrUpdateCustomer(Customer customer );

  /** 保存订单 */
  public void saveOrder(Order order);

  public void destroy();

  /** 退出系统*/
  public void logout(String email);
}
```

NetstoreService 接口定义了被控制器层调用的所有服务方法。例程 15-10 是 NetstoreService 接口的实现类 NetstoreServiceImpl 的源代码。

例程 15-10　NetstoreServiceImpl.java

```java
@Service
public class NetstoreServiceImpl implements NetstoreService{
  @Autowired
  private CustomerDao customerDao;
  @Autowired
  private ItemDao itemDao;
  @Autowired
  private OrderDao orderDao;

  /** 返回 Item 清单*/
  @Transactional
  public List<Item> getItems(int beginIndex,int length) {
    return itemDao.findItems(beginIndex,length);
  }

  @Transactional
  public Item getItemById( Long id){
    Optional<Item> item= itemDao.findById(id);
    return item.isPresent() ?item.get() : null;
  }

  /** 验证用户身份,如果通过验证,就返回 Customer 对象,
      否则就抛出 InvalidLoginException */
  @Transactional
  public Customer authenticate(String email, String password)
                    throws InvalidLoginException{
    List<Customer> result =
            customerDao.findByEmailAndPassword(email,password);
    if(result==null||result.size()==0)
      throw new  InvalidLoginException();

    return result.get(0);
  }

  @Transactional
  public void saveOrUpdateCustomer(Customer customer) {
    customerDao.save(customer);
  }

  @Transactional
  public void saveOrder(Order order) {
    orderDao.save(order);
  }
```

```
@Transactional
public Customer getCustomerById(Long id) {
   //加载 Customer 对象以及关联的 Order 对象
   return customerDao.getCustomer(id) ;
}

/** 用户退出应用 */
public void logout(String email){
   //在范例中什么也没做。在实际应用中,可以把用户退出应用的行为记录到日志中
}

public void destroy(){ }
}
```

以上 NetstoreServiceImpl 类实现了 NetstoreService 接口中的所有方法。NetstoreServiceImpl 类通过 DAO 层到数据库中查询 Customer 对象,而 Customer 对象和 Order 对象关联,那么把数据库中的 Customer 对象加载到内存中时,是否要加载与它关联的所有 Order 对象呢？这需要根据实际需求决定。从节省内存空间和提高应用程序的运行性能的角度出发,应该尽可能避免加载程序不需要访问的实体对象。

NetstoreServiceImpl 类的 authenticate( )方法调用 CustomerDao 接口的 findByEmailAndPassword( )方法查询匹配的 Customer 对象,如：

```
List<Customer> result=
   customerDao.findByEmailAndPassword(email,password);
```

CustomerDao 接口的 findByEmailAndPassword( )方法由 Spring 框架动态实现,它会对 Customer 类的 orders 集合属性采用默认的延迟检索策略。延迟检索策略指当加载 Customer 对象时,不会立即加载与它关联的 Order 对象。findByEmailAndPassword( )方法返回的 Customer 对象的 orders 集合属性引用的是底层 Hibernate 提供的集合代理类的实例,它并不包含真正的 Order 对象。

NetstoreServiceImpl 类的 authenticate( )方法返回的 Customer 对象已经处于游离状态,即不再位于底层 Hibernate 的持久化缓存中。如果程序试图访问它的 orders 集合属性,会导致底层 Hibernate 抛出 LazyInitializationException 异常,如：

```
Customer customer=
    netstoreService.authenticate("tom@gmail.com","1234");
Set<Order> orders=customer.getOrders();

//抛出 LazyInitializationException 异常
Iterator<Order> it=orders.iterator();
```

除了 authenticate( )方法,getCustomerById( )方法也返回 Customer 对象。getCustomerById( )方法调用 CustomerDao 接口的 getCustomer( )方法查询匹配的 Customer 对象,如：

```
//加载 Customer 对象以及关联的 Order 对象
return customerDao.getCustomer(id);
```

getCustomer( )方法的定义如下：

```
@Query("from Customer c left join fetch c.orders ")
//加载 Customer 对象以及关联的 Order 对象
Customer getCustomer(Long id);
```

以上@Query注解的JPQL查询语句在查询Customer对象时，会通过左外连接立即查询关联的Order对象。

对于NetstoreServiceImpl类的getCustomerById( )方法返回的Customer对象，程序可以正常访问它的orders集合属性，代码如下：

```
Customer customer=netstoreService.getCustomerById(Long.valueOf(1L));
Set<Order> orders=customer.getOrders();
Iterator<Order> it=orders.iterator();        //正常运行
```

由于NetstoreService接口是供控制器层调用的，因此应该由控制器层决定需要加载的对象图的深度。当加载Customer对象时，如果控制器层和视图层需要从Customer对象导航到关联的Order对象时，那么就同时加载Customer对象以及关联的Order对象，否则就仅加载Customer对象。

15.3.3 实现DAO层

后端netstore项目的DAO层通过Spring Data API访问数据库，例程15-11、例程15-12和例程15-13分别是CustomerDao接口、ItemDao接口和OrderDao接口的源代码。

例程15-11　CustomerDao.java

```
@Repository
public interface CustomerDao extends JpaRepository<Customer,Long>{
  List<Customer> findByEmailAndPassword(String email,
                                        String password);

  /** 加载 Customer 对象以及关联的 Order 对象 */
  @Query("from Customer c left join fetch c.orders ")
  Customer getCustomer(Long id);
}
```

例程15-12　ItemDao.java

```
@Repository
public interface ItemDao extends JpaRepository<Item,Long>{
```

```
/** 批量查询 Item 对象,beginIndex 参数指定查询结果的起始位置,
length 参数指定查询的 Item 对象的数目 */
@Query(value="select * from ITEMS i
       order by i.BASE_PRICE
asc limit ?1,?2 ",nativeQuery=true)
  public List<Item> findItems(int beginIndex,int length);
}
```

例程 15-13 OrderDao.java

```
@Repository
public interface OrderDao extends JpaRepository<Order,Long>{}
```

以上 CustomerDao 接口、ItemDao 接口和 OrderDao 接口都继承了 JpaRepository 接口。程序不需要实现这些接口,而是由 Spring 框架提供动态实现,这体现了 Spring 框架简化软件开发过程的魅力。

15.3.4 实现控制器层

在前后端分离的架构中,控制器层是后端与前端通信的接口。控制器层的控制器类接收前端发出的请求,再调用模型层的相关方法,完成验证用户身份、查询商品、生成订单和查询订单等业务。例程 15-14 是 NetstoreController 类的源代码。

例程 15-14 NetstoreController 类

```
@RestController
public class NetstoreController{
  @Autowired
  NetstoreService netstoreService;            //业务逻辑服务层的接口

  /** 验证用户身份 */
  @RequestMapping (value = "/authenticate/{email}/{password}",
                           method = RequestMethod.GET)
  public Customer authenticate(
         @PathVariable ("email") String email,
         @PathVariable("password") String password) {
   Customer customer =netstoreService.authenticate(email,password);
   customer.setOrders(new HashSet<Order>());
   return customer;
  }

  /** 根据 customerId 查询特定用户的所有的订单 */
  @RequestMapping( value = "/orders/{customerId}",
                           method = RequestMethod.GET)
  public List<OrderDTO> findOrders(
          @PathVariable("customerId") Long customerId) {
   Customer customer=netstoreService.getCustomerById(customerId);
```

```java
    List<OrderDTO> orders=new ArrayList<OrderDTO>();
    for(Order order : customer.getOrders()){
      OrderDTO o=new OrderDTO(
            order.getId(),order.getOrderNumber(),order.getPrice());
      orders.add(o);
    }
    return orders;
}

/** 根据商品 id 查询相应的商品 */
@RequestMapping(value = "/item/{id}",
                            method = RequestMethod.GET)
public Item findItemById(@PathVariable("id") Long id) {
    Item item = netstoreService.getItemById( id);
    item.setCategories(new HashSet<Category>());
    item.setLineItems(new HashSet<LineItem>());
    return item;
}

/** 查询所有的热销商品 */
@RequestMapping(value = "/items", method = RequestMethod.GET)
public List<Item> findItems() {
    List<Item> featuredItems = netstoreService.getItems(0,10);
    for(Item item : featuredItems){
        item.setCategories(new HashSet<Category>());
        item.setLineItems(new HashSet<LineItem>());
    }
    return featuredItems;
}

/** 更新 customer 对象信息 */
@RequestMapping(value = "/updatecustomer",
                            method = RequestMethod.POST)
public void updateCustomer(
                        @RequestBody Customer customer ) {
    Customer customerFull=
            netstoreService.getCustomerById( customer.getId());
    customerFull.setEmail(customer.getEmail());
    netstoreService.saveOrUpdateCustomer(customerFull );
}

/** 删除特定用户的部分订单,仅保留参数 orders 中的订单 */
@RequestMapping(value = "/removeorders/{id}",
                            method = RequestMethod.POST)
public void removeOrders( @PathVariable("id") Long id,
                    @RequestBody List<OrderDTO> orders ) {
    Customer customer=netstoreService.getCustomerById( id);
    Set<Order> remain=new HashSet<Order>();
    Set<Long> ids=new HashSet<Long>();
    for(OrderDTO o : orders){
```

```
      ids.add(o.getId());
    }
    for(Order o : customer.getOrders()){
      if(ids.contains(o.getId()))
        remain.add(o);
    }
    customer.setOrders(remain);
    netstoreService.saveOrUpdateCustomer(customer );
}

/** 为特定用户新增一个订单 */
@RequestMapping(value = "/saveorder/{customerId}",
                          method = RequestMethod.POST)
public String saveOrder(@PathVariable("customerId")Long customerId,
                 @RequestBody List<CartItemDTO> cartItems){
    //具体实现参见 15.3.5 节
    ...
}
}
```

1. @RequestMapping 注解

NetstoreController 类包含了一系列用@RequestMapping 注解标识的请求处理方法。@RequestMapping 注解指定了前端访问特定请求处理方法的 URL 以及请求方式。例如，removeOrders() 方法的 URL 为/removeorders/{id}，请求方式为 POST，代码如下：

```
@RequestMapping(value = "/removeorders/{id}",
                       method = RequestMethod.POST )
public void removeOrders( @PathVariable("id")Long id,
                 @RequestBody List<OrderDTO> orders )
```

当前端以 POST 方式请求访问/removeorders/1,那么该请求由 removeOrders() 请求处理方法处理，并且它的 id 参数的值为 1。id 参数前的@PathVariable("id")注解表明该参数的取值来自 URL 中的 id 路径参数。

2. @RequestBody 注解

removeOrders() 请求处理方法的 orders 参数用@RequestBody 注解标识，表明前端发送的请求正文采用 JSON 格式，Spring 框架的 JSON 引擎会把请求正文转换为 List<OrderDTO> 类型，再把它赋值给 orders 参数。

3. @RestController 注解

NetstoreController 类用@RestController 注解标识，表明 NetstoreController 类能把请求处理方法返回的 Java 对象转换为 JSON 格式的数据发送到前端。例如，通过浏览器访问 http://localhost:8080/netstore/item/111,该请求由 NetstoreController 类的 findItemById() 方法处理，在浏览器上会看到该方法返回的数据，参见图 15-9。

实际上，findItemById() 方法的返回值是一个 Item 对象，而 Spring 框架中的 JSON 引擎

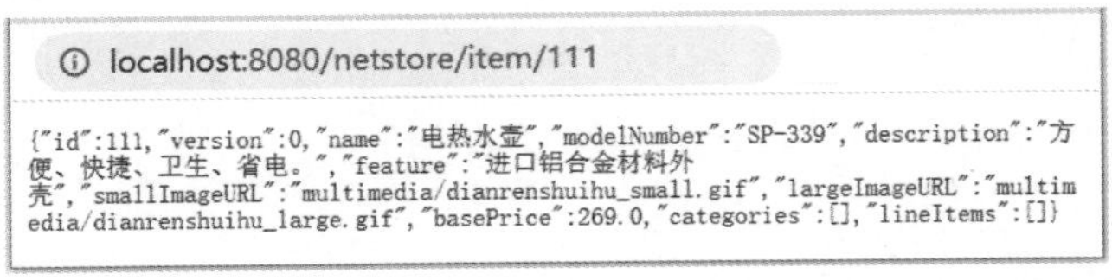

图 15-9 NetstoreController 类的 findItemById( ) 方法的返回数据

会把它转换为 JSON 格式的对象。

再例如，通过浏览器访问 http://localhost:8080/netstore/items，该请求由 NetstoreController 类的 findItems( ) 方法处理，在浏览器上会看到该方法返回的数据，参见图 15-10。

图 15-10 NetstoreController 类的 findItems( ) 方法的返回数据

实际上，findItems( ) 方法的返回值是包含 Item 对象的 List 列表，而 Spring 框架中的 JSON 引擎会把它转换为 JSON 格式的数组。

值得注意的是，在本范例中，为了简化后端的代码，NetstoreController 的请求处理方法并没有管理与客户端的 HTTP 会话，这种做法在实际运用中是不可取的，因为它存在安全隐患，导致非法的客户端程序在没有登录网站的情况下，也能请求访问特定用户的所有订单信息，或者新增、删除订单。因此，对于实际的应用，在后端也要进行会话管理，为网站提供更可靠的安全保障。13.7.2 节介绍了一种前端与后端互相配合进行会话管理的解决方案。

15.3.5 前端与后端的数据交换

前端 netstore 项目的 common/common.js 通过 Axios 访问后端服务器，而后端 netstore 项目的 NetstoreController 类负责处理前端发出的请求。

在前端的 src/main.js 中，指定 Axios 请求的 URL 的根路径如下：

```
axios.defaults.baseURL = 'http://localhost:8080/netstore/'
```

如图 15-11 所示，前端的 JavaScript 脚本与后端的 NetstoreController 类分别在 Axios 插件以及 Spring 框架的支持下进行数据交换。

JavaScript 脚本处理的是 JavaScript 对象，NetstoreController 类处理的是 Java 对象，前端 Axios 插件会进行 JavaScript 对象与 JSON 格式数据的转换，后端 Spring 框架会进行 JSON 格式的数据与 Java 对象的转换。这样，前端与后端就能顺利进行通信了。13.2.3 节介绍了

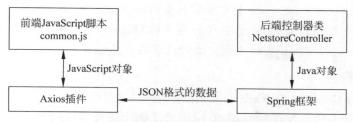

图 15-11 前端与后端交换 JSON 格式的数据

JavaScript 对象与 JSON 格式的对象的区别。

1. 验证用户身份

在前端的 common.js 中，authenticate()方法的以下代码请求验证用户身份：

```
const response=await axios({
  url: '/authenticate/'+email+"/"+password,
  method: 'get'
})
```

在以上 Axios 请求访问的 URL 中会包含 email 路径参数和 password 路径参数。在后端的 NetstoreController 类中，由 authenticate()方法处理这个请求，因为该方法的 @RequestMapping 注解设定的 URL 为/authenticate/{email}/{password}，并且请求方式为 GET，和上述 Axios 发出的请求匹配，代码如下：

```
@RequestMapping(value = "/authenticate/{email}/{password}",
                        method = RequestMethod.GET)
public Customer authenticate(
        @PathVariable("email") String email,
        @PathVariable("password") String password){……}
```

common.js 把 email 和 password 信息以路径参数的形式发送给 NetstoreController 的 authenticate()方法，authenticate()方法获得了 email 参数和 password 参数，就能进行身份验证。如果验证成功，会返回相应的 customer 对象。在 authenticate()方法中，response.data 就是后端 NetstoreController 类返回的 customer 对象。

值得注意的是，前端代码运行在浏览器上，后端代码运行在后端服务器上，前端与后端交换的数据会在网络上传输。为了减轻网络传输的负荷，从而提高通信效率，后端应该确保只发送前端需要的数据。例如，当前端仅想获取账户信息时，后端只需要返回 customer 对象，没有必要把所有关联的 order 对象也发送到前端，因此在 NetstoreController 类的 authenticate()方法中，会把从数据库检索出来的 customer 对象的 orders 集合清空，再把它发送到前端，这样就能避免把 orders 集合中的所有订单对象也发送到前端，如：

```
Customer customer = netstoreService.authenticate(email,password);
customer.setOrders(new HashSet<Order>());        //清空 orders 集合
return customer;
```

提示：实际上，NetstoreService 接口的实现类的 authenticate() 方法返回的 customer 对象的 orders 集合采用延迟检索策略，并不包含真正的 Order 对象，orders 集合引用的是未被初始化的 Hibernate 的代理集合类的实例。这种代理集合类的实例在网络上传输会产生错误。

2. 查询订单

NetstoreController 类的 findOrders() 方法返回特定用户的所有订单对象。为了避免把后端 Order 对象的所有信息发送到前端，专门定义了用于数据传输的 OrderDTO 类，它是订单类的轻量级版本。在 OrderDTO 类中，仅包含 id、orderNumber 和 price 3 个属性。

提示：DTO(Data Transfer Object，数据传输对象)包含了接收端所需要的轻量级数据，由发送端发送给接收端。

NetstoreController 类的 findOrders() 方法会把 Order 对象复制到 OrderDTO 对象中，最后向前端发送的 List 列表中包含的是 OrderDTO 对象，代码如下：

```java
@RequestMapping(
   value = "/orders/{customerId}", method = RequestMethod.GET)

public List<OrderDTO> findOrders(
   @PathVariable("customerId") Long customerId) {

 Customer customer = netstoreService.getCustomerById(customerId);
 List<OrderDTO> orders = new ArrayList<OrderDTO>();
 for(Order order : customer.getOrders()){
    //把 Order 对象的内容复制到 OrderDTO 对象中
    OrderDTO o = new OrderDTO(order.getId(),
                              order.getOrderNumber(),
                              order.getPrice());
    orders.add(o);
 }
 return orders;
}
```

在前端 common.js 的 findOrders() 方法中，response.data 是一个数组，里面包含了 OrderDTO 对象，代码如下：

```javascript
const response = await axios({
  url: '/orders/'+customerId,
  method: 'get'
})

if(response.status===200)
  return response.data
else
  return null
```

3. 保存订单

前端 common.js 的 saveOrder() 方法用于保存订单，它会以 POST 方式向后端发送

cartItems 数组，该数组包含了购物车中选购的商品条目信息，代码如下：

```
const response=await axios({
 url: '/saveorder/'+customer.id,
 method: 'post',
 data: cartItems          //发送给后端的请求正文
})
```

NetstoreController 类的 saveOrder( )方法会处理上述 Axios 发出的请求。Spring 框架会把前端发送的 cartItems 数据转换为 saveOrder( )方法的 List<CartItemDTO>类型的 cartItems 参数。

saveOrder( )方法的处理流程有些复杂，它首先读取 cartItems 列表参数中的每个表示商品条目的 CartItemDTO 对象，生成相应的 ShoppingCartItem 对象，接着由 ShoppingCartItem 对象生成 LineItem 对象，再把 LineItem 对象加入到 Order 对象的 items 集合中。以下是 saveOrder( )方法的源代码：

```
@RequestMapping(value = "/saveorder/{customerId}",
                method = RequestMethod.POST)
public String saveOrder(
            @PathVariable("customerId") Long customerId,
            @RequestBody List<CartItemDTO> cartItems ) {

  Customer customer=netstoreService.getCustomerById(customerId);
  Order order=new Order();                //创建一个 Order 对象
  order.setCustomer(customer);
  order.setOrderNumber(
      new Double(Math.random()*System.currentTimeMillis())
      .toString().substring(3,8));

  //前端发送过来的是 CartItemDTO 对象
  Iterator<CartItemDTO> it=cartItems.iterator();

  while(it.hasNext()){
    CartItemDTO cartItemDTO=(CartItemDTO)it.next();
    Item item=netstoreService.getItemById(cartItemDTO.getId());

    //由 CartItemDTO 对象生成 ShoppingCartItem 对象
    ShoppingCartItem cartItem=
      new ShoppingCartItem(item,cartItemDTO.getQuantity());

    //把 ShoppingCartItem 对象转换成 LineItem 对象
    LineItem lineItem=new LineItem(cartItem.getQuantity(),
                    cartItem.getBasePrice().doubleValue(),
                    order,cartItem.getItem());
    //把 LineItem 对象加入到 Order 对象中
    order.getLineItems().add(lineItem);
  }
```

```
        netstoreService.saveOrder(order);      //保存订单
        return order.getOrderNumber();
    }
}
```

由此可见，后端的数据结构要比前端复杂许多，前端仅发送了一组轻量级的 CartItemDTO 对象，而后端需要根据这些数据生成对象图。在这个对象图中，Order 对象与 Customer 对象、LineItem 对象关联，然后再保存这个 Order 对象。

当持久化层把这个 Order 对象保存到数据库中时，会向 ORDERS 表以及 LINE_ITEMS 连接表同时添加数据，如：

```
insert into ORDERS (CUSTOMER_ID, ORDER_NUMBER, VERSION, ID)
values (?, ?, ?, ?)

insert into LINEITEMS (ORDER_ID, BASE_PRICE, ITEM_ID, QUANTITY)
values (?, ?, ?, ?)
```

15.4 发布和运行 netstore 应用

netstore 应用包括前端 netstore 项目与后端 netstore 项目，本章介绍如何发布前端与后端项目，使它们能够顺利进行通信。

15.4.1 安装 SAMPLEDB 数据库

netstore 应用采用 MySQL 作为数据库服务器，在 MySQL 服务器中安装 SAMPLEDB 数据库的步骤如下。

（1）确保 MySQL 服务器具有用户名为 root 的账号，且口令为 1234。持久化层的 Hibernate 软件在访问数据库时将用这个账号连接数据库。

（2）在 MySQL 的客户程序中运行后端 netstore 项目的 schema/sampledb.sql 脚本中的 SQL 语句，该脚本负责创建 SAMPLEDB 数据库，以及 CUSTOMERS、ORDERS 和 ITEMS 等表，并且向表中添加记录。

15.4.2 发布后端 netstore 项目

只要把配套源代码包的 chapter15/server 目录下的 netstore 目录复制到 Tomcat 的 webapps 目录下即可发布后端 netstore 项目。启动 Tomcat 服务器，再通过浏览器访问 http://localhost：8080/netstore/items，如果能看到如图 15-10 所示的网页，就表示后端 netstore 项目发布成功了。

15.4.3 调试和运行前端 netstore 项目

按照 15.4.2 节的步骤发布后端 netstore 项目。然后在 DOS 命令行转到 chapter15/client/netstore 目录，运行命令 npm run serve 启动前端 Web 服务器，它会监听 8081 端口。通过浏览器访问 http://localhost:8081/，如果出现 netstore 项目的主页，就表明前端与后端可以正常通信了。

如图 15-12 所示，由于此时前端与后端运行在不同 Tomcat 服务器上，因此会存在跨域问题，需要按照 13.1.1 节或 13.2.6 节介绍的方法取消浏览器对跨域访问的限制，或者为前端设置跨域访问的反向代理服务器。

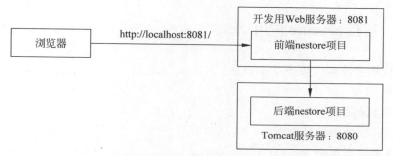

图 15-12　前端与后端的 netstore 项目位于不同的服务器中

在前端 netstore 项目的 src/main.js 中，以下代码用来设置后端服务器上的 netstore 项目的根路径：

```
axios.defaults.baseURL = 'http://localhost:8080/netstore/'
```

如果后端服务器使用其他地址，只要修改上述代码即可。

15.4.4 创建并发布前端项目的正式产品

在前端 netstore 项目的开发阶段，可以按照 15.4.3 节介绍的步骤，直接通过 npm run serve 命令，启动运行前端项目的服务器调试前端代码。

等到了产品发布阶段，需要通过 npm run build 命令生成前端 netstore 项目的正式产品，它位于 chapter15/client/netstore/dist 目录下。该正式产品可以发布到任意的 Web 服务器中。10.7 节介绍了在 Tomcat 中发布正式产品的详细步骤。

15.4.2 节已经把 chapter15/server/netstore 目录复制到 Tomcat 的 webapps 目录下，用于发布后端 netstore 项目。本节把 chapter15/client/netstore/dist 目录复制到 Tomcat 的 webapps 目录下，再把 Tomcat 的 webapps 目录下的 dist 目录改名为 cnetstore，表明是前端的 netstore 项目。

启动 Tomcat 服务器，通过浏览器访问 http://localhost:8080/cnetstore，就会访问前端 netstore 项目的主页，该前端 netstore 项目会访问同一个 Tomcat 服务器上的后端 netstore 项目。由于此时前端与后端运行在同一个 Tomcat 服务器上,不会存在跨域问题,参见图 15-13。

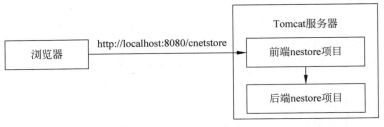

图 15-13　前端与后端的 netstore 项目位于同一个 Tomcat 服务器中

15.4.5　运行 netstore 应用

netstore 应用主要包含以下 7 个页面。
（1）主页。
（2）用户登录页面。
（3）显示商品详细信息页面。
（4）管理购物车页面。
（5）填写送货地址页面。
（6）生成订单的确认页面。
（7）查看并编辑账户及订单的页面。

按照 15.4.2 节以及 15.4.4 节介绍的步骤分别发布后端与前端的 netstore 项目,再运行 Tomcat 的 bin/startup.bat 批处理程序,启动 Tomcat 服务器。接下来通过浏览器访问 http://localhost:8080/cnetstore,将进入 netstore 应用的主页,参见图 15-14。netstore 应用的主页的主体部分由 FeaturedItems 组件生成。

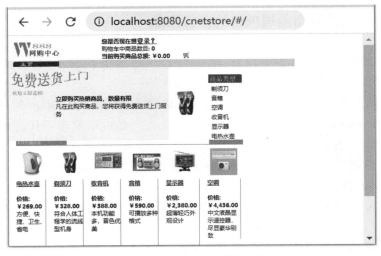

图 15-14　netstore 应用的主页

在 netstore 应用的主页上选择"登录"链接，就会进入到用户登录页面，参见图 15-15。登录页面的主体部分由 Login 组件生成。

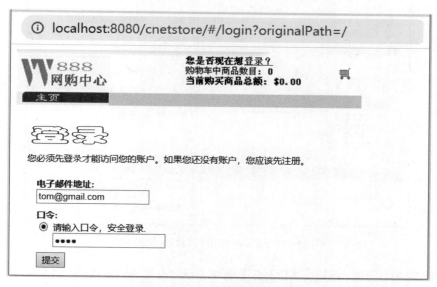

图 15-15　netstore 应用的登录页面

在 netstore 应用的登录页面上输入一个已经在 SAMPLEDB 数据中存在的账户信息，这里输入电子邮件地址为 tom@gmail.com，口令为 1234。单击"提交"按钮，服务器端将进行身份验证，如果验证通过，就会返回如图 15-14 所示的主页。在 netstore 应用的主页上选择某件商品的链接，如"电热水壶"，就会进入显示该商品详细信息的网页，参见图 15-16，该网页的主体部分由 Itemdetail 组件生成。

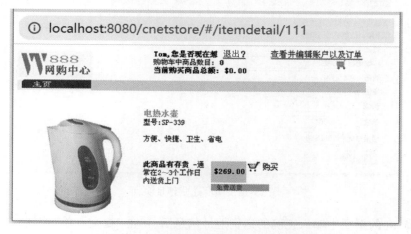

图 15-16　显示商品详细信息的网页

在图 15-16 的页面上选择"购买"选项，将进入购物车管理页面，参见图 15-17，该网页的主体部分由 ShoppingCart 组件生成。

图 15-17 的购物车管理页面为用户提供了删除选购商品和修改购买数量的功能。如果

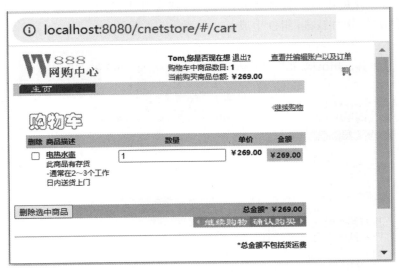

图15-17 netstore应用的购物车管理页面

选择"确认购买"选项,将进入填写送货地址页面,参见图15-18,该网页的主体部分由Shipping组件生成。

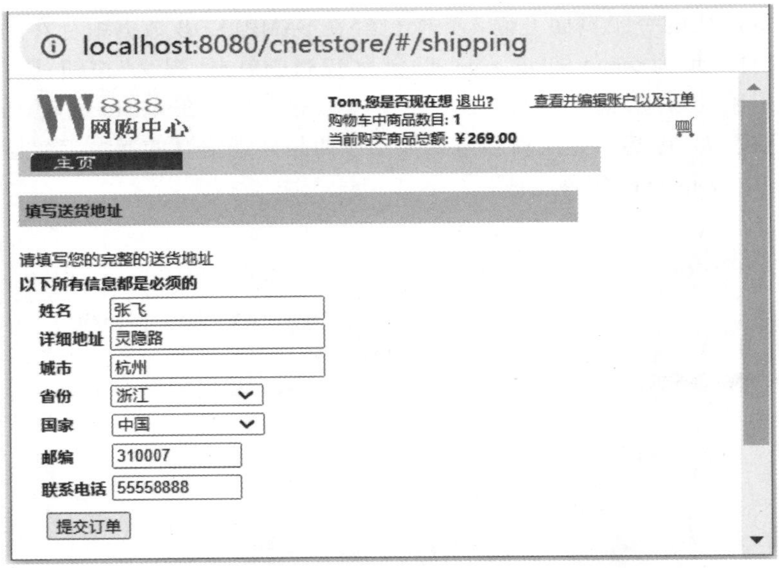

图15-18 填写送货地址页面

在图15-18的页面中输入正确的送货地址信息后,单击"提交订单"按钮,将返回生成订单的确认页面,在确认页面上会显示订单编号,参见图15-19。该网页的主体部分由Payment组件生成。

当用户登录网站后,在每个网页上方都会显示"查看并编辑账户以及订单"链接,选择该链接,将进入账户以及订单管理页面,参见图15-20。该页面提供了修改电子邮件地址和删除订单的功能。该网页的主体部分由CustomerAndOrders组件生成。

图 15-19　生成订单的确认页面

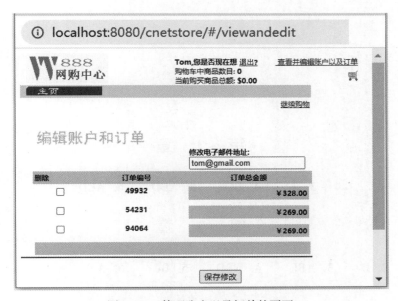

图 15-20　管理账户以及订单的页面

15.5　小结

本章以 netstore 应用为例，介绍了创建实用购物网站的过程。前端采用 Vue 框架，后端采用 Spring 框架。前端是基于 Vue CLI 的项目，通过开发 Vue 组件生成网站的各个页面，路由管理器负责对 Vue 组件的导航。前端项目的所有组件的共享数据包括已登录的用户信息和购物车信息，共享数据存放在 Vuex 的仓库中。后端负责处理业务逻辑以及访问数据库。前端与后端交换的数据在网络传输过程中采用 JSON 格式。前端与后端通信的接口分别为 Axios 和控制器类。

附录A

思考题答案

第 1 章

1. ABC　　2. B　　3. A　　4. BD　　5. ABD　　6. ACD

第 2 章

1. D　　2. B　　3. ABC　　4. ABD　　5. BC　　6. A

第 3 章

1. AD　　2. B　　3. AD　　4. D　　5. B　　6. C

第 4 章

1. A　　2. BC　　3. ABCD　　4. ABD

第 5 章

1. B　　2. D　　3. AC　　4. BD　　5. AD

第 6 章

1. ACD 2. BCD 3. BCD 4. ACD 5. BCD

第 7 章

1. BCD 2. BC 3. BCD 4. C 5. ABD 6. ACD

第 8 章

1. C 2. D 3. ABD 4. AB 5. ABC

第 9 章

1. B 2. ABCD 3. C 4. CD

第 10 章

1. AC 2. D 3. B 4. C 5. A

第 11 章

1. BCD 2. ACD 3. B 4. CD 5. C 6. ACD

第 12 章

1. BCD 2. B 3. A 4. ACD 5. D

第 13 章

1. ACD 2. B 3. BC 4. D

第 14 章

1. BD 2. AD 3. ABC 4. B 5. A 6. AB

图书资源支持

感谢您一直以来对清华版图书的支持和爱护。为了配合本书的使用,本书提供配套的资源,有需求的读者请扫描下方的"书圈"微信公众号二维码,在图书专区下载,也可以拨打电话或发送电子邮件咨询。

如果您在使用本书的过程中遇到了什么问题,或者有相关图书出版计划,也请您发邮件告诉我们,以便我们更好地为您服务。

我们的联系方式:

地　　址:北京市海淀区双清路学研大厦 A 座 714

邮　　编:100084

电　　话:010-83470236　010-83470237

客服邮箱:2301891038@qq.com

QQ:2301891038(请写明您的单位和姓名)

资源下载:关注公众号"书圈"下载配套资源。

书 圈

获取最新书目

观看课程直播